现代形式逻辑入门

An Introduction to Modern Formal Logic

王 寅 著

重庆大学出版社

图书在版编目（CIP）数据

现代形式逻辑入门: 中文、英文 / 王寅著. --重庆:
重庆大学出版社，2023.10
ISBN 978-7-5689-3626-2

Ⅰ.①现... Ⅱ.①王... Ⅲ.①形式逻辑－基本知识－
汉、英 Ⅳ.①B812

中国版本图书馆CIP数据核字（2022）第234224号

现代形式逻辑入门
An Introduction to Modern Formal Logic
王 寅 著

责任编辑：牟 妮　　　　　版式设计：牟 妮

责任校对：谢 芳　　　　　责任印制：赵 晟

*

重庆大学出版社出版发行

出版人：陈晓阳

社址:重庆市沙坪坝区大学城西路21号

邮编:401331

电话：（023）88617190　　88617185（中小学）

传真：（023）88617186　　88617166

网址：http://www.cqup.com.cn

邮箱：fxk@cqup.com.cn（营销中心）

全国新华书店经销

重庆升光电力印务有限公司印刷

*

开本：720mm×1020mm　　1/16　印张：17.5　字数：364千
2023年10月第1版　　2023年10月第1次印刷
ISBN 978-7-5689-3626-2　定价：79.00元

逻辑斯蒂第一次对联结词提供了精确的分析。

对形式逻辑来说，只有逻辑斯蒂讲过的话才有意义。

—— 肖尔兹

（Scholz 1931, 张家龙等译, 1993：59，60）

序 1 | 邹崇理

王寅教授是我国语言学、语言哲学和形式语义学诸领域资深学者，长期耕耘，数十年如一日笔耕不辍，出版了大量有力度、有深度的学术专著，我作为他的同辈人，为他的著述写序，实在是有些惶恐和冒昧。

拜读王教授 2020 年完成的《现代形式逻辑入门》一书，获得的深刻印象如下：

（1）强调"关门"的治学方法。所谓"关门"，即排除任何冗余的信息，对学习思考的对象进行专一的科学抽象。学习和研究现代形式逻辑，看到的仅仅是思维的形式结构，结构框架内装的具体内容百科知识统统舍弃；学习和研究语言的句法，看到的只是语言生成的句法机制规律，语义语用等内容都被抽象掉。书中多次提及"关门"的治学方法，这就奠定了全书的基调：强调现代形式逻辑是一门极其抽象的数理科学，其陈述可确证或可证伪，其规律可以验证，全人类共享，是全球化的基础。现代形式逻辑总是和"精确"和"精准"的概念联系在一起，对此必须非常专注。

（2）强调"关联"历史的学习方法。书中写道："必须全面了解传统、知晓历史，唯有如此才能更好地学习哲学，发展逻辑理论。对于我们来说，要将'过去、现在、将来'连成一个整体，才能更好地把握其中的片段"。王教授在介绍现代逻辑的许多内容时，比通常的逻辑教科书更胜一筹，深入全面交代历史背景，把问题的来龙去脉讲得非常透彻，这样有助于读者理解现代形式逻辑那些艰深的概念，也足见王教授深厚的逻辑哲学和哲学史功底。

（3）强调结合语言学的学习方法。逻辑跟语言学具有长期的历史渊源关系，在古希腊时代，当时的逻辑学和语言学研究均建立在古希腊语的基础上，逻辑的理论术语跟语法的理论术语很难区分。亚里士多德的著作《解释篇》致力于研究语言中的名词、动词和语句同逻辑命题之间的关系。而中世纪的逻辑学家认为，逻辑、语法和修辞学是具有紧密联系的课程"三艺"。现代形式逻辑对自然语言的句法语义分析更是达到前所未有的高度。王教授极力强调现代形式逻辑对理论语言学发展的促进作用，同时也看到了现代形式逻辑在解决自然语言时的局限，并对其进行了较为全面的梳理，这给逻辑学和语言学进一步融合互动的发展提供了有益的思路。

　　王教授的著述对语言学界的读者来说，是一部开卷有益的好书！

郭崇理

于北京 中国社会科学院

2020年12月

序 2 | 周北海

　　《现代形式逻辑入门》（以下简称《入门》）是一部由我国语言学家编写的逻辑学导论型教材，主要面向文科读者，特别是语言学方面的读者。逻辑学和语言学有着天然的密切联系。逻辑学也涉及语言、语词、句子，有句法、语义等内容。仅从专业词汇看，逻辑学和语言学就有不少共用的术语。如果掌握逻辑学知识，也就多了一种视角和研究方法，便于更好地理解语言以及进行语言学的学习和研究。我想这应该是作者的用心所在。

　　逻辑学由古希腊哲学家、逻辑学家亚里士多德所创建。以亚里士多德的三段论逻辑为主要内容形成了传统逻辑学。十九世纪末，围绕数学基础的研究产生了数理逻辑，逻辑学由此进入了现代逻辑学的阶段。现代逻辑可以说是用数学的方法研究数学的逻辑而产生的，这也使得现代逻辑的理论具有高度符号化和数学化的特点。对于文科读者来说，学习这样的逻辑学的确有一定的难度。作者多年来一直致力于在语言学方面推进逻辑学的教学和交叉研究，面对我国语言学教学的实际状况，如何帮助学生快速入门逻辑学，有长期的思考和积累。从内容选取和编排看，可以说《入门》凝聚了作者自己多年来逻辑学的学习以及教学的心得和总结，形成了全书"重在理解，力求全面，循序渐进"的特点。

　　逻辑学的理论通常充满了公式、推导和证明。学习这样的理论有思想和技术两个方面。思想方面重在了解这些理论的背后的道理或理由，以达至理解。技术方面重在掌握具体的知识和方法，以能够解题为标准。逻辑学的专业学习通常从技术开始，由此体会和学习逻辑学的思想。《入门》重在理解，采取先思想后技术的路线：从逻辑学背后的哲学、逻辑学的历史以及发展脉络说起，力图先给出逻辑学全貌，再到具体内容的讲解。

逻辑学有两千多年历史。特别是现代逻辑产生后，逻辑学发展迅速，已经成为有众多分支领域的学科。对此，《入门》力求全面且循序渐进，首先介绍了现代逻辑的基础一阶逻辑（谓词演算和命题演算部分），继而介绍了内涵逻辑、模态逻辑（狭义的和广义的）、蒙塔古语义学等这些与语言学最为相关的内容。以逻辑专业眼光挑剔，《入门》也有不足。就初稿我曾提出了一些建议，并与作者有过讨论。所提建议有些作者欣然接受，有些作者坚持自己的看法。在此有一点我需要明确坚持。辩证逻辑是一种什么逻辑今天仍在讨论之中。不过无论怎样，以"辩证逻辑"为题将黑格尔的逻辑学以及辩证唯物主义和历史唯物主义放入逻辑学（见第二章第一节，图2.1）是不合适的。这些理论纯属哲学。逻辑学作为一门学科，从亚里士多德开始的传统逻辑到今天的现代逻辑，本质上都是关于形式逻辑的逻辑学，没有其他。辩证逻辑如果有一天被逻辑学所接纳，一定是辩证逻辑自己先成为某种形式逻辑。

《入门》具有自己的特色，也是很有意义的尝试。逻辑学和语言学的交叉学习和研究需要两方面的共同努力，这一次是语言学界走在了前面。

周北海

2021年2月

前　言

一

　　逻辑学（又叫：名学、辩学、论理学、推理术、论辩术、逻辑斯蒂[①]），音译自英语的Logic，源自希腊语的Logos（逻各斯），其本义为"言说、所言之事（anything said）"，基本意义是"规律、规则、原理、原因、秩序、理性、道"，据此又引申出较为宽泛的所指域"思想、公式、尺度、定义、关系、结构、比率、批判、论证"等。赫拉克利特早在公元前6世纪就说"不要听从我，而要听从逻各斯"，这就奠定了逻辑的地位。亚里士多德曾振臂高呼"人是逻各斯的动物"，将Logos视为人之本质，后表述为"理性是人之本质"，这被尊为文艺复兴、第一次启蒙和现代性的核心原则。研究逻各斯的学问叫"逻辑学"，其要旨为研究"思维形式、推理规律"，我们的日常思考、学习研究都离不开它，难怪学界视其为"基础性"学科。

　　思维能力是为人之初，决定着人的智慧。逻辑学作为研究思维的法则，无疑可有助于人类形成思想，发展智慧，建构自我。况且任何学科都是人类思维的结果，它可当之无愧地被冠以"基础性"。这就意味着不管是从事文科还是理科研究的人员，毫无悬念，都应掌握这门知识，因为逻辑学的基本原理普遍适用于所有学科。另外，该学科的基础性还可从英语中构成"学科"的后缀常用"-logy"（为Logos的变形）得以佐证。金岳霖先生（1979:13-15）在其经典著作《形式逻辑》中论述了逻辑学的两大作用：

　　（1）是认识和反映客观世界的辅助工具；
　　（2）是论证思想和表达思想的必要工具。

　　列宁也曾引用黑格尔的话说：

　　任何科学都是应用逻辑。

[①] "逻辑斯蒂"又叫"符号逻辑、数理逻辑、现代形式逻辑"，现学界常用来指数理逻辑系统中以罗素为代表的逻辑主义学派，认为可基于逻辑建构整个数学。

华罗庚指出：

现代科学的突飞猛进有两大基础，一个基础就是从尽可能少的假定出发，凭逻辑推理，解释尽可能多的问题。

联合国教科文组织于1974年公布的学科分类目录中，将逻辑学列入基础科学（引自吴格明 2003：17），这也充分表明该学科的基础性地位。因为人类的知识不可能完全依靠亲知经验来获得，我们有了逻辑工具之后就可通过旧知推出新知，若要保证所获得的新知具有可靠性，就要借助于"有效推理"这一逻辑工具。从上述几条语录可见，逻辑学对于学人的重要性和基础性。

对于语言工作者来说，我们同样需要掌握逻辑工具，正如何向东（1985：6-8）所言：语言与思维互为表里，学好逻辑，必定会大大提高语言能力。

人们说"电子媒介"取消了时间和空间（参见Lull，董洪川译，2012），使得"过去 vs 现在""东方 vs 西方"浓缩为"地球村"；而我们则说，在这个地球村中永远不能取消逻辑学，它必然不会消失于时间与空间之中，它永存于世，须臾不可或缺！Lull（同上 2012：138）还认为"电子媒介"的扩张和横行，使得受众不断被碎片化地分割成越来越窄的群体；而我们则说，逻辑学将会凝聚各路人群和学者，教化他们掌握人类共享的思维形式和推理规律，达至相互知晓，加强理解，这才是奠定"全球化"最为根本的基础。试想全人类若没有共同的思维基础，丧失逻辑学的基本规律，我们岂不又要陷入"巴别塔"的窘境。

早在2000多年前，在中国、印度、希腊这三大文明古国就分别出现了"名辩学""因明学""逻辑学"，它们构成了世界逻辑学的三支鼎足，流传于世。古希腊的逻辑学经过后世的不断补充，发展至今主要包括三大板块：

（1）形式逻辑（包括演绎逻辑和归纳逻辑）；
（2）辩证逻辑（三大规律、五对概念、辩证唯物主义）；
（3）现代形式逻辑（包括谓词演算、命题演算、内涵逻辑等）。

思维有"内容"和"形式"两方面，前者涉及人类的各类知识，可谓五花八门，具有百科知识的性质，难以穷尽，它们当属于各自的学科；后者则避开具体内容，专门关注思维的一般性"结构形式（又叫逻辑形式）"，这才可能作为一门独立的学科而存在（参见第一章）。形式逻辑（该术语由康德首先提出）所论述的"概念、判断、推理、论证"就是人脑用以反映客观事物的本质、全体、内部联系的思维形式，因此这四项内容就成为逻辑学的四条主线。

（1）概念：通过反映事物所特有的本质属性和特征的思维形式；

（2）判断：对思维对象有所断定（肯定或者否定）的思维形式；

（3）推理：从一个或几个已知判断推出另一新判断的思维形式；

（4）论证：根据某一或某些真实判断来推断另一判断的真实性。

概念是浓缩的命题，命题是扩展的概念，两者相辅相成，学界就将这两者合并成一项内容来统一论述。一般说来"概念、命题、推理"可视为"思维单位"，而判断、论证可用以指思维单位的"结构形式"。对于命题，人们关心的是真值；而对于推理，人们关心的则是有效性。

根据"语言是思想的直接现实"可知，思维主要借助于语言进行，概念和命题的区别也可借助于语言中的词和句来说明。一般说来，概念针对的是词或词组层面的（但语言中的词不一定都是概念，如虚词），而命题则属于句层面（常以肯定陈述句的形式出现）。词或词组可视为概念的名称，它们是造句的基本材料，因此概念相对于命题而言，更为基础，而且它还是判断和推理的要素，难怪学界常称概念为"思维的细胞"。

古希腊最伟大的思想家、逻辑之父亚里士多德（公元前384—前322）创建了西方第一个逻辑学类型——经典形式逻辑[①]，他依据"演绎法（Deduction）"建构了著名的"三段论（Syllogism）"和"对当方阵（Square of Opposition）"，论述了形式思维的普遍性、共同性规律，它们都是从各种具体内容中抽象而出的，具有严密的演算特征，其主要成就体现在亚氏的 Organon（《工具论》）中，由6篇论文组成（详见第一章第二节）：

范畴篇、解释篇、分析前篇、分析后篇、论辩篇、诡辩篇。

后经斯多葛（Stoic）学派、奥卡姆（Ockham 1285—1349）等的发展逐步完善。

文艺复兴期间一位划时代的学者，英国著名的哲学家和科学家培根（F. Bacon 1561—1626）创作了 Novum Organum（《新工具论》），针对亚氏的演绎逻辑（从一般到特殊的思维方向）提出了"归纳法（Induction，从特殊到一般的思维方向）"，这与他的唯物论和提出实验科学的主张完全合拍，这一新型的逻辑方法大大促进了自然科学的发展，在人类科学发展史上发挥了重要的作用（刘文君等 1999:176）。

1843年英国著名哲学家、逻辑学家密尔（Mill 1806—1873，旧译"穆勒"）出版了 A System of Logic: Ratiocinative and Inductive（《演绎和归纳的逻辑体系》，严复译为

[①] 他也认为自己是逻辑的创始人（李匡武译1984:297；Scholz 1931，张家龙等译1993:7）。由于亚氏在希腊的吕克昂学院采用边散步、边教学的方法，故学界常称其为"逍遥学派"。

《穆勒名学》），将这两种研究逻辑的方法综合起来，成为当今经典形式逻辑的主体内容。他在书中虽同时论述了这两种逻辑学研究方法，但由于他的经验论哲学立场，在书中对培根的思想大加发展，率先系统论述了归纳五法：求同法（又叫契合法）、求异法（差异法）、求同异法（契合差异并用法）、共变法、剩余法，统称"密尔五法"，这依旧是当代逻辑学书在论述归纳逻辑时必讲的内容。其后的耶方斯（Jevons 1835—1882）在1876年出版的 *Primer of Logic*（《名学浅说》）中也对这两种逻辑进行了综述，他也像密尔一样，极力推崇归纳法。这两种研究逻辑的方法又叫两类推理："演绎推理"和"归纳推理"，后学界又提出了"类比推理（从特殊到特殊）"，基于这三种推理就产生了三种不同的逻辑理论，分别叫"演绎逻辑""归纳逻辑""类比逻辑"。

这三种推理方法有很大差异：前两者是必然性推理，只要前提真，结论必然为真；第三者为或然性推理，前提真而结论不一定必然为真，前提只对结论提供一定的支撑，现以表小结如下（横栏表示推理的方向，纵栏表示前提与条件之间的联系）。

前提与结论的联系 ＼ 推理方向	演绎推理（从一般到特殊）	归纳推理（从特殊到一般）	类比推理（从特殊到特殊）	备注
必然性	√	√		前提蕴含结论，关注有效性
或然性			√	不蕴含，关注可靠性

学界常诟病归纳法，认为通过部分例子的归纳不可能或很难证实一个全称命题，除非将其论证范围内所有对象作穷尽性调查，这往往是办不到的，如要得出"所有天鹅都是白的。"这一全称命题性的结论，就要将全天下的天鹅都要调查一遍才行。基于此奥地利裔英国哲学家兼逻辑学家波普尔（Popper 1902—1994）针对归纳逻辑的证实论提出了"证伪论（the Theory of Falsification）"，只要在对象范围内找出一个反例（如找到一只黑天鹅），就可否证某一全称命题。维特根斯坦（Wittgenstein 1953）提出的"家族相似性（Family Resemblance）"和罗斯等（Rosch etc.1973, 1975, 1978）提出的"原型范畴理论（the Theory of Prototype）"则对归纳逻辑做出了重要发展，这就引出了后来的"统计逻辑（Statistical Logic）"。

德国著名的哲学家和逻辑学家康德（Kant 1724—1804）首先将亚氏逻辑称为"形式逻辑（Formal Logic）"，并在其《纯粹理性批判》的序言第八节中认为"从亚氏以来的逻辑没能前行一步",也不赞成莱布尼茨的逻辑数学化思想(参见Scholz 1931,张家龙等译 1993:54)。他于18世纪提出"先验逻辑(Transcendental Logic)",认为人的头脑中固有的主观性认识能力可分为三类:

感性、知性、理性

人通过"感性"获得的知识是零碎的,缺乏联系的,只有将其上升到"知性"层面,认识到它们之间的有机联系才能形成人们的真知,这就是我们常说的"感性知识 vs 理性知识"。他继而指出,通过知性建立起来的概念、范畴既非来自经验,也非来自感性,而是来自人脑中主观自生的知性,具有先验性,可用来整理由经验获得的知识。这样,先验逻辑就是专门研究天赋性纯粹知识的起源、范围及其客观有效性,它与亚氏的经典形式逻辑相对立(Scholz 1931,张家龙等译 1993:7)。我国学术界常将康德的先验逻辑视为一种哲学理论,但在一般的逻辑学著作中鲜有述及。因此本书仅在此处提及,在第二章中不再述及康德的先验逻辑。

时至19世纪,德国另一著名的哲学家和逻辑学家黑格尔(Hegel 1770—1831)首先系统地论述了"辩证逻辑(Dialectic Logic)",主张从思维内容的普遍联系和不断发展方面来研究思维的辩证法,论述思维与客观外界的运动、变化和发展的关系,这与黑格尔哲学系统中的"形而上学(Metaphysics)"相对立。辩证逻辑的主要内容可大致归纳为:

三大规律:质量互变规律、对立统一规律、否定之否定规律(参见恩格斯《自然辩证法》);

五对概念:本质与现象、内容与形式、可能与现实、偶然与必然、原因与结果。

马克思将其与费尔巴哈的唯物论有机结合起来,创立了辩证唯物主义。

可见,要能掌握"现代形式逻辑",就要知晓逻辑学的主要发展线条和承继关系,更应熟悉"传统形式逻辑"的研究思路和来龙去脉。笔者在第一章简要介绍了亚里士多德在《工具论》等中所创立的传统逻辑,自第二章起开始论述以弗雷格、罗素、维特根斯坦、克里普克、C. I.刘易斯、蒙塔古等为代表的理想语哲学派如何发现其不足,纠正其失误之处。经过许多学者近几十年的共同努力,不断探索钻研和补充发展,逐步创立了现代形式逻辑基本架构。

"现代形式逻辑",又叫"现代逻辑",是对传统形式逻辑的进一步发展和完善,用特制符号和数学方法来演示纯逻辑演算以及内涵逻辑,这就使其可用数学的形式方法来对各种思维进行演算,使得传统的逻辑推理这门古老的学问变得更为形式化,更具精确性，形成了一股逻辑数学化的潮流，从而大大扩展了该学科的研究范围和应用领域。正如著名的逻辑史学家肖尔兹（Scholz 1931,张家龙等译1993：序言4）所指出的：

> 一般说来，现代逻辑斯蒂形式的逻辑在目前的所有成果，已经成了判断逻辑史的标准。因此，必须毫不含糊地声明，对这些成果的知识或原则上掌握这些成果，已经成了任何有益的逻辑史研究的必要条件。

他（张家龙等译1993：56-69）在正文中一连用了"九个第一"对弗雷格、怀特海、罗素、维特根斯坦等所创建的这种数理逻辑做出了高度的评价：

（1）第一个风格上很纯的形式逻辑；
（2）第一个精确而无误的形式逻辑；
（3）第一次像数学那样来明确演算；
（4）第一次区别能否形式化的对象；
（5）第一次对联结词提供精确分析；
（6）第一次对存在做出精确的分析；
（7）第一次在逻辑史上成功解决了外延逻辑与内涵逻辑的矛盾；
（8）第一个完善的形式逻辑，完满、明白、无误解释推理规则；
（9）第一次严肃地研究了矛盾性等老问题，弥补传统逻辑不足。

可见，数理逻辑功在千秋，是一项里程碑式的科研成果，肖尔兹将"头等重要的意义""巨大的礼物""最美的丰收"等赞美之词冠在这一新型逻辑类型的头上，确实是当之无愧的。它的出场终于实现了德国哲学家兼逻辑学家莱布尼茨（Leibniz 1646—1716）于三百年前提出的夙愿（参见罗素1946，马元德译1976：119）：

> 万一发生争执，正好像两个会计员之间无须乎有辩论，两个哲学家也不需要辩论。因为他们只要拿起石笔，在石板前坐下来，彼此说一声（假如愿意，有朋友作证）：我们来算算，也就行了。

19世纪末20世纪初所创建的一阶逻辑（又叫：数理逻辑、符号逻辑），相对于亚里士多德"半语言、半公式化"的传统逻辑来说，才能称得上是真正的"形式逻辑"，因为它摆脱了传统演算（如三段论）还需部分地借助自然语言来表达全称命题的推理和判断，而全部运用了像数学公式一样的方法来进行纯演算，以期能揭示人类的思维规律，真可谓是一场逻辑学中的革命。

现代形式逻辑主要包括三项：

（1）最严格意义的现代形式逻辑，指一阶逻辑这种纯逻辑演算，其主要内容为"命
 题演算"和"谓词演算"；

（2）较广义的现代形式逻辑，除了上述的一阶逻辑之外，还包括：集合论
 （Set Theory）、证明论（Proof Theory，又叫：元理论Metatheory、元数学
 Metamathematics）、模型论（Model Theory）、递归论（Recursive Logic）、概
 率逻辑（Probability Logic）、科学逻辑（Scientific Logic）、图灵机理论（Turing
 Machine Theory）等；

（3）最广义的现代形式逻辑，除上述两项内容之外，还包括20世纪30年代后逐
 步建立起来的各种"非经典逻辑（Non-classical Logic）"，包括内涵逻辑（又
 叫扩展逻辑，基本相当于模态逻辑）、多值逻辑等。

学界多半认为数理逻辑的主体为"两算+四论"，即第（1）项内容的谓词演算和
命题演算，以及第（2）项内容的前四种理论（王雨田 1987: 9），但由于第二项内容
已划归为数学的分支内容，笔者在此不再涉及。还有学者认为现代逻辑学科群的分支
已逾100个，甚至有人认为已近200个（刘文君等 1999: 187），邹崇理（2000: ix）认
为现代逻辑已远远超出文首对逻辑所做出的一般性定义，近几十年来不断在深度和广
度上延伸，并告诫同仁国内外逻辑学研究者已开始从不同角度提出比较宽泛的理解。
我想，这远非一本入门性小册子所能囊括的。本书主要择选常与文科研究（特别是语
言学、形式语义学）有关的内容加以论述，且冠之以"现代形式逻辑"，包括"数理
逻辑"中的谓词演算、命题演算，以及"内涵逻辑（狭义模态逻辑、广义模态逻辑，
后者又包括：可证性逻辑、认识逻辑、道义逻辑、时态逻辑、语义公设、蒙塔古语义
学等）"（参见吴家国 2000: 2）。

二

由于现代形式逻辑大多已基本划归为数学的分支学科，常为文科同仁和学生所忽
视，这也是现当代教育界学科分类过细所造成的一个缺憾。正如沈家煊（2006: III）
在笔者所著《认知语法概论》的总序中所言：

> 形式语言学较为抽象，采用许多符号公式，如果没有一点数理逻辑的基础，
> 连什么是"全称量词""部分量词""辖域"都不太清楚，人家的论文都没有办
> 法读懂，更谈不上去研究。而我国语言学界这方面的基础普遍比较薄弱。

笔者写作这本入门小书，意在对其有所弥补。本小册子主要针对从事社科界（特别是语言学界）的工作者和学生，简要介绍现代形式逻辑的主要内容（参见目录）。所谓"入门"，就要从最基本的信息讲起，这就需要在内容上有所舍取，做出甄别；语句表达要简练明白，把话说清楚，力争做到通俗易懂；更应在论述的顺序上要精心编排，按照循序渐进的学习程序，这样才能把门入好。

我们平日在与年轻学者的交流中，往往谈到某些知识点时，他们几乎都有所知晓，也能接得上话，若再向深处探讨时，常显得不那么得心应手。特别是谈到这些信息的来龙去脉、历史承继关系时，知识系统更显得有点支离破碎。这就是笔者近年来在研究生教学中的一点心得，反复强调"手中有个纲，上阵心不慌"的道理，一定要在有关知识点的"现在、过去、将来"的发展历史进程中理清线索，切不可一问三不知（即不知道事件的开始、过程、结果）。

培根曾说：

> 哲学的真正任务就是这样，它既非完全或主要依靠心的能力，也非只把从自然历史或机械实验收集起来的材料原封不动、囫囵吞枣地累置于记忆当中，而是把它们变化过和消化过放置在理解之中。

掐指一算，笔者在讲授《语义学》这门课程中设专章讨论"形式语义学"也有二十个年头了，又在中西语言哲学夏日哲学书院上讲授过两次（2011年在吉林大学和2015年在西安交通大学）。在此过程中，我们不断积累经验，将国内外相关论述经过自己的消化和整理，不断加深理解，逐步摸索出适用于文科（特别是语言学方向）学生的教学规律，就像我们在中学学习数学一样，争取做到"从简到繁，循序渐进，一环扣一环"地将有关具体内容讲清楚，将操作方法说明白。例如第一章所述有关内容较为普及，读者或许都有涉及，但如何将这些知识串成一条清晰的线索，笔者还是动了不少脑筋的，我们的中心思路如下：

（1）人类有求知（真知）的本性，它可由S-P模板（主谓结构）来保障；

（2）通过划分词性建立世界的十大范畴，第一范畴做S，其他九范畴做P；

（3）S与P之间可用"be（是、存在、有）"连接起来，它就是世界的本质；

（4）在西方语言中be有八种不同用法，据此可建立八大内容不同的学科；

（5）基于"S是P"分出四种不同的性质判断命题：SAP、SEP、SIP、SOP；

（6）"关门"研究这四种不同判断之间的逻辑关系，可用"对当方阵"表示；

（7）进一步根据对当方阵论述四者之间的真值关系，及其与欧拉图的对应；

（8）为保障该方阵正常运行的四大基本规律：同一律、不矛盾律、排中律、充足
　　理由律。

这样就能较好地达到循序渐进的教学目的，其他各章也是如此。

笔者原构想在每章之前加上一个"学习程序线"，以突出强调能将整章内容贯串
起来的线索，但写后发现，它几乎与目录雷同，就将这部分内容取消了。读者只要稍
花时间，仔细梳理一下本书的目录，或阅读本书后再根据目录顺序稍作回顾，便可发
现笔者还是花了不少心思如何将这些知识由简到繁地串联起来，以能更好地符合我们
的学习过程。

三

索绪尔于20世纪初建立了"结构主义语言学（Structural Linguistics）"，被视为语
言学界的一场哥白尼革命，意在否定传统的历史比较语言学家主张把"社会、历史、
文化"等人本因素与语言学研究混为一体，而模糊了语言学的主流方向。而索氏果断
地拿起一把刀，十分利索地将这些因素从语言理论研究中切除出去，实施"关门打语
言"的内指论策略，语言不再是工具，而是一个先验存在着，自我运转的封闭系统，
可在语言结构内部通过"横组合"和"纵聚合"这两个维度的关系来建立语言学理论，
从而确定了语言学的研究方向，这便是他的"普通语言学"，适用于研究任何具体语
言。现图示如下：

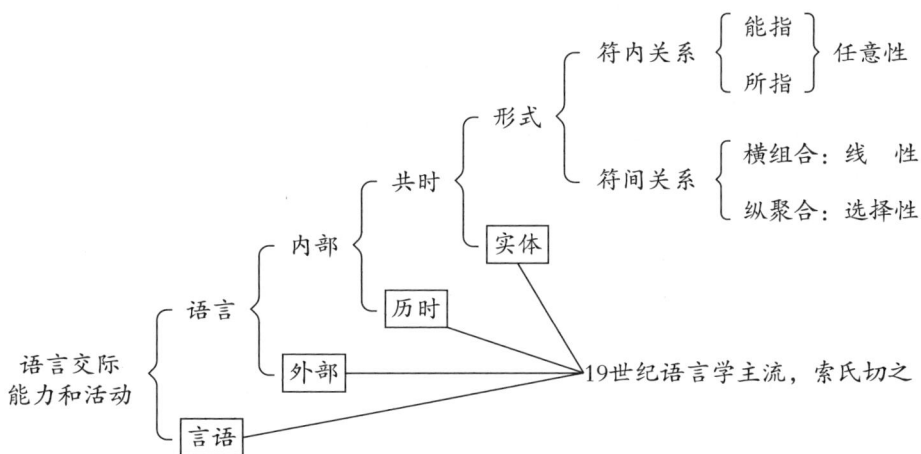

从此图我们一眼便可看出索绪尔哥白尼革命之意义所在，他在其结构主义语言学
理论中果断地剔除了19世纪历史比较语言学所关注的"言语、外部、历时、实体"

与社会、文化、人文等有关的因素，旗帜鲜明地建构了"关门语言学"或叫"内指论语言学"。

因此，笔者一直主张将索绪尔的这场革命的关键词归结为"关门"二字，它对20世纪诸多学科产生了深远影响，淡化学科与外部世界或其他学科的关系，专注于学科的内部系统和组织规律。在索氏的"关门法"影响下，20世纪出现了如下语言观及其理论家：

（1）音位学实施"关门打语音"。

（2）语义学实施"关门打语义"，建立了"Semantic Field Theory（语义场理论）""Sense Relations（涵义关系，如：上下义、同义、反义、部分—整体等）""Semantic Componential Analysis（语义成分分析法）"等分析方法，使得结构主义语言学体系更为完善。

（3）文学中的形式主义实施"关门打文本"。

（4）韩礼德（1976）在某种程度上也实施了"关门打语篇（主要从语篇内部的连接词语来论述语篇连贯）"。

（5）乔姆斯基提出语言、句法自治论，实施"关门打句法"。

韩礼德（Halliday 1976）在语篇分析时也烙上了"系统"的影子（他所用术语为"语言潜势 Linguistic Potential"），贯彻着"关门打语篇"的方针，从语篇内部的连接词语所起到的"衔接（Cohesion）"作用来分析语义连贯（Coherence）。乔姆斯基TG学派专注于"关门打句法"，以图用形式化的方法揭示人所具有的先天性句法结构。

"关门"还影响到20世纪近百年的其它若干学科，包括：哲学、人类学、社会学、心理学、生物学、文学、音乐、美学、历史学、民俗学、教育学、宗教、医学、数学、建筑学等。德里达（J. Derrida 1930—2004）就曾提出"关门打哲学"的主张，他（1967: 158）有一句名言就是这一立场的写照：

There is nothing outside the text.（文本之外别无他物。）

后来又将其说成：

There is nothing outside context.

根据笔者近来学习逻辑学的体会，这一研究方法在西方由来已久。亚里士多德在确定了S-P模板后，就"关门"专题研究"SAP、SEP、SIP、SOP"这四种直言判断之间的关系，还基于典型演绎三段论发现了其256种变化形式（详见第一章），这是何等的智慧！若从这一传统方法论来看,索绪尔的贡献就在于他继承了西方"关门法"的传统,率先将其引入到语言理论建构之中。

笔者还基于怀特海的"过程哲学(又叫有机哲学)"批判了经典形式逻辑之不足。怀特海认为世界不是由"实体"构成的,其本质是"关系"。通过考察近百年来的西方哲学,我们发现欧洲自黑格尔之后还出现了从"实体论"转向"过程论"的趋势,意在批判传统形而上学,反思经典形式逻辑,摆脱亚氏"S-P模板"的窠臼(参见第一章第五节)。

哲学界所提出的关系论,与那个时代在逻辑学界所流行的"关系逻辑"遥相呼应,携手合作共同推动着学术向前发展。逻辑学家们也发现亚氏的S-P模板仅关注S的性质,而忽视了S与S之间的关系,德摩根、布尔、柏斯(旧译皮尔士)、施罗德等试图对逻辑进行数学化处理,初步建构了用数学公式来表示关系逻辑和关系演算的系统,这也有力地支撑和巩固了哲学界的"关系论"。

当然,哲学家和逻辑学家所倡导的"关系论"并不影响我们学习经典传统,因为要能知晓建设性后现代的过程哲学、现代形式逻辑,必须全面地了解传统、知晓历史,唯有如此才能更好地学好哲学,发展逻辑理论。对于我们来说,要将"过去、现在、将来"连成一个整体,才能更好地把握其中的片段,克服"一问三不知"的片面性。

近来,现代形式逻辑已发展到"自然语言逻辑"的时代,周北海将其称为"本体期",若从这个角度看,笔者在20世纪90年代所论述的"英语延续体和终止体动词之间的逻辑关系"也可算作是这个时期的粗浅尝试。笔者曾运用逻辑学中的"充分条件、必要条件、充要条件"假言推理来分析英语动词"延续体"和"终止体"之间的语义结构,进而提出下一观点:一个终止体动词总归是由两个相关的延续体动词所包围,它们之间构成了一个有规律的逻辑关系。因此本书将其收录于第四章第六节,欢迎行家批评指正。

四

思维之所以能全面而深刻地反映客观事物,既在于它的概括性和间接性,也在于它与语言密不可分(何向东 1985:2)。形式逻辑旨在概括自然语言中若干相同句型表达背后的形式结构,也就是说,每一形式结构都代表着自然语言的若干语句,而每一自然语句背后又常隐含着某类形式结构,因此在很多形式逻辑学论著中,针对每一逻辑形式都举了很多实际例句,还有学者专门分析古汉语语录所蕴含的逻辑形式(周斌武等 1996）。因此，若要使得语言表达符合逻辑，就当遵循形式规律，才不至于造成思维混乱，推理规则就像一只看不见的"无形之手"，潜在地指挥着我们的语言应用；再说了，乔姆斯基透过语言的表层结构来寻找深层结构，实际上也是一次逻辑学理论的伟大实践。这足以可见，语言学界同行学习逻辑的必要之处。

由于现代形式逻辑是运用数学的方法来演示逻辑推理，这就将逻辑研究转换为数学问题，从而使其具有了数学的性质，主要划归理科学习的内容，难怪从事文科研究的学者在谈到它时常会面有难色，心感茫然，这就是为何在我国，形式语义学虽是语义学的一个不可分割的内容，但常为人们所忽略。这也影响到乔姆斯基转换生成语法的推广和普及，因其主要依据形式化的演算路径，将句法研究带入到"公式化"的新时代，大多数文科学者不愿涉足过深，而更倾向于从事功能语言学或认知语言学的研究。其实，形式逻辑比起我们在中学所学习的解析几何、微积分、物理、化学来说要简单得多。这本小册子就是为解决这一现象而写的，尽量用简单的语言，择其基础内容，按照从简到繁的顺序将有关内容讲述清楚，以能弥补文科工作者之缺憾，不至于我们在阅读中若再碰到有关数理逻辑的公式而心中无底，茫然而不知所措。

本书重点论述了形式逻辑的主体部分，且尽量将其较为系地串联起来，以能帮助读者获得一个大致的线索感和整体感。在论及经典形式逻辑时，笔者尽量抓纲，一些关键信息列表图示，以能达到一目了然、纲举目张的效果，有些信息点到为止，简单列述，且少举或不举例句，以省篇幅，因为一般的逻辑学教材或论著都有详细介绍。另外，本书部分内容在2014年出版的《语言哲学研究 —— 21世纪中国后语言哲学沉思录》中已有简述，这次出版时又有较大的修改和补充，使其可作为一本小册子专题出版，以便引起文科学者的充分关注。

本书附录1为笔者辅导研究生快速学习形式逻辑（又叫：普通逻辑学）的提纲，主要以"概念、判断、推理、论证"四部分为主线的简表，它是基于国内逻辑学教材和普及图书（只是简略程度和例句有较大差异）提炼而成，以期能帮助学员对逻辑学有一个居高临下的总体理解和对位记忆。

附录2收录了笔者30年前发表的一篇文章，题为"数理统计在当代语言测试中的应用"，简要介绍了如何运用概率论和统计学上的基本方法来分析大规模测试，以具体数据来解释测试学中的一些现象。由于该方法与本书所介绍的现代形式逻辑不完全在一个理论框架之中，但其内容和思路也与数理逻辑有关，它们都属于理科的基础知识，从事文科研究的工作者和师生对其可能较为生疏，因此本书就将其作为附录收于书后，以供读者一并参考。

　　"论证"也是形式逻辑的重要内容之一，它所讨论的"论题、论点、论据、论证方法"等内容与我们文科师生写作论文密切相关，笔者曾基于形式逻辑这部分所论述的内容，应《语言教育》主编隋荣谊教授相邀于2014年撰写了题为"学位论文撰写纲要"的文章，分析了我国时下语言学界论文写作中存在的一些问题，提出"论点新、论据足"的创新性写作提纲。论点新，新就新在"与时俱进"上，当掌握国内外语言学前沿理论（如认知语言学、体认语言学和后现代语言哲学），反思索氏和乔氏客观主义语言学之弱点，突出"人本主义"研究方法；论据足，就足在要学会运用万维网络建立封闭语料，以"基于用法的模型（Usage-based Model）"为出发点，分析语言的实际用例，以能有效避免研究中的主观性，使得我们的研究成果更具科学性，更有说服力。本书将其作为附录3收录其后，算作笔者学习形式逻辑的一点心得。

　　笔者多年从事语言学的理论研究和教学实践，从学科分类上来说也属于文科工作者，对于经典形式逻辑和现代数理逻辑（包括模态逻辑）也在不断学习和加深体会的过程之中，其中难免会有理解不深、消化不够、论述不到位的情况，乃至会有谬误之处。特别是在内容的舍弃上，其中必有考虑不周之处，敬请读者批评指正。

　　逻辑学界的权威人士，中国社会科学院的邹崇理教授、山西大学的周北海教授从百忙中抽出时间通审全稿，周教授前后审了三遍，他们还为拙书做了序，提出了很多宝贵的批评和建议，使我很受感动，受益匪浅。四川外国语大学的陈丽萍教授也为拙稿提出了很多有益的建议。四川外国语大学和重庆大学出版社也给予了笔者大力支持，我的研究生钱静、王正本、杜燕、杨玉顺等帮我查阅资料、校对稿件、制作符号。笔者在此一并致谢！

王　寅

2020年8月

目录 | CONTENTS

现代形式
逻辑入门

第一章　经典形式逻辑简介

002　第一节　形式逻辑之初衷

011　第二节　工具论

018　第三节　四种判断之间的关系

第二章　现代形式逻辑简介

026　第一节　简史

040　第二节　弗雷格的批判

049　第三节　数理逻辑的哲学意义

第三章　谓词演算

056　第一节　从函数到谓词演算

058　第二节　个体词（个体常项、专指语）

061　第三节　量词

071　第四节　谓词常项与变项

074　第五节　谓词演算的公理和定理

075　第六节　小结

第四章　命题演算

078　第一节　逻辑原子论

079　第二节　逻辑联结词

080　第三节　命题演算和逻辑真值表

093　第四节　复杂的复合命题

096　第五节　归谬法、重言式

099　第六节　英语终止性和延续性动词之间的假言关系

第五章　内涵逻辑

104　第一节　从外延逻辑说起

106　第二节　问题的提出：实质蕴涵悖论

110　第三节　内涵逻辑

第六章　狭义模态逻辑

114　第一节　基本概念

119　第二节　狭义模态逻辑

128　第三节　克里普克语义学

第七章　模态命题演算VS模态谓词演算

134　第一节　模态命题演算

136　第二节　模态谓词演算

138　第三节　小结

第八章　广义模态逻辑

140　第一节　可证性逻辑

141　第二节　认识逻辑

145　第三节　道义逻辑

148　第四节　时态逻辑

第九章　关系逻辑与谓词特征

156　第一节　关系逻辑

158　第二节　谓词特征和元

160　第三节　二元谓词的特征和推理

第十章　语义公设

166　第一节　语义公设与涵义关系

170　第二节　小结

第十一章　蒙塔古语义学

172　第一节　转换生成语法 vs 蒙塔古语法

177　第二节　通用语法

178　第三节　用内涵逻辑解释语义

180　第四节　数理逻辑法

182　第五节　PTQ系统

184　第六节　自然语言逻辑

第十二章　现代形式逻辑的利与弊

191　第一节　优点

194　第二节　问题

204　第三节　小结

附录

205　附录1　普通逻辑学提纲

206　附录2　数理统计在当代语言测试中的应用

218　附录3　论证与论文写作

230　附录4　术语英汉对照表

241　附录5　国外人名对照表

246　**主要参考书目**

第一章　经典形式逻辑简介

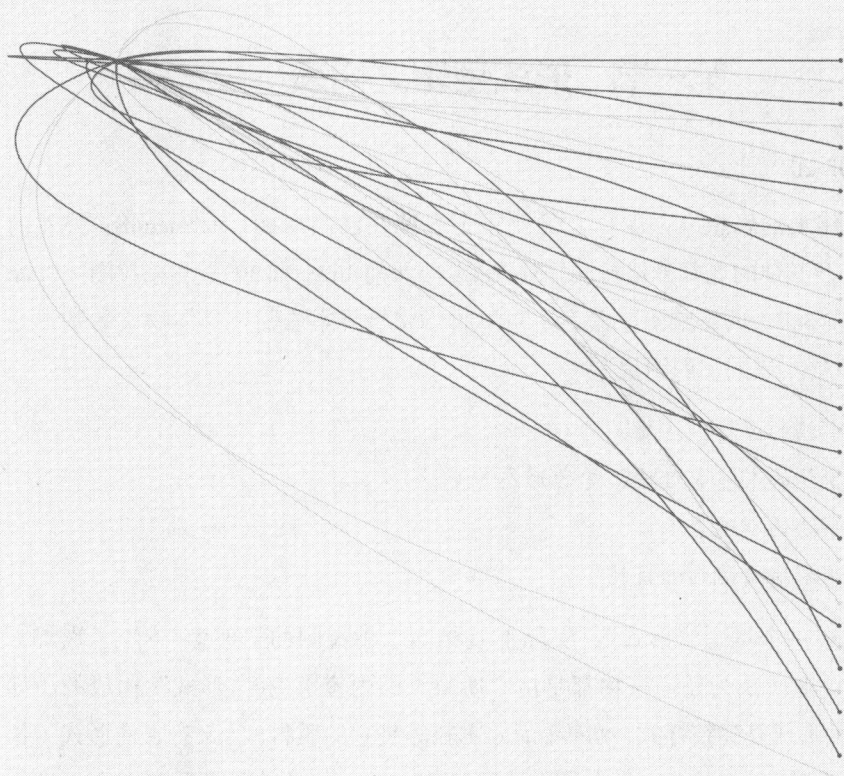

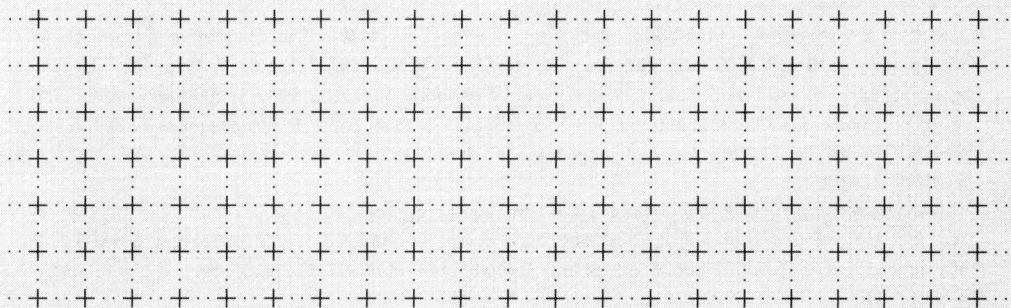

第一节　形式逻辑之初衷

一、内容 vs 形式

古希腊最伟大的思想家、逻辑之父亚里士多德在巴门尼德（Parmenides 公元前515— 前445）及其他的老师苏格拉底（Socrates 公元前469—前399）和柏拉图（Plato 公元前427— 前347）的影响下，抛弃了自然哲学将世界本质归于具体物质的基本立场①，提出了世界本质的"四因说"：

质料因（事物的原料、物质）

形式因（事物的本质或可被知觉的形态）

动力因（事物的创造者）

目的因（事物所要达到的目的）

后三者常被说成一个概念"形式"，实际上就相当于柏拉图的"理念"（汪子嵩等，1972:20），因此亚氏认为任何事物都是由"质料（即内容）"和"形式"构成的。如一所房子，它的形式是建筑样式，而砖、瓦、木料等是它的质料；砖又有它的形式（长方形）和质料（泥土），泥土本身也是由这两者构成的。他还认为最后有一个不带任何物质的形式就叫作"第一推动者"，就是"理性"，也就是上帝。可见亚里士多德是动摇于唯物论和唯心论之间的。

根据亚氏的"二因说"，世间任何事物的本质都应当有两个方面，它们都应是"内容"和"形式"的统一体。思维也是这样，它也有：

内容：客观对象及其具体属性在人脑中的反映，其具体内容千差万别，门类众多，涉及各门学科知识，具有百科性；

形式：即思维的结构形式（又叫逻辑形式），包括：概念、判断、推理三大板块，这才是逻辑学家所能研究的普遍的、共同的规律。

---

① 自然哲学关于构成世界一切物体的元素主要有以下一些观点：泰勒斯（Thales 约公元前624—前547）的"水说"，阿那克西美尼（Anaximenes 约公元前585—前526）的"气说"，赫拉克利特（Heraclitus 约公元前540—前480）的"火说"，毕达哥拉斯（Pythagoras 约公元前580—前500）的"数说"，德谟克利特（Democritus 约公元前460—前370）的"原子说"，阿那克萨哥拉（Anaxagoras 约公元前500—前428）的"种子说"，恩培多克勒（Empedokles 约公元前495—前435）的"火、气、水、土说"，柏拉图的"理念说"。

　　比较：中国古代学者也提出了相似的观点，如《易经》的"八卦说"，《尚书》中的"五行说（金、木、水、火、土）"，管仲（约公元前725—前645）的"水说"和"精气说"，老子（约公元前6—前5世纪）的"道（无）说"，荀子（约公元前325/或约公元前313，约公元前307，约公元前298—前238年）的"气一元论"等。

就语言而言，它也是这两者的结合体，语音和词形当可视为语言的"形式"，而其所表达的思想或语义就是"内容"，后者必须通过前者才能传递，前者必须具有后者才有意义可言，两者密不可分。20世纪出现了语言研究中的两大阵营：专注于语言形式，或主张用形式化方法来研究语言的称之为"形式学派"；聚焦于语言意义或交际功能的称之为"功能学派"。认知语言学派主张将"形式"和"内容"结合起来，它们的配对体可称之为"象征单位（Symbolic Unit）"，蓝盖克（Langacker 1987，1991）将其视为语言中唯一的单位，这比乔姆斯基的最简方案还要简洁（Taylor 2002:22），语言学家就可专注于研究人们如何将这些象征单位整合为"构式（Construction）"或更大的构式，从而形成语言表达（参见王寅 2011:161, 480），这就是当今认知语言学中最前沿的一个学科——构式语法（Construction Grammar）。

二、形式逻辑

形式逻辑，顾名思义，主要关注"形式"，不考虑（或暂时不考虑）意义或内容，只从思维的形式结构来研究演绎方法的学科，探索其基本规律，普遍原则，分析思维形式如何反映客观外界的运动、变化和发展，而暂不考虑所述的具体内容，如当我们说：

[1] 所有事物都是运动的。
[2] 所有人都是有死的。
[3] 所有金属都是导电的。
[4] 所有事物都是有重量的。
[5] 所有哺乳动物都是有心和肺的。
[6] 所有商品都是有价值的。
……

它们所言述的内容各不相同，但都有一个共同的结构形式，即"所有……都是……"，若用S表示判断对象，用P表示对象的属性，其共同的结构形式就是：

[7] 所有S都是P。

或简言之：

[8] S是P。

这就有了亚里士多德的"S-P模板"。

可见，形式逻辑中的"形式"是相对于"内容"或"意义"而言的，即人们在推理过程中不必依赖于命题的具体思想，就像代数运算一样，不必考虑具体数字所进行的纯公式推演，它独立于具体内容，仅是一个抽去内容后保留下来的一个结构框架。当然，这里必须有个前提，"符号vs意义"或"形式vs内容"之间建立了完全的、严格的对应关系，此时就可暂将意义置于一旁。另外，形式逻辑是以"真假值"为基准来研究思维的形式和规律，这个真假不能说与意义毫无干系。因此我们认为，形式逻辑并非将"形式"与"内容"完全隔离开来，而旨在通过前者掌握规律，更好地将其与后者结合起来，以保证能正确地反映客观现实，参见金岳霖（1979:4）。正如列宁（《列宁全集》55卷:151）所指出的：

> 逻辑形式和逻辑规律不是空洞的外壳，而是客观世界的反映。

形式化的命题公式从外形来看类似于代数公式，是至少含有一个变项的表达式，且变项可用某具体内容代入，此后整个表达式就变成或真或假的命题（Scholz 1931，张家龙等译 1993:8，50）。因此，形式逻辑就研究独立于具体意义的符号和"合式公式（Well-formed Formula，简称'WFF'或'公式'）"本身，它们仅是具有某种形状的符号串，通过"形成规则"来规定符号与符号之间在形状上和空间上的关系，通过"推理规则"来规定符号串与符号串之间在形状上和空间上的关系，前者属于"语形"或"句法"研究；后者通过"解释"来规定符号和符号串指称什么，取什么值，值域如何，归属于语义研究，"可满足、真、语义后承、常真"是其中的重要概念（周礼全 1986:5），"模型论"是关于解释逻辑演算的理论，也是形式语义学中的重要内容。

所谓"S-P模板"，就是研究S与P之间的逻辑关系，这两者可统称为"词项"，建立其上的逻辑又叫"词项逻辑"，它与谓词逻辑不完全相同（参见第三章）。具有S-P模板结构的命题叫"直言命题"，从 [1] 清晰可见其逻辑结构成分包括："主项、谓项、联项、量项"，[8] 则为其最简单的结构形式，最具代表性，可代表各种"判断句（系表结构）、叙事句（主谓宾结构）、描述句（表语为形容词）"等。那些不含"be（是）"的句子，也可将其改造为含"be（是）"的句子，如：

[9] 地球围绕太阳转。

可改造为：

[10] 地球是围绕太阳转的。

又如：

[11] 他不讲话了。

可改写为：

　　[12] 他（是）不讲话了（的）。

或：

　　[13] 他不（是）讲话了（的）。

因此，亚氏所论述的"S 是 P"可视为语言中绝大多数简单句的概括形式，因而专题讨论它的逻辑学，具有一定的普遍性。

　　[8] 常被视为"简单命题"的代表形式，它与"复合命题"相对，后者由两个或两个以上的前者构成，如：

　　[14] 胡适是五四新文化运动的主将，并且曾任北京大学校长。

　　[15] 富贵不能淫，贫贱不能移，威武不能屈。

　　这两个复合命题各分支具有并列关系，它们所述事物内容具有"和""与""并且"的关系，断定了两种（或两种以上）事物情况同时存在。在例 [14] 中含有合取词"并且"，例 [15] 中的逻辑合取词"和"被两次省略。但在命题的形式逻辑中，不考虑合取词前后各分支的具体内容，而仅只关心它们的形式关系，这类联言复合命题常被形式化为：

　　[16] p & q

或：

　　[17] p ∧ q

　　这便是合取复合命题的形式结构，是此类命题的一般抽象。在复合命题的形式结构中，形式逻辑所关注的是像"合取词"一类连接词所表示的逻辑形式关系，而并不关注分支命题的具体内容，它们常被浓缩为"p、q"一类的函项，具体的命题是命题形式结构的具体化，详见第四章。

　　可见，形式逻辑主要研究"命题形式"或"形式结构"，它是逻辑学的抽象，同一类命题的形式结构反映着该类命题的共同特征。因此，命题的形式或形式结构并不是一个具体的命题，它只是一个"骨架"或"型构"，其中含有不完全确定的成分，如上文所述的 S 和 P，或者是 p 和 q 等。正如罗素（Russell 1919，晏成书译 1982：184）所指出的：

　　这个论证之正确是由于它的形式，而不是由于其中出现的特殊的项。

　　由于代表某对象的"符号形式"是人为规定的，如逻辑学界常用 p 和 q 来作为命题的符号形式，也可用其他符号，而且还可根据不同需要，从不同角度来论述一个命题结构的复杂度。如最简单的方法是用一个字母p或q来表示命题变项，还可较为详细地将其符号化为"SAP、SEP、SIP、SOP"等，来表示较为具体的命题类型，详见下文。在一阶逻辑中还可将一个命题更细致地符号化为"$\forall_x(M_{(x)} \rightarrow D_{(x)})$"，详见第三章。

我们经过认真思考认为，形式逻辑中的"形式"与"形而上学（Metaphysics）"中的"形"具有相通性，都含"本质"之义。前者将思维的本质视为推理的形式结构，具体内容是一种表象，且变化太多、种类繁杂，无法一一述及；后者将世界的本质归结为"形"，"形而上学"就相当于"本质至上"，意在透过现象看本质，这便是哲学第一转向"毕因论（Ontology，又译：本体论、存在论、是论、有论）"之初衷。因此，在古希腊时期并没有区分哲学和逻辑学，它们融为一体，同属一个理论体系，统称"形而上哲学"，经典形式逻辑（二值逻辑）是研究形而上学的最重要"工具"。

三、三段论的形式

亚里士多德根据西方语句的基本表达方法，提炼出S-P模板，即绝大部分语句都具有"主谓（宾）"结构，然后又基于"质"和"量"这两个维度将其进一步丰富为四种基本形式：SAP、SEP、SIP、SOP（详见下文），再基于它们发展出著名的演绎法"三段论（Syllogism）"。如根据例[2]再给出另一前提，就可获得如下的演绎推理：

[18] 所有人都是要死的。

   苏格拉底是人。

   所以，苏格拉底是要死的[①]。

这是中世纪至19世纪时期的逻辑学家基于亚里士多德的三段论所做出的流行表述，其实亚氏本人的表述是（参见莫绍揆1980a：157）：

   若凡B均为C，且A均为B，则凡A均为C。

这种采取变项的表达方法既简洁又便利，现代数理逻辑学家无疑受到了亚氏的启发。

三段论结构简洁，表述朴素，用自明的表达道出了深刻的哲理，在人类思想史中具有重大意义，代表着逻辑思维的最基本规律，也是获得新知的必由之路，如根据这

[①] 有学者指出，这不是亚氏的三段论，据说是罗素举的例子。亚氏的三段论中没有单称命题，因此[26]中的三段论应记作：所有M是P；所有S是M；所有S是P。但在逻辑学论著中谈到三段论大多用[26]，故此处暂作如是说，此注释也适用于第四章第四节中的例[60]。

一演绎三段论可建立如下推理：

[19] 所有金属都是导体。

[20] 银是金属。

[21] 所以，银是导体。

[22] 凡是能在水中走动的岛是浮岛。

[23] 加拿大的塞布尔岛是能在水中走动的岛。

[24] 所以，加拿大的塞布尔岛是浮岛。

等，它们都共享同一形式结构 [26]，都是基于三段论而形成的不同表达。由于其中的三个命题都直接判断了 S 的性质，所以又叫"直言三段论"，由三个直言命题组成，两个为前提，据此所推出的另一个为结论，现进一步分析如下（横线表示"所以"）：

[25] Major Premise: All men are mortal.　　（大前提：所有人都是要死的。）

　　 Minor Premise: Socrates is a man.　　（小前提：苏格拉底是人。）

　　 Conclusion: Socrates is mortal.　　（结　论：苏格拉底是要死的。）

三段论只能包括三个概念，其中 P 为大项（或大词，如 mortal），S 为小项（或小词 Socrates），M 为中项（或中词 man）。大前提包含"大项 P"，断定了一般性原则；小前提包含"小项 S"，断定了特殊性事物；介于大项和小项中间的叫"中项 M"，为大、小前提中的共同项，作为中间媒介将 S 与 P 连接起来，起过渡作用，在结论中被消解，从而确定了 S 与 P 两者之间的关系。

三段论的结构形式（或逻辑形式）可进一步提炼为：

[26] 大前提：M 是 P　（含大项 P 的前提）

　　 小前提：S 是 M　（含小项 S 的前提）

　　 结　论：S 是 P　（由小项 S 和大项 P 构成）

该式是同类三段论的共同形式，具有代表性，式中的"是""所有"（在 [8]、[26] 中为表达简洁而省去）为逻辑常项，M、S、P 为逻辑变项，可带入任何符合规则的内容，这便是形式逻辑的基本出发点。根据它就可从两个前提判断中必然地推论出关于某特殊事物的结论性判断，也就获得了有关该特殊事物的新知识。严复曾称其为"曲全公理"（莫绍揆 1980a：4）。

亚氏认为，人类的知识都是基于三段论进行推理而获得的，这就是上文所说"三段论是获得新知的必由之路"。所谓"新知"，就是关于某事物的成因，若能知晓事物间的因果关系，找出现象的原因，就可认识某事物或现象。而这个原因就相当于三段论中的"中项"，用它作为过渡来建立小项与大项之间的因果关系，确定其性质。如上文例[19]至[21]，[22]至[24]就是通过中项"金属"和"能在水中走动的岛"证明了结论中的命题，获得了某物的新性质，从而确立了该结论作为新知的地位。

亚里士多德还根据中项M在两个前提中的位置（可分别作大、小前提的主项和谓项）总结出四个"格"；以及根据A、E、I、O四种判断中每次取三个（允许同类重复）的排列方式就有43＝64种"式"，根据[26]就会演变出 $4 \times 64 = 256$ 种变化形式，其中大部分是违反规则的形式，只有24种变化形式为有效格式，详见吴格明（2003：106-111），何向东（1985：174-177），刘文君等（1999：65）。

注意：笔者在"必然性地推论"下划了线，以示强调，因为这是形式逻辑的最终目标，根据前提蕴含结论的命题，真的前提和正确的推论形式就可必然地获得真的结论，据此也就获得了"真知"。因此，结论必须处于前提所论述的范围之内，才不至于出错。若结论超出前提所给定的范围，就会违背演绎推理的基本原则。这样的结论不可能从前提中必然地推论而出。

要能"必然地推论出"，还要考虑词项的周延性。所谓"周延"，是指直言命题中的词项断定其全部外延，否则就是"不周延"的。若在一个推理中同一词项出现了两种不同的周延情况，则结论就可能失效，如从前提[27]推不出结论[28]：

[27] 所有共青团员都是青年。

[28] *所有青年都是共青团员。

因为在前提[27]中"青年"是"不周延（Undistributed）"的，因为它不包括青年类概念的全体成员；而在结论[28]中"青年"是"周延（Distributed）"的。

若只根据一个直言命题作前提就能推出另一直言命题作结论，就叫"直接推理"，如第三节的图1.4可根据一者推论出另一者，这四者两两之间存在对应的真值关系，这就叫对当关系。在直接推理中又包括如下几种情形：换质法（肯变否、否变肯）、换位法（注意周延问题）、换质位法、附性法（所加限制语必须同义）、逆关系判断等，本章第三节所讨论的根据"对当方阵"的真假值推理也属于这一类。

[26]列出了演绎三段论的典型形式，它包含两个前提，可视为"间接推理"，根据它可推断出很多新知识，但在语言实际表达时，为论述简洁，常会省去三个直言判断中某一个，或大前提，或小前提，或结论，这只是语言表达层面的省略，而不是思维过程的省略，因为思维总是根据大前提、小前提推断出结论来的。另外，语言中的

因果复合句大多也是基于三段论进行逻辑推理而建构起来的，"因"相当于前提，"果"相当于结论。

从上可见，经典形式逻辑所用的工具是"日常语言"兼"形式演算"，在这个意义上，它还不算是名副其实的形式逻辑，这才招致后人的诟病。但是经典形式逻辑流行了2000多年，它一直是普通逻辑学的基础知识，也为现代形式逻辑的出场奠定了理论基础。

四、逻辑规律

"逻辑规律（即逻辑形式）"是人们在观察世界和社会时形成的规律性认识，在逻辑学中常将其理解为"不同的思维结构形式之间的必然关系"，即上文在论述三段论时述及到"必然地推论出"，如：

[29]　如果"所有S都是P"为真。

[30]"有的S是P"也为真。

[31]"有的S不是P"则为假。

从 [29] 就可推论出 [30] 或 [31]，其间具有必然性的关系，这种关系就是逻辑学所说的思维的"逻辑规律"。逻辑规律在经典形式逻辑中可分为以下两类：

（1）基本的逻辑规律

（2）非基本逻辑规则

第（1）类的规律是一切正确思维必须遵循的一般的规律，具有较大的普适性，且具有重要意义，可保障经典形式逻辑的正常运行，主要包括四条规律（详见第四章第四节）：

同一律、不矛盾律、排中律、充足理由律①

有了前三条就可保证人们思维的确定性，它们反映了客观事物的规定性，若缺少它们就不能正确反映事物。在这几条定律中，尤以"同一律"为基础，张东荪（1938）早就指出，西方哲学围绕 being 进入形而上学的思辨，"是"与"有"合一，自然就以"同一律"为哲学（包括逻辑学）的唯一基础，而"不矛盾律"和"排中律"只是同一律

---

① 逻辑学界对"充足理由律"是否为基本的逻辑规律看法不一，且大多逻辑学教材和论著中未列述这条规律，但我国逻辑学家陈波（2002:30）倾向于将其列入。

的附律，分类、定义以及三段论无一不基于此。而中国先秦名家则是通过对动词"有"的反思进入形而上学的思辨，如"道即无"，因此"有无"概念就是中国传统哲学本体论的核心概念（参见刘利民 2009；沈家煊 2016：309，360）。

西方逻辑学确立了"同一律、不矛盾律、排中律"这三个思维规则后，就能确定所思想的对象，便于人们来谈论它，使得交流和理解成为可能。"充足理由律"是由德国哲学家兼逻辑学家莱布尼茨于 17—18 世纪才提出的，它可保证人们思维的论证性，即任何一个命题若为真，就须有一个为何如此的充足理由。

第（2）类指存在于特定思维结构形式之间的特殊规则，如三段论的规则，定义的规则，划分的规则等，它们都是第（1）类基本的逻辑规律在各种不同推理形式中的具体应用，可视为逻辑思维的特殊规则。如三段论的规则有：

（1）三段论中只能有三个不同的项，不能为四；

（2）三段论的中项，在前提中至少要周延一次；

（3）前提中不周延的项，在结论中也不能周延；

（4）从两个否定的前提推不出任何确定的结论；

（5）若两个前提有一个为否定，结论也应否定；

（6）若结论为否定，则必有一个前提是否定的；

（7）从两个特称前提中不可能获得全称性结论；

（8）若前提中有一个特称，结论必是特称命题。

上述有关三段论的逻辑规则，是区别有效三段论和无效三段论的分水岭，也就是说，遵循了这些规则，就可获得有效的三段论推理。

第二节　工具论

一、简介

古希腊哲学家亚里士多德（Aristotle 公元前384—前322）就"逻辑"问题一共写了六篇论文[①]，它们于公元前1世纪被亚氏学派的学者收录在 *Organon*（《工具论》李匡武译 1984）中，这本书即使在今天看来还是逻辑学中最精华的部分，是一本从它可学到很多东西的入门书（Scholz 1931，张家龙等译 1993:30）。

现将其主要内容简介如下：

(1)《范畴篇》论述了十大范畴、词语、概念。该文在词语分类的基础上建立了有关世界的十大范畴，第一范畴"实体"作主项S，其他九范畴作谓项P，从而建构了著名的S-P模板，为形而上哲学奠定了毕因论（本体论）的理论基础。

(2)《解释篇》研究语言（名词、动词、语句）和思想之间，以及命题之间的关系。亚氏在分析词句的基础上建立了命题和判断的学说，特别是命题的"全称肯定、全称否定、特称肯定、特称否定"的形式及其关系。文中还论述了排中律。

(3)《前分析篇》归纳出正确推理的普遍形式，围绕"分析"描述了推理的性质，基于"必然地推导出"建立起三段论，详细论述了三段论的演绎体系以及该体系的性质和特征，从而建立了"逻辑学"这一学科。他在文中也提及了归纳推理，但这并非亚氏的主要兴趣所在[②]。

(4)《后分析篇》基于《前分析篇》较为系统地论述了"证明""定义"等，包括科学中的推理和构造科学理论的方法，进一步说明了为何三段论可作为一种科学证明的方法。《后分析篇》常被视为是关于"方法论"的著作。《后分析篇》和《前分析篇》被视为亚氏逻辑的主要内容。

(5)《论辩篇》研究辩证哲理、对话和辩论的理论和技术，再次强调逻辑应定义为一门"可必然地推导出"的学科，进一步研究了"证明方法""四谓项理论"及其在论辩中的应用，这对于"证明过程"和"控制证明"十分重要。亚氏

[①] 在亚氏的另外一些著作中，如《形而上学》《物理学》《灵魂学》《修辞学》等中也述及到有关逻辑学的议题，但主体内容是《工具论》。

[②] 亚氏认为，用以获得作为前提和特征知识之普遍性命题的归纳法也是一种"三段论"，他称之为"归纳三段论"，通过小项来证明大项是中项的谓项，即大项属于中项，而小项必须包含各个别事例（参见周昌忠 1987:466）。

认为，"论辩"可理解为一种艺术，是可借助于为真的前提来证明或反驳一个给定论题的艺术；论辩家就是精通这种论辩的人。

（6）《论诡辩篇的反驳》（又译：辨谬篇）分析了对话和辩论中的各种谬误现象，阐述了"反驳"问题，探讨了语言歧义和谬误的情况和原因，及其解决方法。

这六篇论文奠定了"经典形式逻辑（Classical Formal Logic）"的核心内容。之所以冠以"形式"，是因为它抛开了思维的具体内容，不考虑直觉性的具体意义，只关注抽象的推理性程序和方式，并试图借用数学公式的方式（含变项的表达式）加以展示和推演，尝试建立一套由符号和演算规则构成的形式逻辑系统。

经典形式逻辑主要以"概念（其扩展形式为'命题'）、判断、推理、论证"四大主线来论述思维的形式及规律。我国大逻辑学家金岳霖先生（1895—1984）所撰写的《形式逻辑》，自1979年第一次印刷以来，现已被重新印刷了四十多次，公认此书为学习逻辑学的标准必读教程。他率先将西方形式逻辑引入我国，使得逻辑学三大发祥地的中国逻辑学中心与世界接上了轨（周贲思1999：为蔡曙山专著作序）。

二、十大范畴和 S-P 模板

亚里士多德（Aristotle，吴寿彭译 1997：1）在《形而上学》一书的开篇就指出：

All men, by nature, desire to know.（求知是人类的本性。）

当然，我们都期望能求得真知，那么如何保证人类能求得真知？在此前提下亚氏进一步论述了什么是"真知"，他为此建立了"S-P 模板（又叫：S-P 主谓结构、S-P 逻辑结构、S-P 逻辑模板、S-P 结构模板、主谓式命题）"，认为只要符合该模板和三段论的知识才是我们所需学习和掌握的真知，然后才能在其之上构筑形而上学的理论大厦。这便是亚氏哲学体系（包括他的经典形式逻辑学）的基本出发点。

那么什么是 S-P 模板？这要从亚氏尝试建立以词性分类为基础的语法说起。他（Aristotle，方书春译 1959）在《解释篇》中首先依据时间性区分出"名词"和"动词"，前者相对于时间没有变化，较为稳定，多处于静态；而后者相对于时间有变化，具有动态性。他据此还指出一个名词和一个动词相结合，即一个 S 和一个 P 相结合，就可形成一个简单的"命题（Proposition）"，它可用以表示客观外界的事实。这就引出了他在《范畴篇》中所论述的"十大范畴（Ten Categories）"这一基础议题。

亚氏在对词性进行分类的基础上建构了世界的"十大范畴"（又叫：十种意义上的"存在"或"是"），即通过分析语句中的主项 S 和谓项 P 发现了世界上所有的事物和概念都可划归这十大范畴。

[32] 实体、数量、性质、关系、空间、时间、姿态、所有、活动、遭受

（ousia 或 substance、quantity、quality、relation、place、time、posture、possession、action、passivity）

后四类又可说成：位置、状况、主动、被动。

我们常说的范畴是指"划分事物类属的心智过程（the mental process of classification，Ungerer & Schmid 1996:2；王寅2007a:88 –91）"，而亚氏所论述的"范畴"还有其特殊的哲学含义，主要指除实体之外的九范畴，且"以某属性（九范畴）去断言（或述说）某实体"，判断某物的存在方式，每个范畴都对应于一类存在。因此，亚氏的《范畴篇》意在解释实体"存在的本然方式"，这便与"毕因论（本体论）"扣上了题。同时，范畴划分也是最一般的、最基本的类概念，用作谓项时就对实体做出了最普遍、最一般的本质性说明，于是就把"现实事物"与"普遍知识"联系了起来，以能实现形而上学所追求的"透过现象看本质"的最终目标。

亚氏的范畴观与"S-P模板（命题的主项和谓项，句子的主语和谓语）"紧密相关，因为作为谓项的九范畴意在揭示主项得以存在的方式。亚氏在著述中划分出十大范畴之后，又进一步论述了它们与S和P之间的关系。第一范畴"实体"可做命题的主项（即句子的主语 Subject，简称S），其他九范畴做命题的谓项（即句子的谓语Predicate，简称P），因此一个命题可记作：

十大范畴之首的"实体"+ 实体的次范畴（其他九大范畴）

充当主项或主语的第一范畴"实体"，又可进一步分为"第一实体（The First Substance）"和"第二实体（The Second Substance）"，前者是个别的实存之物，只能做命题中的主项，是被述说的对象；后者为事物的类概念，相当于亚氏所说的"种"或"属"，是建立在第一实体之上的，可兼作主项和谓项。

（1）第一性实体：个别事物，是所有其他事物的基础和主体；只能作命题的主词或主项。

（2）第二性实体：种和属，它们依存于第一性实体之上；既可作主项，也可作谓词或谓项。

现以下表列述"S-P模板 vs 实体（第一性实体 vs 第二性实体）以及其余九范畴"之间的区分和联系：

表1.1

实 体（S）		是	九种范畴（P）
个体、具体			属性、普遍
感官世界			理念世界（柏拉图）
主 词			谓 词
第一实体	第二实体		
苏格拉底	人／动物		
柏拉图		是	矮个子。
钱教授			昨天来了。

三、学术价值

S-P模板是古希腊"毕因论（又叫本体论、存在论、是论、有论）"的基本出发点，它在哲学（包括经典形式逻辑）研究中具有深远的理论意义和重大的历史影响，现简列如下：

（1）论证了实体的基础性和重要性，简明扼要地道出了西哲"毕因论转向"的要旨，这是西方哲学的理论基础，认为世界是由实体（或曰本体）构成的。同时，该模板将一个属性P归附于一个实体S，这个P就是该实体的本质，即实体S的本质就在于谓项P之中，实体S有P本质，它是构成世界的最终基本单位，其本质可用P来解释，或曰：可用本质P来判断实体S。

哲学家一直将该模板视为"毕因论"的具体表现，充分体现了亚氏的实体哲学观：充当S的实体是世界上最重要也是最基础的事物和概念，世界就是由它们构成的，因此S-P模板（SV或SVO）体现着关于现实世界最终的和最充分的陈述方式，可视为形而上学的终极之物，通过它便可实现形而上学"求真"的终极目标。

（2）S-P模板也是经典形式逻辑的入门研究对象，在这两者之间还蕴涵着一个be，参见第一节的[1]至[8]。正如布宁和余纪元（Bunnin & Yu 2001：112）指出：

> "是"可归属于能够被谈论的一切事物，我们不论用语言说什么，都得涉及到系动词"是"的某种形式。在这一意义上，正如黑格尔所说，它是一切概念中最宽泛也是最空洞的概念。只是说"某物是"等于没有对它说什么，但当巴门尼德把"是（存在）"当作一种研究对象，并将其解释成是处于变动不居的感性世界背后的单纯不变的终极实在时，他对存在的性质的思辨乃是确定知识对象的努力。

例如，当我们说"这是杯子"的时候，常人关心的是表语"杯子"，而哲学家意在透过现象看本质，认为有关"杯子"的本质就该蕴涵于"是"之中。你为何要说这个物体是"杯子"，正因为你在判断此物为杯子时，就已经将杯子的有关本质潜性地融合在判断词"是"当中了，否则你就不能用判断词"是"来说它。我们还知道，在"主系表"句型中，主语和表语有无穷多的替换词，而唯有"be（是）"的不变的，这也是哲学家为什么选用"be，being"代表事物本质的另一个原因，这与"寻找世间万物背后那个不变的'一'相切合"。因此笔者在我国哲学界将"Ontology"译为"本体论、存在论、是论、有论"的基础上，又新增了一种"音义结合"的译法"毕因论"，即旨在穷尽一切物体的成因。

西方哲学第一转向就这样从"自然哲学（尝试用一种或数种自然物质来解释世界之本源）"转向了"毕因论"，始用抽象概念"be，being"来解释世界的本源，巴门尼德的这一发现，功不可没！

自然哲学家和毕因论哲学家都认为：世界是由"实体"构成的，但是后者还进一步将实体分为两大类：

　　① 物质实体

　　② 精神实体（即理性、逻各斯、绝对理念）

从而构成了西方哲学的：

　　　　经验论 vs 唯理论　　　　　　　（Empiricism vs Rationalism）

　　　　唯实论 vs 唯名论　　　　　　　（Realism vs Nominalism）

　　　　唯物主义 vs 唯心主义　　　　　（Materialism vs Idealism）

两大学派之间的争论（参见汪子嵩等 1972；王寅 2007a，2014）。这两者之间的争论一直延续了 2000 多年，成为西方哲学研究的一条主线。以至于语言哲学界一直流传着一种说法："精神也是实体"的观点根深蒂固，难以根除，它就像是柏拉图的硬茬胡须，不管怎么用奥卡姆剪刀（Ockham's Razor）也刮不掉。

（3）亚氏根据"S是P"提出了著名的"三段论（Syllogism）"（参见上文），它代表着演绎法的必然推理的形式规律。在此基础上依据"质"和"量"这两个维度又建立了以"全称肯定A、全称否定E、特称肯定I、特称否定O"四个陈述命题为常元的形式演绎系统，这就是著名的"对当方阵（Square of Opposition）"，这部分内容亦已成为经典形式逻辑的基础（参见第二节）。

这足以可见亚氏的高明智慧，首创"关门打学科"的研究之风，这对于建构一门学科具有重要的指导意义，对其后全世界的学术研究产生了深远影响，如在语言学界布拉格学派首先创立了以"关门打语音"为原则的音位学派，索绪尔的结构主义语言学再开"关门打语言"之先河，乔姆斯基的转换生成语法沿其思路实施"关门打句法"的策略，韩礼德也大行"关门打语篇"之风气等，不一而足，而这正是我国学者的短板，过往学者大多为"杂学家"，身兼数职：哲学家、思想家、文学家、诗人、教育家等，而未能专注于某一专门领域，将其封闭起来作为一门学科来专题研究。

（4）我们知道，自然科学中某一门科目常设立一条或数条自明的公理（即共有的原理），然后据此推演出若干定理，便可据此解释无数的现象和题目，如欧几里得（Euclid 生卒年不详，活动于约公元前300年）所创立的几何学就是典范。笛卡尔也曾尝试将其引入哲学界，基于一条公理"我思，故我在"就可推出若干哲学定理，据此就能解释哲学界所讨论的大多数问题。在随后的年代里，这种研究套路影响了无数理科和文科的学者。亚里士多德就是这种"公理法"的创始人，他认为每一个知识领域都可基于有限的、不证自明的公理，再用三段论演绎出若干定理，就可解释全部有关现象，从而就可建成一个知识体系。

亚里士多德的经典形式逻辑用了一些诸如S、P、A、E、I、O等字母来表示命题的结构和类型，就已在运用代数的方法了，其三段论也有点类似于数学演算。时至17—18世纪，笛卡尔（Descartes 1596—1650）和莱布尼茨（Leibniz 1646—1716）进一步升华了这种研究方法，认为可将逻辑学和数学结合起来，便能得到适用于一切知识领域的思维推理方法，这便是获得新知的可靠工具。与他们同时代的牛顿（I. Newton 1643—1727）将"公理法"和"数学化"两种方法有机结合起来，既构造出三大公理性力学定律，又用数学公式来计算若干力学现象，从而为古典物理学奠定了彪炳史册的功勋。布尔、希尔伯特、弗雷格、怀特海、罗素等继承了这种研究思路，将这两种方法娴熟地运用到逻辑学研究之中，严密而又清晰，为学界提供了一个极好的研究方法，在全世界范围内影响极大，正被日益广泛地应用于各个领域（周昌忠1987:484），很多人文学科至今还情有独钟于形式分析和数据研究，致力于建构数学模型，如哲学、经济学、传播学、社会学、心理学、艺术学、语言学等领域。

乔姆斯基于20世纪50年代发动的一场语言学革命，意在将语言学研究纳入到数学化和公理化的研究轨道，尝试运用数理逻辑的方法建构语言的句法系统，分析人类语言的生成和转换能力，着力寻求自然语言表达（即乔氏的表层结构 Surface Structure）背后所蕴含的逻辑形式和关系（即乔氏的深层结构 Deep Structure），创建了著名的"转换生成语法（Transformational Generative Grammar，TG）"。追根溯源，这种研究思路都滥觞于亚氏著作。

（5）更为神奇的是，后继者们还根据亚氏所分析"be（可译为汉语的：是、有、存在）"的八种逻辑关系，分别建立了8类不同的学科内容。下图中的最右一栏列出了对应于"be"的八种类型，它们分别形成了哲学（包括逻辑学）的八项研究主题和分支学科。笔者（2014:44）在《语言哲学研究（上卷）》中有较为详细的论述，此处仅将图表摘录如下：

表1.2

	语义关系	说明	举例	学科
1	实体/属性	分别表示实体和属性	所有的金子都是闪光的。	本体论
2	个别/一般	由1出，即殊相/共相[①]	苏格拉底是伟大的哲学家。	唯名/实论
3	外延	S是P的外延项[②]	人是动物。	外延逻辑
4	内涵	如：定义、义素分析	"男人"是"人、男、成年"合取。	内涵逻辑
5	同一	释义：S专名，P摹状语	北京是中华人民共和国的首都。	摹状语论
6	扩大	be与时间，主谓指代域扩大	所有老人曾是儿童[③]。	时态逻辑模态逻辑
7	相似	主谓某点相似，隐喻	婚姻是牢笼。	修辞学隐喻学
8	语用	同义反复的语用含意	女人就是女人。	语用学

（6）亚氏还根据"S、P是否可换（用"±"表示，即"+"表示可换，"－"表示不可换）"和"P是否表示本质（用"±"表示，即"+"表示本质，"－"不表示本质）"这两条标准，提出了P对S有四种表述方法，即"四谓项理论"：

表1.3

序号	四谓项理论	S、P可否换	P是否表本质
1	定义	+	+
2	固有属性	+	－
3	属	－	+
4	种差	－	－

参见《中国大百科全书·哲学I》第539页。最后一种又叫"偶性"。

19世纪末20世纪初盛行于西方的语言哲学常被定义为(参见Baghramian 1998：×××)：... the recasting of age-old philosophical questions in linguistic terms（依据语言学措词来重铸千年哲学老问题。）

即我们通常所说的"通过语言分析来解决哲学难题"，若从这个角度来说，亚里士多德当算是名副其实的、最早的语言哲学家。

[①] 黑格尔将表示"谓词的是"与表示"同一关系的是"混为一谈，提出了过头的口号，"个别就是一般"企图以其来解释一切语言现象，明显犯有"以偏概全"之误，遭到罗素的批判。另外，斯特劳森（Strawson 1959，江怡译2004）对"殊相—共相"vs"主词—谓词"之间的对应关系有详细论述。

[②] 分三小类：（1）个体与个体，类与类；（2）个体与类，其后例子属于此小类；（3）子类与类。

[③] 由于be用于过去时，就将"所有老人"和"儿童"扩大到"现代和过去"的指代域了。将来时情况同。

第三节　四种判断之间的关系

一、对当方阵

亚氏所建立的经典形式逻辑一直以"S-P模板"为核心原则，他认为若在判断中用"S-P"这一表示普遍知识的方法来述说实体，就可使两者具有同一性，这种关于实体的述说就是可靠的知识，即真知或真理。若能确立可靠的范畴，就能确定事物的存在方式，从而就可获得对世界的可靠认识，奠定了"形而上学毕因论"的基础。

柏拉图也曾述及S-P主谓结构，但未能从语言理论和逻辑的高度进行论述。亚氏认为，所有语言表达的基本形式就是"S-P逻辑结构"，进而把判断命题中的主项S和谓项P之间的关系看作客观世界中的：

个别事物	vs	一般概念
感性世界	vs	理性世界
实体	vs	属性
外延	vs	内涵

的关系，从而建构起了他的"范畴理论"和"毕因论"哲学。

亚氏主要从语言表达形式层面分析了命题的基本逻辑结构"S-P"，其中的S和P可代表任何具体的事物或概念，因此又叫"概念变项（Conceptual Variable）"。"S（不）是P"这一性质判断式，又叫"直言判断（Categorical Judgment）"或"直言命题（Categorical Proposition）"，指断定某事物是否具有某性质的简单命题，又称为"性质命题"，这是亚氏经典形式逻辑的入门知识。

所谓的"直言"是指在这类判断中对主项与谓项之间范畴关系的断言是直接的，不带任何条件，与直言判断相对的是"假言判断（Hypothetical Judgment）""选言判断（Disjunctive Judgment）"。注意：英语术语用的是"Categorical（范畴）"，是指谓项被用来"肯定"或"否定"主项所指事物的全部或部分，即所划归的范畴，这与亚氏的"范畴论"相吻合。

根据事物或概念的"质"和"量"这两个维度，直言判断又可细分出"肯定vs否定""全称vs特称"四小类，它们分别用四个大写的元音字母A、E、I、O来表示：

（1）全称肯定：所有S都是P。　　（SAP，或简称A）

（2）全称否定：所有S都不是P。　（SEP，或简称E）

（3）特称肯定：有的S是P。　　　（SIP，或简称I）

（4）特称否定：有的 S 不是 P。　　　（SOP，或简称 O）

据此，逻辑推理就可"关起门来"仅依赖四种判断本身的真假值来判断其间的关系。米切尔（Mitchell 1962：33）说：

> The formal relations of propositions with identical terms of four forms, A, E, I, O, were represented by traditional logicians by a diagram called the square of opposition.
>
> （传统逻辑学家用一个叫作对当方阵的图来表示具有相同词项的四类命题A、E、I、O 之间的形式关系。）

这就有了经典形式逻辑中的"对当方阵（Square of Opposition，又叫：对当关系表、逻辑方阵、逻辑对当图）"，将"S是P"中的"be（是）"进一步细化为四种类型，可根据相同主项和谓项（或说成：同素材的S和P）之间的直言（性质）判断A、E、I、O 之间特定的对应关系，即从已知其中一个判断的真假值推知其他命题真假值的一种直接推理（参见金岳霖1979:94）。

这个逻辑对当图表示了四种判断之间的内在关系，根据相同主项和谓项的这四种直言判断（A、E、I、O）的对应关系，从已知判断的真假值推知出其他命题的真假值。这样，逻辑推理就可以"关起门来"依赖四种判断本身的真假值来判断其间的形式关系，而不必考虑其具体的内容。

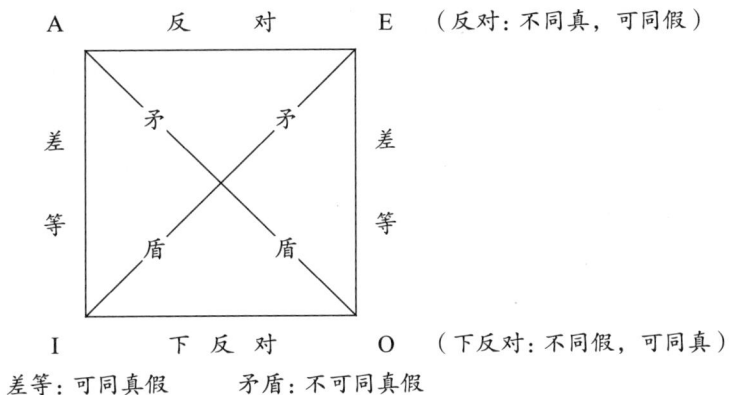

图1.1

现据图简述如下：

（1）反对关系（Contrary）：在A与E中，一真，另一必假；一假，另一不定。即两者不可同真，但可同假。

（2）差等关系（Implication 或译：蕴含关系、从属关系）：在A与I，E与O中：若

A和E为真（或假），I和O为真（或真假不定）；若I和O为真，A和E不定。
若I和O为假，则A和E为假，A蕴含I，或E蕴含O，它们可同真假，即若
两个前者为真，两个后者必为真；若两个前者为假，两个后者必为假。

（3）矛盾关系（Contradiction）：在A与O中，E和I中，若A和E为真，O和I为假；
反之，A和E为假，O和I为真，两者不可同真假，即一个为真，另一必为假。

（4）下反对关系（Subcontrary）：在I与O中，一假，另一必真；一真，另一不定。
即两者可同真，不可同假。

可列表比较如下：

表1.4

前提	对当关系		
A真	E假	I真	O假
A假	E不定	I不定	O真
E真	A假	I假	O真
E假	A不定	I真	O不定
I真	A不定	E假	O不定
I假	A假	E真	O真
O真	A假	E不定	I不定
O假	A真	E假	I真

一个简单的对当方阵，其中包含了A、E、I、O两两之间的关系共有24种，上表
共列出8行，每行包含了三种关系，如第一行中的前提分别与后面三者之间的关系。
只要我们记住图1.1四种基本关系及其判断之间的真假制约原理，便可十分自如地进
行直接推理了。我们还可以公式表达如下，如根据表1.4第一行可记作：

[33] SAP → ~SEP

[34] SAP → SIP

[35] SAP → ~SOP

根据表1.4第二行可记作：

[36] ~SAP → ？ SEP

[37] ~SAP → ？ SIP

[38] ~SAP → SOP

余者同上，不再一一列述。

二、欧拉图

为了能更好地说明逻辑对当表的蕴含和增加关系，逻辑学界常用瑞士的大数学家欧拉（L. Euler 1707—1783）所设计的图来解释S和P之间的关系，又叫"欧拉图"。在客观世界中，S类与P类之间主要有以下五种关系：

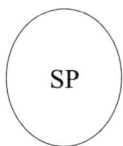

图 1.2

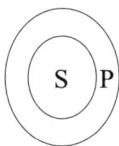

图 1.3

图 1.4

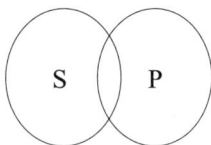

图 1.5

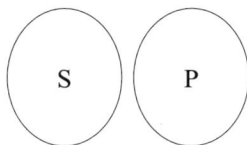

图 1.6

图 1.6 表明 S 和 P 两个范畴没有共同的外延，这其中又分两种情况：

（1）矛盾关系：S 和 P 的外延之和等于它们的属概念的外延；

（2）反对关系：S 和 P 的外延之和小于它们的属概念的外延。

这两种关系可图示如下：

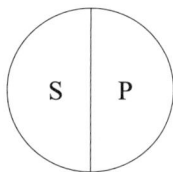

图 1.7

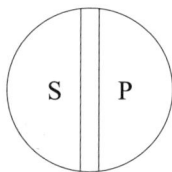

图 1.8

现借用前述5个图来解释：客观世界中S类与P类有哪种关系时，A、E、I、O 是真的还是假的。

A判断表明"所有S都是P"的全称判断，断定了S类的所有要素都是P类中的成员。若S类和P类有属于图1.2 或1.3 情形时，S和P有全同关系或下属关系，此时A判断就是真的。若S和P有图1.4、1.5 或1.6 的关系时，那么，A就是假的。

E判断表明"所有S都不是P"，断定了S类的任何要素都不是P类成员，即该判断表明S与P没有任何一个共同成员。因此，在客观世界中只有当S与P有图1.6的关系时，E才是真的。若在客观世界中，S和P有图1.2、1.3、1.4或1.5的关系时，E就是假的。

I判断表明"有的S是P"，断定了S类中有的要素同时是P类分子，但究竟S中有多少是P分子，I判断没明确断定。因此，不论是多到S类的全部要素都同时是P类成员，或少到S类中只有一个要素同时是P类成员，I都是真的。因此，在客观世界中当S与P有图1.2、1.3、1.4或1.5的关系时，I都是真的；只有当S与P有图1.6关系时，I才是假的。

O判断表明"有的S不是P"，断定了S类中有的要素不是P类成员，但究竟S类中有多少要素不是P类成员，该判断没有明确断定。不管多到S类中的全部要素都不是P类成员，或少到S类中只有一个要素不是P类成员，O都是真的。因此，在客观世界中当S与P有图1.4、1.5或1.6的关系时，O都是真的；只有当S与P有图1.2或1.3关系时，O才是假的。

三、四种判断的真值

A、E、I与O这四种判断之间的真假关系，是根据这四种判断本身的真假情形来决定的，主要从主项和谓项的外延上看它们所代表的类与类之间的关系是否合乎真实情况。现按照上文所述，结合欧拉图论述如下：

1. A和E处于上反对关系时的真假值

当A为真，客观世界中S与P有图1.2或1.3的关系，此时E一定是假的。当A为假，客观世界中S与P有图1.4、1.5或1.6的关系，此时E不一定是假的，也可能为真的。

当E为真，客观世界中S与P有图1.6关系，此时A一定为假。当E为假，客观世界中S与P有图1.2、1.3、1.4或1.5的关系，此时A可真可假。

因此，A与E之间的真假关系可概述为：其中一个真，则另一个假，但是，其中一个假，则另一个真假不定，此即为对当图中的"反对关系"。

2. A与I处于差等关系时的真假值

当A为真，客观世界中S与P有图1.2或1.3的关系，此时I一定也是真的。当A为假，客观世界中的S与P有图1.4、1.5或1.6的关系，此时I真假不定。

当I为真，客观世界中S与P有图1.2、1.3、1.4或1.5的关系，此时A可真可假。当I为假，客观世界中S与P有图1.6关系，此时A一定是假。

因此，A与I之间的真假关系可概述为：当A真，I一定真；当A假，I真假不定。当I假时，A一定假；当I真时，A真假不定。此为对当图中的"差等关系"。

E与O之间也具有差等关系，其真假关系同A与I之间的真假关系。

3. A与O处于矛盾关系时的真假值

当A为真，S与P有图1.2或1.3的关系，O为假。当A为假，S与P有图1.4、1.5或1.6的关系，O为真。

因此，A与O之间的真假关系可概括为：其中一个真则另一个假，一个假则另一个真。此即为对当图中的"矛盾关系"。

E与I之间也处于矛盾关系，其真假关系同A与O之间的真假关系。

4. I和O处于下反对关系时的真假值

当I为真时，S与P有图1.2、1.3、1.4或1.5的关系，此时O可真可假。当I为假时，S与P有图1.6关系，此时O一定为真。

当O为真时，S与P有图1.4、1.5或1.6的关系，此时I可真可假。当O为假时，S与P有图1.2或1.3的关系，此时I一定为真。

因此，I和O的真假关系可概括为：其中一个真，则另一个的真假不定；其中一个假，则另一个一定为真，这就是逻辑对当图中的"下反对关系"。

现将A、E、I、O四种判断与欧拉图之间的真值关系表示如下：

表1.5

判断的真假 / S与P间关系 / 判断的类别	SP	P S	S P	S P	S P
A	真	真	假	假	假
E	假	假	假	假	真
I	真	真	真	真	假
O	假	假	真	真	真

亚氏的上述理论在学界流行了2000多年，其间有很多学者不断加以挖掘、补充和发展。特别值得一提的是培根的"归纳法"，后经密尔（J. S. Mill 1806—1873）和耶方斯（Jevons 1835—1882）的大力推荐和丰富而逐步得以流行。汉密尔顿（W. Hamilton 1788—1856）和德摩根（De Morgan 1806—1871）还进一步丰富了亚氏的"对当方阵"，前者认为也应"量化"宾语，即可将量词置于宾词之前，如"所有S是所有P""所

有S是有些P[①]"等；后者主张也应"质化"主项，即否定词也可置于主项之前，如"所有非S是P""有些非S不是P"等。从而大大丰富了亚氏的传统逻辑。

直到19世纪末弗雷格（G. Frege 1848—1925）、罗素（Russell 1872—1970）、维特根斯坦（Wittgenstein 1889—1951）等才发现亚氏经典形式逻辑之诸多弊端，且在此基础上引入"函数概念"，始将莱布尼茨所拟构的思维演算付诸实施，实质性地创建了现代数理逻辑，主要包括：谓词演算（Predicate Calculus）、命题演算（Propositional Calculus）。

[①] 由于在S-P模板中没有标出"宾词"，将其融合在P中了，这里就由P来指宾词。

第二章 现代形式逻辑简介

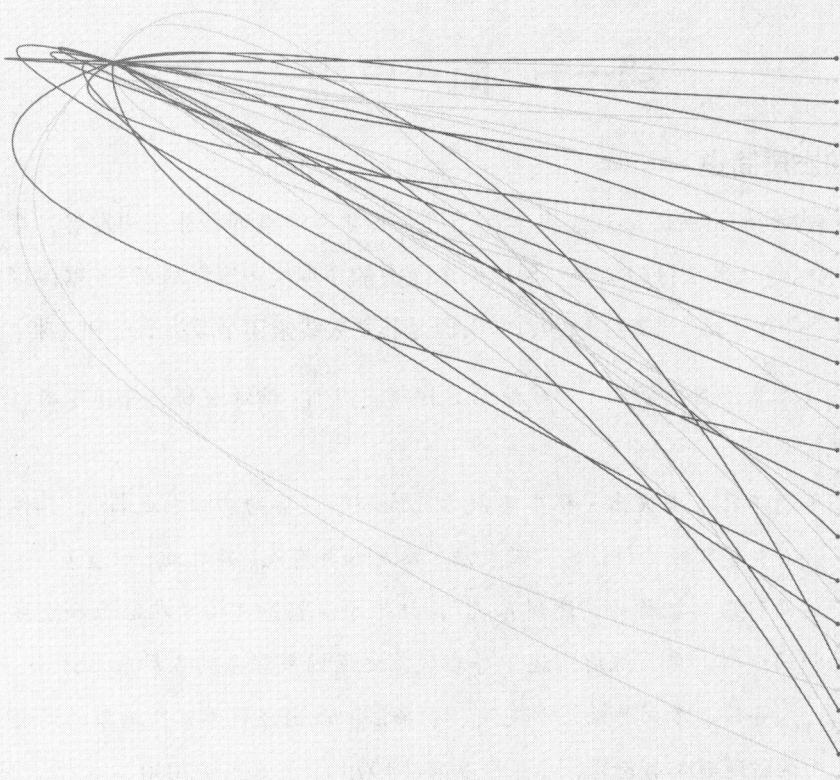

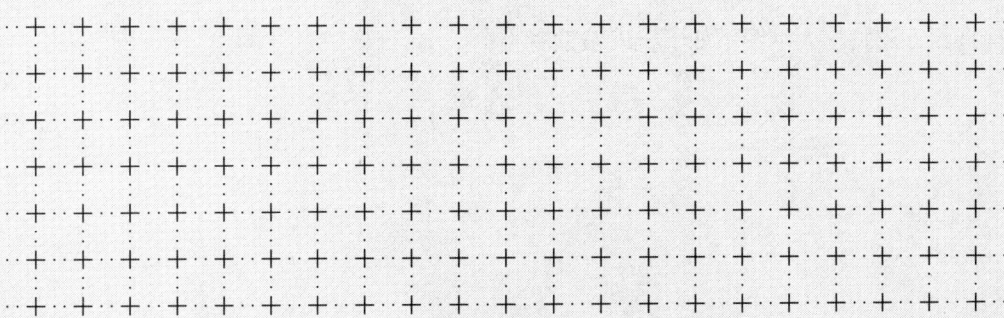

第一节　简　史

一、逻辑学的发展简史

始于2000多年前的古希腊形式逻辑学，经过众多学者的整理、补充和发展，逐步臻于健全，现已与众多学科相结合，形成一个庞大的"现代逻辑学科群"，据说现已有100至200个分支学科（刘文君 1999:187），但是其发展线索还是较为简单和清晰：

（1）亚氏在《工具论》中创立了"传统形式逻辑（或叫：演绎逻辑、普通逻辑、形式逻辑）"。

（2）培根在《新工具》中提出了根本不同于亚氏演绎逻辑的"归纳逻辑"，具体阐述了收集和整理经验材料的"三表法（本质和具有表、缺乏表、程度表）"；密尔将这两种逻辑统称为"逻辑系统"，且基于经验论立场重在继承和发展培根的归纳逻辑，更系统地阐述了寻求现象之间因果联系的五种基本方法：求同法、求异法、求同异法、共变法、剩余法。我国逻辑学家所编撰的同类著作中对两种逻辑都有论述，参见金岳霖（1979）、吴家国（2000）。

（3）数理逻辑滥觞于莱布尼茨（Leibniz 1646—1716），真正付诸实践并建立体系的是：弗雷格（Frege 1848—1925）、怀特海（Whitehead 1861—1947）、罗素（Russell 1872—1970）、维特根斯坦（Wittgenstein 1889—1951）、希尔伯特（Hilbert 1862—1943）、赖辛巴赫（Reichenbach 1891—1953）、塔尔斯基（Tarski 1902—1983）、卢卡西维茨（Luckasiewicz 1878—1956）、卡尔纳普（Carnap 1891—1970）、刘易斯（C. I. Lewis 1883—1964）、扎德（Z.A. Zadeh 1921—2017）、克里普克（Kripke 1940—　）等在反思经典形式逻辑之不足的基础上，相继创立、发展和健全了现代形式逻辑系统。

现将西方逻辑学大纲图示如下，以飨读者：

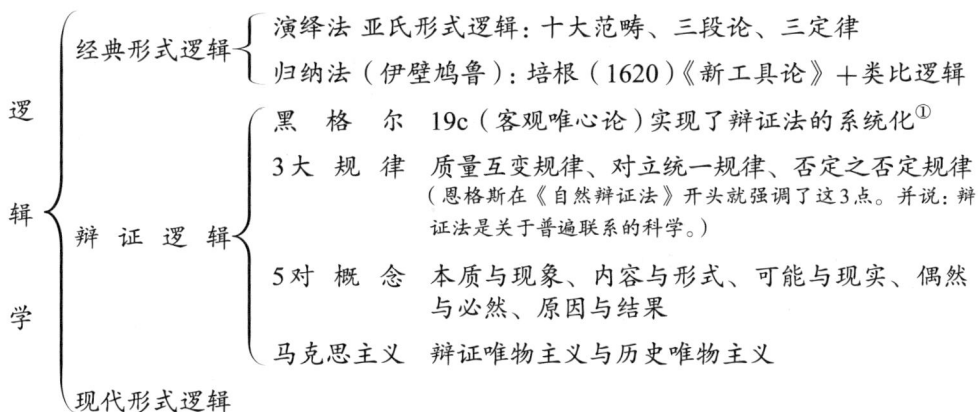

```
逻  ┌ 经典形式逻辑 ┌ 演绎法 亚氏形式逻辑：十大范畴、三段论、三定律
   │          └ 归纳法（伊壁鸠鲁）：培根（1620）《新工具论》＋类比逻辑
   │
辑 │          ┌ 黑 格 尔  19c（客观唯心论）实现了辩证法的系统化①
   │          │
   │          │ 3 大 规 律  质量互变规律、对立统一规律、否定之否定规律
   ┤ 辩 证 逻 辑┤           （恩格斯在《自然辩证法》开头就强调了这3点。并说：辩
学 │          │            证法是关于普遍联系的科学。）
   │          │
   │          │ 5 对 概 念  本质与现象、内容与形式、可能与现实、偶然
   │          │            与必然、原因与结果
   │          └ 马克思主义  辩证唯物主义与历史唯物主义
   │
   └ 现代形式逻辑
```

图 2.1

　　本书第一章简要介绍了经典形式逻辑的主体内容，它基于演绎法从思维的形式结构来研究命题形式、思维规律和推理有效性，但不考虑思想的具体内容，也无法考虑，因其涉及人类的百科知识，所用工具是"部分语言＋数学公式"。它是现代形式逻辑的基本出发点，只有晓其初衷，方能识得现代形式逻辑之要旨。

　　培根（Bacon 1561—1626），曾被马克思称为"英国唯物主义和整个现代实验科学的真正始祖"，极力主张将归纳逻辑视为是认识事物的唯一方法，走了一条与亚氏演绎逻辑相反的道路，从个体求得一般②。而且他还认为科学的一切基本原理都是靠归纳方法获得的（参见严复翻译Mill《穆勒名学》的出版说明 1981:v）。因此，他所提出的著名口号"知识就是力量"强调的也是来自于实践的、归纳而出的知识。

　　密尔（J. S. Mill 1806—1873）继承并发展了培根的归纳逻辑，将其提高到一个新高度。但是学者们清醒地认识到在人们论证时不可能或难以穷尽所有的个体，然后再来获得一个全称命题，求得一般规律。其实，休谟（D. Hume 1711—1776）早就对归纳逻辑提出了根本性质疑，分别在1739年的《人性论》和1748年的《人类理解研究》中提出"归纳的合理性及其辩护问题"，学界称其为"休谟问题"。罗素后来也曾以拟

---

① 有学者认为黑格尔提出的是"辩证法"而不是"辩证逻辑"，也有学者将其视为逻辑学中的一项内容，因他著有《大逻辑》《小逻辑》等著作。再由于我们在学习马克思主义理论时已对黑格尔有了一定的了解，为能形成知识整体，笔者暂且将其置于此处。

② 其实苏格拉底早就提出过归纳法，如亚里士多德曾说过：有两件事情公正归之于苏格拉底——归纳推理和普遍定义，只是被淹没在亚氏的演绎逻辑之中。应该说，培根是在演绎逻辑流行的时代，第一个率先专门系统地论述归纳逻辑的学者。这从他们的书名便可见一斑，亚氏撰写的逻辑学书的题目为"工具论"，而培根的书名为"新工具"。

人化的"火鸡"为例质疑归纳逻辑的合理性，农场饲养的火鸡经过若干天的观察后归纳出一条规律：主人打铃后就给我喂食，但到了圣诞节前夕，主人打铃后却将其宰杀、烹调，送上了餐桌。很多哲学家认为，归纳法无法获得哲学理论上的支持，因此休谟将其归于非理性的和非逻辑的"习惯"，因此学界就有了"归纳法是自然科学的胜利，却是哲学的耻辱。"（参见陈波 2002:199）

但尽管如此，当今更多的学者大多主张将两种逻辑结合起来，以能相互取长补短，相得益彰。正如恩格斯（Engles 1925，编译局译 1971:206）在《自然辩证法》中所指出的：

> 归纳和演绎，正如分析和综合一样，是必然相互联系着的，不应当牺牲一个而把另一个捧到天上去，应当把每一个都用到该用的地方，而要做到这一点，就只有注意它们的相互联系，它们的相互补充。

纵观当前国内外有关普通逻辑学的教材和论著，大多循此思路编撰的。

黑格尔所倡导的"辩证逻辑"则采取了与经典形式逻辑不同的思路[1]，主要基于事物的联系和发展，以动态范畴化为原则，辩证地研究思维的构成、过程及其规律（该术语对立于黑格尔系统的"形而上学"），关注人们的思维和认识如何对客观外界的运动、变化、发展做出正确的反映，关注各种思维形式在认识发展过程中的联系和变化，并将其由低级到高级组织成一个有机体系。因此黑格尔认为逻辑学不应仅关注思维的形式和演绎的抽象规律。而形式逻辑则基于静态范畴研究思维的形式如何反映客观外界，将它们毫无关联地平行排列起来。古希腊（包括我国古代）学者都曾论述过朴素的辩证逻辑思想，康德基于先验唯心论也述及了有关辩证思想。但辩证逻辑之集大成者当为德国的著名哲学家黑格尔（G. W. F. Hegel 1770—1831），代表作为《大逻辑》（又译：《逻辑学》《逻辑科学》）、《小逻辑》。肖尔兹（Scholz 1931，张家龙等译 1993:16）评价道：

> 他是一个思想界大转折的重要人物，所以事情就很奇特，他严厉地批评亚里士多德的形式逻辑，直到完全否定它。其结果是，他毕生的大量著作都带有这种严重的不祥的气氛。由于黑格尔的哲学在世界范围内的流传，他的逻辑概念直到今天还相当显著地阻碍着对亚里士多德意义的逻辑进行认真研究。

---

[1] 在尼古拉斯、余纪元（2001）编著的《西方哲学英汉对照辞典》中将"Logic"处理为两个单独的词条，第一条是指亚氏的形式逻辑，第二条则为黑格尔的辩证逻辑，足以可见这两者之间的差异。

马克思（K. Marx 1818—1883）批判吸取了黑格尔论著中的合理内核,创建了"辩证唯物主义（Dialectical Materialism）"和"历史唯物主义（Historical Materialism）",他在《资本论》中基于唯物论立场论述了逻辑和辩证法等基本原则。恩格斯（Engels 1820—1895）于1876年创作了《自然辩证法》（编译局译 1971）一书,对辩证法的主要内容也有较为详细的论述。列宁（V. I. Lenin 1870—1924）、毛泽东（1893—1976）也对其做出了进一步的阐述。

二、现代形式逻辑简史

现代形式逻辑,既是数学的一个分支,又是逻辑学的一个分支,对经典形式逻辑做出了重要的发展和完善,主张完全用"特制符号"和"数学方法"来表示其中的"概念、判断、推理、论证"这四项内容,这相对于亚氏的半语言化的公式（因其在三段论中还借用了部分自然语词）,只有这种逻辑类型才称得上"真正"的形式逻辑,主要依据形式化方法建立的逻辑体系。本书所论述的现代形式逻辑主要有"数理逻辑（包括: 命题演算和谓词演算[①]）"和"内涵逻辑（狭义模态逻辑、广义模态逻辑,后者包括: 可证性逻辑、认识逻辑、道义逻辑、时态逻辑）"等。

下文拟将现代形式逻辑约300年从萌芽到发展和成型的简史列述如下表,以使读者能有一个明晰的线条（C表示"世纪"）:

表2.1

时间	内容	代表人及思想
17C	初始阶段	先驱者 Leibniz, 后经 De Morgan、Boole、Venn、Peirce、McColl、Cantor、Peano、Hilbert 等发展
19C	数理逻辑系统	Frege、Whitehead、Russell、Wittgenstein 等正式建立一阶逻辑（谓词演算、命题演算）,并使其得以完善,逐步形成了完备的形式公理系统
1920s	三值和多值逻辑	波兰 Luckasiewicz（真、假、偶然）; 美国 Post 提出多值（3、4、n 值）逻辑
1921	模态逻辑	C. I. Lewis（□、◇）
1950–1970s	内涵逻辑	Carnap、Kripke、Montague
1920s–1950s	概率逻辑	Keynes、Board、Wright、Reichenbach、Carnap 等
1965	模糊逻辑	Zadeh
1950s后	自然语言逻辑	Chomsky、Montague

[①] 学界认为现代数理逻辑主体内容为"两算四论"（王雨田 1987:9）,"两算"为命题演算和谓词演算,"四论"为模型论、集合论、递归论、证明论。正如前言所述,四论已划归数学范畴,因此本书略而不述。

1. 数理逻辑之先驱

英国经验派哲学家霍布斯（T. Hobbes 1588—1679）曾述及过"推理就是计算"的观点，认为可将思维解释成某些数字和符号的推演。莫绍揆（1980b：3）认为数理逻辑的创始人共有三人：莱布尼茨、布尔和弗雷格。因此，现代数理逻辑都是从莱布尼茨说起的。

逻辑数学化的滥觞者首推德国哲学家兼数学家莱布尼茨（G. W. Leibniz 1646—1716），他使得亚氏的传统逻辑开始了新生，大力倡导用符号和数学的方法来表示概念，研究逻辑，这既是数学的分支，也是逻辑学的分支，从而开创了数理逻辑的萌芽时期。他曾提出了"Alphabet of Human Thought（人类思想字母表）"和"Universal Symbolic Language（普遍性符号语言）"的思路，可望发现人类思想的基本要素，这便是当今结构主义语义学中所论述的"Componential Analysis（语义成分分析法，简称CA）"，用它们的组合来表示语言中的可能概念，且可用数学演算的方法来说明逻辑推理的过程（又叫：逻辑的数学化），使得传统逻辑学完全符号化，将"逻辑推理"改造为"演绎推理"，这样就能名副其实地称之为"形式逻辑"，可避免自然语言的模糊性，准确地表达思想和有效地进行推理。莱布尼茨说（参见Scholz 1931，张学龙1977：54）：

> 我们要造成这样的一个结果，使得所有推理的错误都只成为计算的错误。这样，当争论发生的时候，两个哲学家同两个计算家一样，用不着辩论，只要把笔拿在手里，并且在算盘面前坐下，两个人面面相觑地说：让我们来计算一下吧！

因此莱布尼茨常被视为现代形式逻辑的先驱或创始人，他的论著中孕育着数理逻辑的重要理论基础，数理逻辑的发展也完全符合和较好实现了莱布尼茨当初的设想。用肖尔兹（Scholz 1931，张家龙等译 1993：48）的话来说，人们提起莱布尼茨的名字，好像是谈到日出一样，正是他使得亚氏逻辑获得了新生。

莱布尼茨提出设想，勾画蓝图，提出了逻辑数学化的基本方向，做了部分具体的工作，但终因事务较多，未能全面将其付诸实践。正如肖尔兹（Scholz 1931，张家龙等译 1993：54）所指出的：

> 确实，莱布尼茨没有留下一个完成了的逻辑系统。我们具有的东西本质上只是一个卓越的残篇。根据这些我们能重新构造他关于这种逻辑类型的概念。完成这样的逻辑系统是很巨大的工作。

英国哲学家兼逻辑学家罗素（Russell 1946，马元德译（下卷）1976：119）在《西方哲学史》中对莱布尼茨也做出了确如其分的评述：

> 他对数理逻辑有研究，研究成绩他当初假使发表了，会重要之至；那么，他就会成为数理逻辑的始祖，而这门科学也就比实际上提早一个半世纪问世。他所以不发表的原因是，他不断发现证据，表明亚里士多德的三段论之说在某些点上是错误的；他对亚里士多德的尊崇使他难以相信这件事，于是他误认为错误必定在自己。尽管如此，他毕生仍旧怀着希望，想发现一种普遍化数学，他称之为"Characteristica Universalis（万能数学）"，能用来以计算代替思考。

另外，我们还知道莱布尼茨在数学中的另一重要贡献：与笛卡尔（Descartes 1596—1650）、牛顿（Newton 1643—1727）、拉格朗日（Lagrange 1736—1813）、柯西（Cauchy 1789—1857）、康托尔（Cantor 1845—1918）、皮亚诺（Peano 1858—1932）共同发展了微积分。莱布尼茨还在《论形而上学》中首次提出"可能世界"和"充足理由律"，且将后者与"矛盾律"视为人类理性的两大基础。

2. 数理逻辑之后继者

自莱布尼茨提出逻辑数学化的思路之后，数理逻辑又经过了下列学者的补充和发展：

（1）英国逻辑学家德摩根（De Morgen 1806—1871）对"关系代数（Relational Algebra又叫：关系演算 Relational Calculus、关系逻辑 Relational Logics）"做出了突出的贡献，摆脱了亚氏S-P模板（研究S具有P性质）的束缚，突出了关系性概念。德摩根严厉批评了亚氏的S-P模板，这显然对弗雷格产生了重大影响。

（2）英国数学家兼逻辑学家布尔（Boole 1815—1864）建构的"布尔代数（Boole Algebra）"或"逻辑代数（Logical Algebra）"，发现逻辑关系和某些数学运算甚为类似，主张将代数运算的方法推广到逻辑领域，用以表示逻辑的演算，即用演算性的符号表达式来表达逻辑推理的法则。他被称为对数理逻辑做出重要贡献的第二人（莱布尼茨为第一人）。

（3）英国逻辑学家耶方斯（Jevons 1835—1882）进一步发展了布尔代数，使其更为简洁和明白。他于1876年出版的名著"Primer of Logic"被严复（1909）译为汉语后，便留在中国学界的青史之中。

（4）英国逻辑学家文恩（Venn 1834—1923）继承和发展了欧拉所画的图（参见第一章），勾画了"文恩圆圈图"来表示布尔代数中的一些理论，使其更为清晰。

（5）美国逻辑学家柏斯（Peirce 1839—1914）进一步发展了关系逻辑，将其视为关系演算，提出了"逻辑加、逻辑乘、逻辑减、逻辑除"等术语，使得布尔代数更具解释力。

（6）英国逻辑学家麦柯尔（McColl 1837—1909）倡导用一个字母来表示整体命题的思路对数理逻辑做出了一大贡献（莫绍揆 1980a：17）。他继而通过建立命题代数系统，进一步发展了布尔的逻辑代数，使得命题演算从类演算中独立出来。

（7）德国逻辑学家施罗德（Schroder 1841—1902）总结前人的有关成果，出版了洋洋大观的《逻辑代数讲演录》，对关系逻辑做出了重要的和详尽的处理，将布尔的研究推向顶峰，大大发展了新的逻辑类型。

（8）德国数学家康托尔（Cantor 1845—1918）为集合论的创建者，给出了无理数的定义，研究了无穷集（如自然数集和连续统），提出了康托尔公理：直线上的每个点都有对应的实数。他还提出了幂集定理（又叫康托尔定理）等，并重新定义"实数"，据此推出了极限论，这为微积分建立了牢固的理论基础。

（9）皮亚诺（Peano 1858—1932）于1894年出版了《数学公式》一书，尝试用亦已建成的命题演算和谓词演算的成果来表述数学、推导数学，为数学建立逻辑学的基础迈出了重要的一步。今天我们所用的符号基本上得由他所制定的。

（10）德国的数学家兼逻辑学家希尔伯特（Hilbert 1862—1943）继承了前人的研究成果（如欧几里得的《几何原本》），在《几何基础》中建构了几何的形式公理系统，发展了"彻底公理化"的逻辑研究方法[1]，确立了"证明论"的地位。他还倡导用模型论来证明一组公理的一致性。他与德国的另一位数学家兼逻辑学家阿克曼（Ackermann 1896—1962）合作证明了一阶谓词演算的一致性。

3. 数理逻辑之集大成者

西方哲学主要经历了三个转向：

（1）毕因论转向（Ontological Turn）
（2）认识论转向（Epistemological Turn）

---

[1] 所谓"彻底公理化"，是指可舍弃内容，专注于形式化的演算方法。莫绍揆（1980：40）评价说：事实上，如果形式系统足够丰富完善（而不是一些零零星星的符号），我们暂时舍弃内容集中力量于形式方面，每每能更快地得到结果。

（3）语言论转向（Linguistic Turn）

到第三转向时期，弗雷格、怀特海、罗素、维特根斯坦等吸收了这些逻辑学家的研究成果，建立了一个初步自足的完全的逻辑演算体系（但仍属于一个二值外延逻辑的公理系统），突破了经典形式逻辑的局限，正式确立了"数理逻辑"在学界的地位，他们可谓是该学科之集大成者，以期借助这一人工语言的精确性来解决形而上学伪命题之症结。很多论著都论述了数理逻辑与亚氏经典形式逻辑的对比与区别，详见王宪钧（1982）、周斌武等（1996）、周北海（1997）、陈波（2002）等。

这些学者都清醒地认识到逻辑和数学的关系密切，有学者通过前者论述后者，亦有学者通过后者论述前者。同时他们还认识到自然语言具有极大的模糊性，"语言"与"命题"之间的关系用这样的语言岂能表达精确，必然会产生伪命题，说白了，传统哲学家"用错了工具"。而且这里还涉及命题背景也不确定的问题，它常具有一定的随意性，当一个语句表达出某突显的意义时，就会遮蔽其他若干信息（参见Franklin 1990:273）。他们还认识到"背景信息"可能是一个宏大的连续体，在此怀特海早就提出了"整体论"观点，命题本身不独立，它可预设若干形而上学的背景，因此"整体论（Holism）"不是奎因（Quine 1953）的首倡。

1）弗雷格

被称为数理逻辑的最大天才是弗雷格（G. Frege 1879，1884，1893），素有"现代形式逻辑的创始人"之美誉。他首先在逻辑研究中引入"函数理论（Function Theory）"，以形式化为目标，借用数理运算方式（一套符号、公式、公理、规则）来揭示思维和语言的逻辑推理关系和语义结构，从而奠定了"理想语哲学派（The School of Idealist Philosophy of Language，又叫：人工语哲学派 The School of Philosophy of Artificial Language）"的基本走向。莫绍揆（1980a:17）是这样评价弗雷格的：

> 弗雷格于1879年出版了他成名作《概念文字——一种模仿语言构造的纯思维的形式语言》，在这本书中他完备地发展了命题演算，又几乎很完备地发展了谓词演算。可以说，数理逻辑的整个基础到弗雷格手里已经接近于完成，只需在谓词演算中添入一条规则，那就基本上和今天所使用的谓词演算毫无差异了。

弗雷格的主要成就可归结为以下几点：

（1）在斯多葛和中世纪逻辑学研究的基础上，提出了著名"语义三角"，划分出意义的两项内容："Sense（涵义）"和"Reference（指称义）"，从而确立了此后百余年的语义研究方向。

（2）考察了"专名"和"摹状语"之间的联系和区分，前者主要是指称义用法，后者主要是涵义用法，进而提出了他的外延论题；这一重要论题也为罗素日后的研究奠定了基础。

（3）建构了相当完备的命题演算系统，在寻找数学的逻辑基础的过程中，大体完成了数理逻辑的基本架构，为迎接20世纪数理逻辑的巨大发展做出了奠基性贡献。

（4）在命题演算的基础上又发展出较为完备的谓词演算系统，详见本书第三章。

2）罗素

罗素直到1901年才看到（或看懂）弗雷格的著作（参见莫绍揆1980a:18），很受触动，给予他很高的评价，于1902年6月写信给他，说（参见王宪钧1982:293）：

就我所知，你的著作是我们时代中最好的，请允许我表达我的深切敬意。

因此学界常说，若没有罗素的推荐，弗雷格的思想和成果或许会淹没在历史长河之中。罗素那时正在写 *Principles of Mathematics*（《数学的原则》）一书，弗雷格的思想，包括皮亚诺等学者，都给了罗素很大的鼓舞和启发，这本书于1903年正式出版，进一步发展和完善了数理逻辑。

罗素后与他的老师怀特海合作，于1910、1911、1912年分别出版了三卷本的 *Principia Mathematica*（《数学原理》），还于1918年出版了 *Introduction to Mathematical Philosophy*（《数理哲学导论》），以明白晓畅的笔法陈述了1903年和1910—1912年所确立的科研成果，进一步论述了他们的"逻辑主义（Logicism）"立场，认为逻辑为数学提供了基础，以至于使两者连续甚至等同起来（Bunnin、余纪元2001:576），且尝试用这种数理逻辑来解决传统的哲学问题。

学界常称罗素为数理逻辑之大成者，他的贡献可归结为如下5点（参见王宪钧1982:302-307）：

（1）建全了一个完全形式化的命题演算和谓词演算；

（2）发展并给出完全的关系逻辑和抽象的关系理论；

（3）摹状语理论；

（4）悖论和类型论；

（5）逻辑和数学。

第（1）、（2）、（5）参见本书其他章节，第（3）点参见有关述著。第（4）点即为罗素于1901—1902年间发现的"罗素悖论（Russell Paradox）"，它曾毁了弗雷格一生的工作，哥德尔和图林都对其进行了深入研究（陈嘉映 2003：118）。一般说来，悖论包括两个要素：

（1）自指

（2）否定

话语之所以暗含悖论，是因为它包含了自身，且用了否定形式。罗素悖论也是这样，它涉及数学中的"集R"和"集的元素r"，R是由许多单个的r构成的，在这个R中通常不应当包括自身R，但有时候又包括自身R（R∈R），这就引出了悖论。正如黄斌（2014：162）所说：

> 集论悖论的特征，在于涉及总体时把定义者自己也包括了进去，形成了一种自我否定。

集论是逻辑理论，而逻辑理论是不会有矛盾的。根据集论可知，某些事物的"类"不应该是该类中的一员，如"所有人的类"，它不是指一个"人"，而是由所有人组成的一个类（即"集"），这种集叫"平常集"。但是把所有"不是人"的事物归为一类，则这个类本身也是这类事物中的一员，这种集叫"非常集"。现展示如下：

R = { r, r …… r }

人类 = 一个人，一个人 …… 　（所有人的类不是一个人）

R = { r, r …… R }

非人的类　包括非人的类

罗素的解决方案称为"类型论（The Theory of Types）"，他认为：所有悖论源自混淆了不同级别的类型，一个断言本来应该指涉下一级的类型，实际上却把本身这一类型混同于它所指涉的类型，于是产生循环，出现悖论。为了通俗起见，罗素于1919年打了一个比方：萨维尔村理发师在店前挂出一个招牌，上面写作：

我只给 | 所有不给自己理发的人 | 理发。

（1）普通人都不给自己理发，都到理发店理发。

（2）理发师也不给自己理发，那他的头发谁理？

（3）若给自己理了，则他本人也就属于"自己给自己理发的人"，按照招牌上的话，他不能给这类人理发。若请别人来理，他就属于招牌中方框中所说的人，而牌子上明明说的是"我"要给这种人理发，也就是说他应该给自己理发。因此不管怎么推论，理发师所说的话是悖论。

　　方框中的摹状语表示一个"类"，即为数学中的一个"集（或叫：集合）"，它不应该包括言说者"我"本人，这就正常了。如黄斌（2014:165）所析，若说"我（不是囚犯）只给监狱中那些不给自己理发的人理发"，或说"我只给不会洗澡的小猫洗澡"，此类话语都不包括言说者本人，就不会自相矛盾，这就是上文所说的"平常集"。一旦将定义者本人置于其后的集合之中，就会出现"自指"现象，相当于上文所说的"非常集"，此时再含有否定用法，就会引出悖论。这位理发师忘了他自己也要理发，在作集合规定时无意之中也将自己包含于其中。

　　黄斌还进一步从"存在vs思维"的哲学高度剖析了这类悖论的根源：物质性事物不可能形成"包含自身的集"，如"桌子的集"不是桌子，上文所说的"人的集"不是一个一个的、具体的、有血有肉的人；只有"概念的集"本身也是一个概念，"词的集"本身也是一个词。上文所说的"不是人的集"，它本身也是一个概念，就可包含自身。最后黄斌得出结论：只有在思维和语言中才有所谓的"包含自身的集"，这是由于思维具有"自身反思性、透明性、层次性"所致。

　　因此，"物质、思维、语言"是三个不同层次的术语，当予区分，不可混淆。这三者就分别对应于体认语言学核心原则中的"现实—认知—语言"，因此，用这一核心原则也可对悖论作出合理的解释：在现实层面不会有"包含自身的集"，而在"认知"和"语言"这类精神层面才会有"反思、透明"，才会有"包含自身的集"。这是解决此类悖论的简而又便有效的途径之一。

　　由于罗素悖论所涉及到的概念极少，同时又十分简单明了地指出了矛盾所在，自罗素提出这一著名的悖论之后，在数学界和逻辑学界产生了极大的震动，引起许多学者的关注，他们为解决这一难题提出了种种方案（王雨田1987:17），主要形成了以下三大现代数理逻辑的派别：

（1）以罗素等为代表的逻辑主义学派，参见本书其他章节。

（2）以布罗维（荷兰Brouwer 1881—1966）等为代表的直觉主义派（Intuitionism），重视直觉上的能行性，须依据数学直观（如只承认整数）来重新审视古典数学，不能在数学中随意使用排中律；重视数学中一切都必须是构造性的。克里普克也常被视为这一派的成员（参见朱水林1987:474）。

（3）以希尔伯特等为代表的形式主义派（Formalism），强调没有内容的，不自相矛盾的公理系统。

这三派的主要观点及其优缺点参见莫绍揆（1980a:3）、王雨田（1987：上册）。当然，除了上述几种方法之外，还有很多其他解决悖论的方案，本书不再赘言，详见黄斌（2014），高旭英（1987：667—687）。

3）维特根斯坦

怀特海和罗素的学生维特根斯坦（Wittgenstein 1922）也是这个团队中的核心成员，他在 *Tractatus Logico-Philosophicus*（《逻辑哲学论》）中较为系统地论述了命题的演算系统（详见第四章），进一步确立了现代形式逻辑的学科地位，详见韩林合（2007）、王寅（2013：1-22；2014）。

正是由于他们的这种逻辑斯蒂式的研究，使得哲学和逻辑学研究进入到现代形式化的新阶段，真正实现了莱布尼茨的蓝图。这种新逻辑在学界常称为"数理逻辑"或"逻辑斯蒂（Logistic）"。现请读者注意扉页上肖尔兹的一句语录，

> 对形式逻辑来说，只有逻辑斯蒂讲过的话才有意义。

句中的"逻辑斯蒂"就是指上述学者所建立的数理逻辑，这对他们于十九世纪末二十世纪初所发动的这场西方哲学的"语言论转向（Linguistic Turn）"做出了相当高的评价。

对数理逻辑做出贡献的还有：维也纳小组（Vienna Circle）、塔尔斯基、乔姆斯基（N. Chomsky 1928—　）、蒙塔古（R. Montague 1930—1971）等。他们认为日常语言不精确、不完善，从而导致了命题表达不清，哲学研究混乱，形而上学猖獗，力主用一套严谨的形式化符号来表述和分析概念和命题，构造了一套精确的、完善的、理想的、形式化的人工语言，以期消除哲学上的混乱。

1932年波兰大逻辑学家塔尔斯基建立了一阶逻辑的语义学，从而形成了一阶逻辑的完备的语形和语义系统（参见蔡曙山 1999：190）。

4. 三值和多值逻辑

逻辑学家们又在一阶逻辑（依旧为二值逻辑）的基础上提出了"三值逻辑（Three-valued Logic）"和"多值逻辑（Multiple-valued Logic）"，它是由波兰著名的逻辑学家卢卡西维茨（J. Luckasiewicz 1878—1956，师从塔尔斯基）和美国逻辑学家波斯特（E. L. Post 1897—1954，波兰裔美国籍）于20世纪20年代各自提出的，意在解决"未来偶然性"的概念，这是一个关于"既不真，也不假"的问题，不具有必然性，仅有可能性，如"明年年底我将去美国"，在讲这句话时它是既不真，也不假，仅是一种可能性。这就引出了在二值逻辑（某陈述或真或假）的基础上增加了另外一个真值"可能性"，从而出现了"三值逻辑"——真、假、中间值。正如雷谢尔（Rescher 1968：65）所说：

> With a view to the future-contingency proposition of the third truth-value, Luckasiewicz introduced a modal operation of possibilities into his three-valued logic.

（由于注意到将来偶然命题具有第三真值，卢卡西维茨把可能性的模态算子引入到他的三值逻辑中。）

波斯特于20世纪20年代也论述了多值逻辑，且建构了多值逻辑真值表。他于1936年几乎同时与图灵（Turing 1912—1954）提出了理想的计算机器"图灵机"，并定义了可计算函数的概率。

翁仲章（1987:595）说，自20世纪70年代以后，由于计算机技术的突飞猛进，大大推动了多值逻辑理论和应用的发展。为适应这一形势，自那时起每年召开的"多值逻辑国际会议"，对其进行学术交流和科研总结。可以说，多值逻辑是正在发展的现代形式逻辑的一个重要领域。

5. 模态逻辑

美国逻辑学家C. I. 刘易斯于1918年首倡运用形式化方法处理"模态逻辑"的方法，这是基于对真值蕴含"→"的思考而引出的。因为真值蕴含只是对命题之间真假关系的抽象，并不能反映命题在内容上的联系（参加第五章 [7]、[8]、[9] 三个例句），也不能反映其间的必然联系，未将模态关系包括在内。他在"谓词演算"和"命题演算"中引入了两个新算子"必然□"和"可能◇"，并基于这两个算子建构了模态公理系统。美国语言哲学家和逻辑学家克里普克（Kripke 1940—2022）等又将"模态逻辑"与"可能世界语义学"紧密结合起来，这亦已成为现代形式逻辑中最为核心的领域（参见Bunnin & Yu 2001:627）。

6. 内涵逻辑

德裔美国籍语言哲学家和逻辑学家卡尔纳普，以及美国的克里普克、蒙塔古等在其基础上又发展出"内涵逻辑（Intensional Logic）"，该术语具有上义性质，包括：狭义模态逻辑、克氏模态逻辑、可证性逻辑、认识逻辑、道义逻辑、时态逻辑、语义公设、蒙塔古语义学等内容，参见第五章及其后的章节。

7. 概率逻辑

"概率逻辑"是一种现代归纳逻辑系统，又叫"统计归纳推理"，尝试将现代的形式化和公理化方法移植到归纳推理的研究之中，用概率论、统计数学作为工具对归纳推理的可靠性程度给出某些度量（王雨田 1987下卷:1）。它与"枚举归纳推理"相似，都是通过观察一类事情中部分对象而作出关于整类对象的结论，后者作出的结论具有普遍性，属于"全称命题"，而前者仅作出概率性结论，允许有反例，对某事出现的可能性大小做出数量方面的估计，不但要考虑到事件出现的可能性，还要进一步研究它可能出现的程度。概率逻辑始见于密尔于1843年出版的《演绎和归纳的逻辑体系》中，20世纪20—50年代又有了重大发展，凯恩斯（J. M. Keynes 1921）、布劳德（C. D. Board 1930）、赖特（G. H. von Wright 1941, 1944）、赖辛巴赫（Reichenbach 1930）、卡尔纳普（R. Carnap 1950）等对其做出了重要贡献（参见王雨田1987下卷:1-42; 刘维林1987:43-83）。

8. 模糊逻辑

自从学者们发现人类思维和语言中存在着很多不确定现象，有些学者为确保逻辑学的精确性而意欲排除这类现象，而另一些学者主张正视这一问题。弗雷格、罗素、柏斯（旧译:皮尔斯）、布莱克（M. Black 1909—1988）等指出模糊性是自然语言的一个重大特征，甚至认为（参见王寅2001:145）:

Language is fuzzy in nature.（语言在本质上具有模糊性。）

随着现代科技的迅猛发展，控制论、系统科学、计算机科学等都面临着若干不确定的因素，复杂大系统往往具有模糊性，这显然亦已超出经典逻辑、传统数学和计算机等的处理范围，此时科学家们迫切需要能有一套解决这类问题的新方案。就在这一形势的驱使下，美国自动控制论专家扎德（Z. A. Zadeh 1921— 2017）于1965年提出"模糊集（Fuzzy Sets）"，且在此基础上建构了"模糊逻辑（Fuzzy Logic）"，这是一种非古典的、非标准的逻辑，是模糊集与数理逻辑相结合的产物，详见有关论著。

9. 自然语言的逻辑

20世纪中叶，大多数人文学科（如逻辑学、哲学、心理学等）都在科学主义（Scientism）的影响下进入到形式主义阵营，而自然语言却因其复杂性始终未能达到这一目标。乔姆斯基（1957，1965）率先对语言中的句法（后来也尝试对语义）进行形式化研究，受到很多学者的诸多诟病，但是其历史意义确实功不可没，他敢为人先，终于将"落后"于其他学科的语言学研究纳入到形式化的科学主义道路，很是令人敬佩。蒙塔古（1970s）也紧步其后尘，重点研究了如何用现代形式逻辑来描写自然语言中的逻辑结构，参见第十一章。

第二节　弗雷格的批判

一、反思传统逻辑

　　弗雷格于1879年发表了《概念文字——一种模仿算术语言构造的纯思维的形式语言》，标志着现代形式逻辑（即一阶逻辑）的诞生，因而被尊称为分析哲学之父。弗雷格于1884年在《算术基础》中定义了1、0和后继概念，确立了形式数学的基础。他于1893年在《算术的基本规律》（第一卷）中建立了一阶逻辑的公理系统。弗雷格认为，逻辑推理的过程必须是完美无缺的，而自然语言不完善，不能担此大任。也就是说，用具有模糊性的自然语言来研究追求可靠精确的哲学理论，可谓文不对题，用错了工具。只有建构一种可靠的形式语言才能达到此目的。他的论文可算是一场革命，树立了一座光辉的里程碑，其具体进路参见下文。流行了2000多年的亚氏经典形式逻辑，直到19世纪末终于在弗雷格等学者的努力下，揭开其被人遗忘的缺陷：

（1）在传统毕因论（本体论）形而上学的体系中，亚里士多德主要关注的是"实体"，它位列十大范畴之首，在命题中充当主项（或在句子中充当主语），其他九大范畴仅用作命题的谓项（或用作句子的谓语），用来描写作主项（或主语）的实体的性质。可是，在很多情况下句子的意义并不主要来自主项，而是由谓项部分所提供的。句首出现的多为已知信息，其后才出现新信息。

（2）亚氏通过分析语句的结构形式建立了"主项—谓项结构（学界常称之为S-P模板）"，且据此论述了"实体—属性、个别—一般、殊相—共相、主体—客体"等西方哲学中的关键术语。但人们发现：同一个"S-P模板"可能会隐含若干不同的逻辑关系，这就是后来罗素和乔姆斯基所说的"同一个表层结构（Surface Structure）可能会隐藏多个不同的深层结构（Deep Structure）"。

（3）亚氏启用了符号化方式来揭示逻辑推理的形式，以能清楚地说明什么是"必然地推导出"，但其形式化程度很不彻底，如在他著名的"三段论（Syllogism）"中还主要用自然语句来表达命题和演绎思维的形式规律。且它还与心理学、认识论等哲学内容交织在一起，表达不很清晰，这就为现代形式逻辑的出场做好了铺垫。

鉴于上述缺陷，弗雷格引入数学中的函数理论，且用函项表达式来取代经典形式逻辑中的S-P模板。

二、S 的确指性

亚里士多德的毕因论（本体论）哲学观主要体现在他的S-P模板中，认为只要符合该模板就是正确的命题，也就是人类所追求的真知，从而可实现"透过现象看本质"这一形而上学的根本目标。但是这一模板解释力太强，过于宽泛，不考虑语句意义是否符合真实世界的实际情况，也不考虑逻辑上的可推导性，特别是该模板的S还包含抽象性实体，从而导致了哲学中出现了诸多似是而非的伪命题。例如：下列几个语句都符合S-P模板，但都是些不知是非，难辨真假的语句：

[1] 当今法国国王是秃头。

[2] 金山不存在。

[3] 真理是放之四海皆准的理论。

[4] 阶级斗争不以人们的意志为转移。

[5] 客观世界存在本质。

……

语言哲学家们认为，A、E、I、O四种判断断定了"S这类事物"与"P这个性质"之间的关系，此时就当预设主项S所表事物的存在，然后才可对其作出P判断，否则我们如何言谈它。倘若S所表事物不存在，该对当表就不能成立。因此我们一旦在命题中说出S时，它就该存在，这就涉及语言哲学家们热议的例 [1] 和 [2]，命题主项部分的"当今法国国王"和"金山"在现实世界中找不到其对应的指称对象，前者没有实际指称，因为法国现在是共和国，没有国王；后者也是人为拟想之物，自然界不存在。例 [3] 和 [4] 中的S"真理""阶级斗争"不是客观事物，而是理性思维的产物，用全称命题表述它们时难以实证，例 [5] 所述命题也是人为拟构的，无法被事实所证明。

为此弗雷格想到了保证语句为真的检验标准，可借用函数理论中的y值来解释语句的真假值，故而提出了：

[6] $SP = y$

的研究思路（参见下文），这里的y就是基于"逻辑实证论（Logical Positivism）"所奉行的基本原则：

the isomorphism between language and the world（语言与世界同构）

这也可称为"逻实论语义观（Logical Positivist Semantics）"，即任何一个由S-P模板所建构起来的命题，只有它可被证实（此为实证观），或逻辑上可推导出其成立（为"逻辑"二字的含义）的时候,它才有意义,才能确保不会出现诸如上述形而上学的伪命题。

据此，我们认为理想语哲学派的逻实论中既有"经验论（Empiricism）"的基本立场，也有"唯理论（Rationalism）"的观点，这也可视为是将传统哲学中这两大学派相结合，对它们做中庸处理的最好成果之一。

过往形而上学理论之所以会出现若干伪命题,是因为没有考虑到y值。有了y值,就能保证S-P命题具有真假值，便可杜绝伪命题，有效地解释毕因论和认知论为何总会产生形而上学伪命题的现象,这就在西方哲学中引出了一个全新的"语言论转向（the Linguistic Turn）"，参见Rorty（1967）。

三、概念vs函数

弗雷格在其一阶逻辑中首先区分了"概念（Concept，又叫Sense，Sinn）"和"对象（Object，又叫Referent，Bedeutung）"，命题的意义就是它的概念，即谓词部分，如下文 [20] 所示；对象x为命题的主项，须有确切指称，才能杜绝那些伪命题。命题的所指就是它的真值（包括真和假），即 [6] 中的y，弗雷格的意义理论就是围绕这一论题展开的。

他发现"概念"和"函数"具有很多共同性质，于是就想到了用函数关系来形式化地表示概念关系，企图用函数的内部结构来说明概念的内部结构，从而将函数理论引入了哲学和逻辑。

"函数"为莱布尼茨所首用，英语为"function"，原意为"作用"，在此处意为"在给定规则的作用下"，函数的基本公式为：

集A　集B　　集B　集A
[7] $f_{(x)} = y$　或　$y = f_{(x)}$

在集合 A 中的任一元素 x，在给定规则 f 的作用下，总可以得到集合 B 中唯一的一个元素 y 与其对应，f 称为 A 中的函数，x 称为 f 的自变元（或自变项），y 称为 f 的值或应变元（或依变元、应变项、依变项），即等号两边具有"随一个变元而变化的对应关系"。也就是说，在此公式中有两个变量 x 和 y，对于 x 的每一个值，都有唯一的一个 y 值与 x 对应，y 就是 x 的函数，数学中常用 [7] 来表示。

由于自变项x可带入任何数值，它的最大特征是"不饱和的（Unsaturated）"或具有"不饱和性（Unsaturatedness）"，但x在取值时也有一定的范围，这就叫作"函数的值域"。等式左边的"$f_{(x)}$"中的x表示未知数,具有不确定性,因此 $f_{(x)}$ 是"不完全的"

或"不饱和的"，需要填入一个确定的个体对象，这个函数表达式才确定，才有具体的意义。该式的左边就相当于亚里士多德的S-P模板。由于亚氏为了论证他的"毕因论（本体论）"哲学立场，认为主项S比谓项P更重要，因此S在P的前面。而弗雷格则认为谓项P比主项S更重要，故将相当于谓项的 f 置于前面，且称这类语义公式为"谓词演算"。它在实际使用时，P常用大写字母表示，置于式子的最前面，个体词用小写字母（常项用a、b、c；变项用x、y、z）表示，置于谓词后面。如自然语句：

　　[8]　John is a man.

可记作（用大写字母 M 表示谓词 be a man；用 a 表示 John）：

　　[9]　M（a）或 Ma

该式表明：填入的 a 必须使整个表达式 y 具有真值（只要有真值就是有意义的），即 a 的取值范围必须使得 y 具有真值时，这个 a 才可填入，M(a) 才有意义，从而可反证这个 a 的存在。

　　我们也可将"函数"本身视为一个无特定内容的"空符号"，它缺乏确切的数值或意义，具有"不完整性"，需由一个自变项来定位，此时函数才有真值y。"概念"也是这样，本身是虚空的，无确切的具体对象，需由一个作为自变项x的"对象（Object）"或"所指对象（Referent）"来补充，这个所指对象就可使概念取得真值。据此，弗雷格独具慧眼，引入了算术中的函数和自变项，确立了概念的函数特征，而不再仅仅依赖亚氏的S-P模板（即主项和谓项结构）来分析语句（因同样的主谓句可掩盖不同的逻辑关系），成功地建立了数理逻辑的雏形，用一套"关系符号"和"数学符号"来建构一种形式化语言，这就是为什么学界也将其称为"数理逻辑"的原因之一。

四、具体操作方案

　　弗雷格的具体操作方法如下：先引入符号"⊢"，表示"对……思想作出判断"，横线表示"思想"本身（又叫：内容线、内容横线、句根），相当于Sense；竖线表示判断（又叫：判断杠、判断记号），意为"所表达的内容是真的"，相当于Reference。这里用横线和竖线就能很好地体现弗雷格区分Sense 和Reference的基本立场。我们可用"x"表示x的思想，但不表示判断；若要"对x的思想作出判断"，就要记作：

　　[10]　⊢x（原记作：—x—）

若将其记作：

[11]　⊢ x F$_{(x)}$（即 ⌐x⌐ F$_{(x)}$）

则意为：凡 x 都是 F。在两横线下加两根短竖线，可表示否定：

[12]　⊢ F$_{(x)}$ ⌐x⌐

该式意为"并非所有的 x 都不是 F"，即"有 x 是 F。"

　　传统逻辑学所论述的顺序为"概念、判断、推理、论证"（参见金岳霖 1979；杭州大学等十院校《逻辑学》编写组 1980），而弗雷格将"判断"置于开头，先研究判断与判断之间的关系，据此先构建了"命题演算"，再建"谓词演算（又叫：狭义纯逻辑演算）"，但本书拟先讲谓词演算，便于初学者入门。

　　若表示"以 x 为自变项、且具有 Φ 性质的函数"，其判断公式可记作：

[13]　⊢ Φ$_{(x)}$

读作"判断 x 有 Φ 性质"。若要表示两个名称之间的关系，就可设立两个自变项，可记作：

[14]　⊢ Ψ$_{(x, y)}$

表示"以 x 和 y 为自变项的函数"，意为"x 与 y 有关系 Ψ"。

　　若用 L 表示"逻辑学家"，用 x 表示个体变项，再简化掉开头的符号 ⊢[①]，便可得到我们当今常用的谓词演算公式：

[15]　L$_{(x)}$

它相当于自然语言中的"开语句（Open Sentence）"：

[16] x 是语言学家。

　　未知数 x 可带入若干名词性词语使其成真。[16] 是一个命题函项，代入不同的专名后就可获得如下具体命题，即"闭语句（Close Sentence）"，如：

[17] 索绪尔是语言学家。

[18] 乔姆斯基是语言学家。

[19] 吕叔湘是语言学家。

……

[①]维氏认为，逻辑所关心的只是未加判断的命题，因此弗雷格的判断线"⊢"从逻辑上讲没有任何意义，因此可以取消（参见韩林合 2007:268）。

若将例 [16] 中的"语言学家"换成一个变量,用来表示任一谓词属性,用 F 来表示,就可得到下一式子:

[20]　$F_{(x)}$

若有两个变量,这可记作:

[21]　$F_{(x,\,z)}$

该式可表示若干自然语句,如:

[22]　伦敦是英国的首都。

此时"F = ……是……首都","x = 伦敦,z = 英国"。

因此,[20] 和 [21] 就是用以表示任何"判断语句"的总公式,它是基于例 [7] 的函数表达式"$f_{(x)} = y$"发展而来的,用其便可取代亚氏的 S-P 模板,同时也否定了亚氏以 S 为主的本体论观点,突出了 P 的功能。

倘若 [20] 和 [21] 所表达的意义为真或假,此时表达式就有一个 y 值,则符合"$f_{(x)} = y$"函数式的条件,此时它们就是一个有意义的表达式。若没有一个 y 值,这个表达式就是一个似是而非(plausible,neither true nor false)的"伪命题",没有真值,语言哲学家认为,这类表达式当从形而上学的研究中剔除出去。

可见,仅符合 S-P 模板不足以为唯一凭证来保证人类的真知,还必须考虑其有没有真值(即 y)的问题!又如例 [1] 至 [5] 的一组例子,它们都不能被证明为真或假,它们都是些似是而非的伪命题,当将它们转为函数式 $f_{(x)}$ 时,都没有对应的 y 值,这就为哲学研究提供了一个能有效识别伪命题的依据。

就这样,弗雷格将数学中的函数理论引入到哲学研究的概念判断之中,并以其取代亚氏的 S-P 模板,建立起数理逻辑的基础。罗素和维特根斯坦也是顺其思路建立了他们的理论。

五、再议模板

传统哲学家大多接受了亚氏的 S-P 模板,且还有很多学者进一步论述了能充当"S-P 结构"的具体词语所具有的性质,认为"S-P(主项—谓项)"与诸如"殊相—共相、个别——一般、实体—属性、外延—内涵"等之间存在对应关系(参见 Strawson 1959,江怡译 2004:134,151),如:

	S	P
亚 氏 等：	殊相	共相
斯特劳森：	殊相	共相、共相+殊相
	完全（自身提出事实）	不完全
弗 雷 格：	对象词	概念词
罗　素：	饱和	不饱和
奎　因：	单称词	全称词

下文重点论述弗雷格的观点。

　　弗雷格认为，个体词（或叫：主词、对象词、专指语、专名）具有唯一性，表示特定的个别对象，具有完全性（饱和性），它仅作命题的主词；概念词是不完全的或不饱和的，仅可作命题的谓词，后者是对前者的断定或论述（Strawson 1959，江怡译2004：101，109），这与亚里士多德在"本体论"中用"主项—谓项（S-P）"来表示语句基本模板的思路虽有相通之处，但却比亚氏迈出了划时代的一大步：

　　（1）"S-P模板"中的S可用任何类型的名词。这里的S包括具体性或抽象性的、对象性或概念性的，确指性或不确指性的词语都可以。但在弗雷格的"个体词—概念词"结构中充当主词的必须是具有唯一性的对象词（专指语或专名），因此我们不能仿照下文的例 [23] 说出"文学家爱林黛玉"之类的句子，因为在格雷格看来"文学家"本身是一个"概念词"，而不是"对象"。他所说的对象是个体词，必须由专名或专指语来表示。

　　同理，例 [16] 中的x不可代入"爱好语言的人"之类的词语，因为它不是专指语或专名，而是概念词，本身也体现了诸如 [16] 的概念结构。因为在弗雷格看来，倘若将"概念词"用作命题的主词，就会把不存在的概念实体化，从而造成了语言的混乱，形而上学中若干伪命题就是由此而产生的。这就引出了罗素（1903, 1905）的"摹状语论（Description Theory）"，将无实指对象视为"不饱和摹状语"，如"当今法国国王、金山、飞马"等，它们可化解成谓词，以便能揭示同一个"S-P结构"可隐藏不同的逻辑结构。

　　（2）S与P之间包含着复杂多变的语义关系。可见，若仅从句法角度来说，同一个"S-P结构"既可表示判断（主系表）语义关系，还可表示其他若干语义关系，如：

[23] 贾宝玉爱林黛玉。

[24] 贾宝玉叫来林黛玉。

[25] 贾宝玉出家了。

它们的表层句法结构相同，即共享同一个"S-P 结构"，但不能区分出"动作"和"关系"等性质，可见它们的深层逻辑结构是不同的。若用数理逻辑来揭示它们的深层逻辑结构 —— 用不同的大写字母代替上述三个例句中的谓词，则可见其差异，这三例可分别记作：

[26] $L_{(a, b)}$　　　　　（L=爱，a=贾宝玉，b=林黛玉）

[27] $A_{(a, b)} \wedge C_{(b)}$　　（A=叫，C=来，a=贾宝玉，b=林黛玉）

[28] $G_{(a)}$　　　　　（G=出家，a=贾宝玉）

这样便可见这三个例句尽管共享相同的句法结构，但其深层逻辑结构不同。

　　另外，传统语法将上述例子都分析为"主谓"或"主谓宾"结构，并不能说明多少问题，而弗雷格则认为这掩盖了谓词的复杂性，它既可表示一元关系，也能体现二元关系，还能反映三元关系。

　　（3）判断标准不同。判断"S-P 结构"的正误是以传统形式逻辑为基准的，而弗雷格的"对象词—概念词"判断标准是基于"真值"的，以"判断为真"作为所指的真值，充分体现了外延逻辑的思路。这就要求填入 $f_{(x)}$ 中的 x 必须确有所指，它应当是专指语或专名，以能确保"语言与世界同构"原则有效实施，一阶逻辑就是以此原则为基础的，这就是学界为什么常说弗雷格意义理论中包含了一个"专名理论"的原因。

　　"判断为真"的基础为"命题"（表现为句子），而一个对象词（专指语或专名）或一个概念词，本身无所谓真或假，只有将一个对象词与一个概念词组合后，才有真假可言。[16] 无真假，只有填入对象词后才行，若填入"王力"则为真；若填入"贾宝玉"则为假；若填入"上帝"，则似是而非。传统观点一直认为，意义的基本单位是主项（名词），由于客观外界存在这个主项所指的对象，于是乎这个主项所在的句子就有了意义。数理逻辑学家认为，这一观点不对，句义主要落在 P，而不是 S。如依据上文例 [21]、[22]，我们可以获得很多类似的语句，如：

[29] 纽约是美国的首都。

[30] 巴黎是法国的首都。

……

可见，决定这些句子意义的不是那些名词变项，而在于句子逻辑上的谓词结构。

　　（4）吸取了函数理论的精髓。用专名或专指语为对象词作自变项，它自身具有饱和性，而函数却是不饱和的，它须根据自变项的变化而获得一个对应的值，即在 $f_{(x)}=y$ 中，x 是自变项，y 为因变项，y 的值随着 x 的变化而变化。用饱和的自变项来补充函数就可使其成为饱和的或完整的，基于这一数学原理所建构出命题或句子的基本结构即为"谓词和专名"，谓词是不饱和的，专名（包括"数"）是饱和的，用后者来补充前者才能形成一个饱和的整体。这一分析方案显然比"S-P 模板"更为深入和细致。

（5）传统逻辑虽区分出了"全称命题 vs 特称命题"，但对于一个个体函项①的"量"未能作出满意说明。换句话说，适用于诸如例 [16] 中谓词的对象词应有一个取值范围，这个范围可通过"量词（Quantifier）"对其作出深刻的描写。而数理逻辑所建立的量化形式意在解决这一问题（详见下文）。

---

① 在数学界将 function 译为"函数"，而在逻辑学界常将其译为"函项"，参见周礼全 1994:41。

第三节　数理逻辑的哲学意义

一、对象词 vs 概念词

正如上文所说，弗雷格的谓词演算是建立在严格区分"对象（Object）"和"概念（Concept）"之上的，他将 [16] 除x之外的成分称为"概念词"或"概念结构"，仅表达一种概念或思想，缺乏具体的指称对象，因此式中必须填入一个表示确定个体对象的自变量x，才能形成一个完整的判断。他的数理逻辑就是建立在这种"弗氏毕因论预设"之上的：世界是由"个别事物"组成的，由"专名"来表示，只有它才能算作真正的"存在"；其他都是抽象性的概念，说不上存在，也不能作主词，只可用于描写或述说表示个别事物的专名。一旦抽象性的概念作主词，就容易引起指称论的混乱，这正是自然语句之弊端，化解这一弊端的方法就是建立现代形式化的语言。罗素和维特根斯坦所倡导的"摹状语论"和"逻辑原子论"就持此立场。

从哲学角度来说，弗雷格深刻反思了传统形而上哲学将"存在"过分泛化而引出的若干弊端，更是批判了柏拉图的实在论——理念也是一种实体，共相可作为抽象实体而独立存在，这便是学界所说的"柏拉图硬茬胡须"的老问题，它是引出形而上学伪命题的根源。弗雷格首开用数理逻辑分析自然语言的方法，以此来批判传统形而上学的存在论，借此便可消除哲学中的伪命题，从而开辟了哲学研究的新纪元，呼唤"语言论转向"大潮的来临。

我们常说，哲学给人以智慧和启迪，从以上分析足以可见弗雷格的睿智所在，他初步建构了一阶谓词逻辑系统，区分"含义vs指称""对象词vs概念词"，给哲学界又开启了一条语句分析的全新思路，确实令我们敬佩不已！现总结为以下三点：

A. 区分出对象词和概念词以替代亚氏传统的S-P分析方法；

B. 以真假为基准（即确定y值）作为理解语句意义的基础；

C. 适合于某概念词之对象词的选用范围可用"量词"来刻画。

详见第三、四章。

二、实体论 vs 关系论

亚氏上述的S-P模板和经典形式逻辑一直流行了2000多年，但也有很多学者发现了其弊端，对其提出了若干修补方案。其中最重要的一派就是针对亚氏的"实体论"建立的"关系论"。

就"动"概念而言，西方古代学者早有论述，如柏拉图在 *Timaeus*（《蒂迈欧篇》）就指出，事物永远处于生成和消灭的过程之中（参见 Taylor 1926，谢随知等译 1991：628）。赫拉克利特的名言"一个人不可能两次踏进同一条河流"十分生动形象地反映了古人的动态观。其后还有很多学者述及这一观点。直到 19 世纪黑格尔（Hegel 1812，1816，1817）才在其辩证逻辑中较为系统地论述了动态理论，强调事物之间的诸多辩证关系，从而在欧洲哲学中出现了"内部关系论（the Theory of Internal Relations）"。英国的新黑格尔主义者布拉德雷（Bradley 1846—1924[①]）常被视为该理论的提倡者（Bunnin & 余纪元 2001：516），他于 1893 年出版了 *Appearance and Reality*（《表象与实在》），认为事物的内部关系本身就是有关对象本质的构成部分，若某一事物不具有这种关系，它就不可能是其所是。因此，每一事物与所有其他事物都存在内在相关性，无一可独立存在。所谓的"实在"，就是一个相互联系的整体（Connected Totality），每一事物都可从其他事物中推导出来。也就是说，"知"与"被知"的关系具有内在性，有关实在的本质也可从知识的关系中推导出来。

恩格斯（Engels 1886，汉译本 1997：36）在《路德维希·费尔巴哈和德国古典哲学的终结》中指出：

> 世界不是既成事物的集合体，而是过程的集合体，其中各个似乎稳定的事物同它们在我们头脑中的思想映像即概念一样都处在生成和灭亡的不断变化中，在这种变化中，尽管有种种表面的偶然性，尽管有种种暂时的倒退，前进的发展终究会实现。

特别值得指出的是，这一时期的逻辑学家们，如德摩根、布尔、柏斯、施罗德等所创立和论述的"关系逻辑"（参见本章第一节）也为哲学家进一步确立关系论提供了坚实的理论基础。所以，在哲学界和逻辑学界开始研究"关系"成为这一时期的鲜明特色。

中国著名学者成中英（2011）近来提出的"本体诠释论"，承认了本体论中的合理成分，如二值逻辑（对偶分析）和方法论（如科学主义)，但应对其加以限制和修补，

[①] 布拉德雷先后被丹麦皇家学院和林赛（罗马）科学院聘为院士，英国科学院名誉院士，英国国王于 1924 年 6 月（逝世前三个月）因其突出贡献颁发给他一枚功勋奖章，使他成为英国历史上第一位获此殊荣的哲学家。他把英国的传统经验论与黑格尔的客观唯心论结合起来，建立了一个庞大的唯心论哲学体系，认为"绝对经验"是第一性的，是最高的实在和真理，在精神之外没有而且不可能有任何实在，物质世界仅是一种现象或假象。

不仅"分"，还要"合"。他力主将其与伽达默尔的"诠释学（Hermeneutics）"结合起来，意在贯通"东方 vs 西方"的哲学理论，建立"现代 vs 后现代"哲学之间的联系。他还指出在 20 世纪上半叶哲学界出现的"现象学、存在哲学、过程哲学"等理论中就蕴含着关系论的思想。正如杨宏声（2011:46）所指出的：

> 以现象学、存在哲学、过程哲学为代表的西方哲学之最值得注意的动向，可说是逐步地趋向于关系的动态和动态的关系的认知与领会，因之也逐渐表现于观念的并联性与以对偶方式提出哲学论题，这就为中西哲学的整合提供了种种耦合性模式。因此，本体诠释学以"本体与诠释"引出的一系列并联性及其对偶性概念问题，与现代以来的西方哲学中的种种基本的对偶问题都有密切的关联。

他在此不仅指出了 20 世纪哲学研究中的"关系论转向"这一重要议题，而且还强调了其动态性。

索绪尔（Saussure 1916，2001）受到这些思想的影响，将其引入到语言学界，跳出了"单个符号指称事物"的指称论羁绊，将视线转向语言系统中符号之间的关系，从而形成了一场结构主义语言学革命。

维特根斯坦（1922）在其名著《逻辑哲学论》开头第一句为：

The world is the totality of facts, not things.（世界是由事实构成的，而不是事物。）

事实通过命题来表达，命题包含主词和谓词，它必然还会包含这两者之间的关系（参见第一节），因此，维氏用以开篇的这句话，就表明了他的逻实论立场，强调语言与世界的同构关系，世界的本质就是"事实"和"关系"。

怀特海（1929，杨富斌 2013）在"Process and Reality（《过程与实体》)"中大力倡导"过程哲学（又叫有机哲学）"，它在"东方 vs 西方、南方 vs 北方、科学 vs 精神、生态 vs 经济、教育 vs 创新、事实 vs 价值、人文 vs 自然、传统 vs 现代"之间架设了一座桥梁（McDaniel 2008:6）。怀氏（杨富斌 2013:9，16，76）明确指出：世界不是一个实体的世界，在本质上就是一个不断生成、不断创新的动态过程，事物的存在就是它的生成，过程才是真正实在的。他（Whitehead 1929:11, 23）说：

> There is no self-sustained facts, floating in nonentity.（没有自我生存的、漂浮于非实体的事实。）

过程哲学的座右铭就是：

[31] Her being is her becoming.

所谓的"存在"，就是"变成"，一切都在过程中，都是不确定的，不能用传统形式逻辑中的"主项—谓项、实体—属性、特殊—普遍"这种肯定陈述式做出明确判断，也不能用静态的形态学描写方法（即S-P模板）对实体进行定义性描写，这与我国祖先伏羲和周文王所创作的《易经》何其相似乃尔。

迈克丹尼尔（McDaniel 2008：42-43）指出，实体论认为世界的本质在于"实体"（包括抽象实体，如being、rationality、sense等），而关系论认为世界的本质在于"关系"。实体论的本质在于：将"主—谓"语法结构投射到实体之上，宇宙的实体映射出了主谓结构，两者互为镜像关系。经典形式逻辑认为"存在的本质 vs 语言的结构"是一致的（这就相当于语言哲学中所说的"语言与世界同构"），实体存在可被想象为句子的主语，且能被谓语明确定义。一个句子的主语是稳定的，尽管其后会出现不同的谓语，例如：

[32] The woman goes to the store.

[33] The woman goes to the movie.

[34] The woman is talking to the man.

……

句中的the woman是独立于其后谓语所述行为而一直就存在着的，她是自我生存的实体，被封存在她的皮肤之内，只是经历了"说话行为"，而未受到"谓语行为"的影响。在这些句子中，尽管谓语发生了变化，但主语不变。该观点就被镜像般地映射到语言之外的物理世界之中，这就是我们所唱的歌词"山还是那座山，水还是那个水"，一切事物保持不变，这就是句子主语所发挥的功能，但它们在世界中的行为可发生变化，就像谓语在不断变化一样。

而过程哲学不同意这一观点，认为谓语在变，主语也在变。某些变化的类型可反复出现。"原子"和"个人"在每时每刻都会有少许变化，因为世界时时都处在运动过程之中，不断发生变化。自身的存在，每时都在与世界的互动中出现。如上文所提到的"the woman"在谈话前和谈话后就会有不同，尽管这次谈话对她的人生、个性不会有多大影响，她甚至还会忘却这次谈话，但从过程哲学的角度来说，她的思想、记忆、生活中确实存在过这一谈话，这个妇女在谈话前后当有所不同，她的存在不能与她的行为分离，也不能与她和其他人的互动分离。

亚氏的实体论采取了"形态学"方法，对实体进行定义性描写，自他以来的逻辑研究中就一直镶嵌着"主—谓"原则（杨富斌 2013：36）。而过程哲学采用"发生学"的原理，强调世界万物的过程性和关系性。

据此我们认为，从黑格尔之后的百年间，西方的哲学研究出现了从实体论转向"过程论、关系论"的趋势，意在摆脱亚氏"S-P模板"的窠臼。

第三章 谓词演算

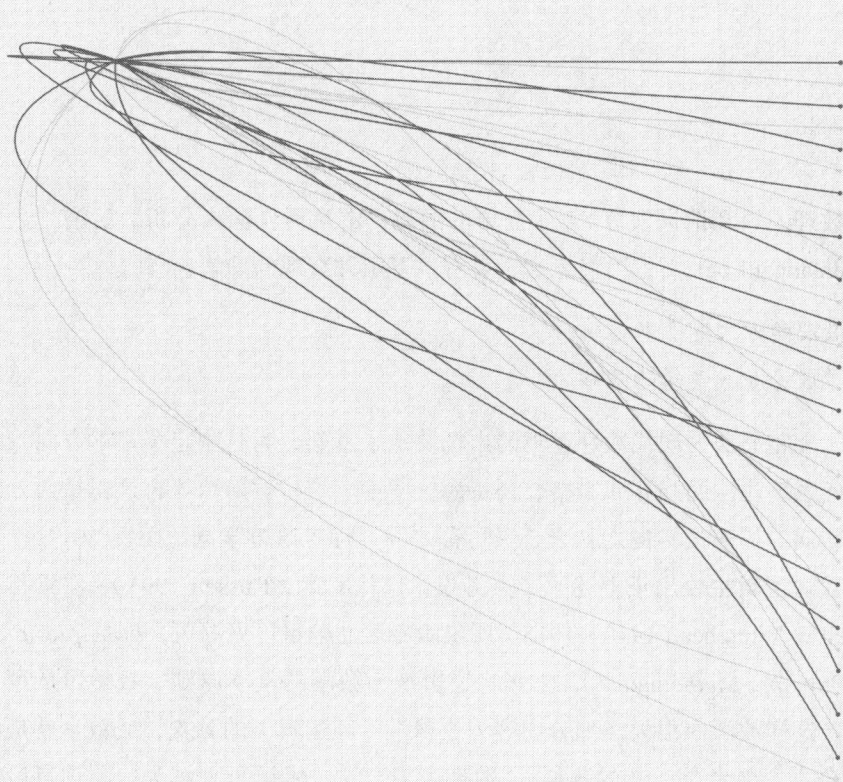

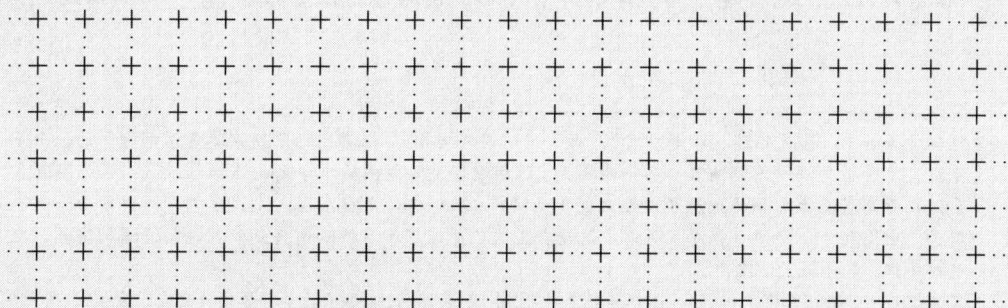

　　上文已就数理逻辑和谓词演算[1]做了简单的铺垫，本章再作深入分析。所谓"数理逻辑（Mathematical Logic）"，顾名思义，可有以下两种直观的理解：

　　（1）运用数理的方法建立新逻辑；

　　（2）为数学理论寻找逻辑的基础。

正如上文所述，莱布尼茨为现代数理逻辑的出场奠定了基础，为其制定了基本方向，但将其真正付诸系统建构的当算弗雷格、怀特海、罗素、维特根斯坦等，这正是西方哲学中第三次转向的语言论转向之初衷，又可称之为"理想语哲学派（王寅 2014）。他们所论述的数理逻辑主要出于上述第二点考虑，这从罗素（Russell 1903）、罗素与怀特海（Russell & Whitehead 1910—1913）所出版专著的题目可见一斑，*Principles of Mathematics*（*Principia Mathematica*），主张将逻辑视为数学的基本原则，数学可从逻辑中推导出来，这样数学中很大一部分内容为逻辑学（纯逻辑）的分支，或数学就是逻辑学的一个分支，前者是后者的延伸，"数理逻辑"这一术语可理解为"数理背后的逻辑基础"。

　　这就是罗素所倡导的"逻辑主义（Logicism）"，认为逻辑为数学提供了基础，因为每一条数学真理都可表达为真的逻辑命题，它们可从很少的逻辑公理和规则中演绎而出，以至于可使这两个学科连续甚至等同起来（参见 Russell 1919，晏成书译 1982：i-iii；Bunnin & 余纪元 2001：576）。在这个过程中，他们同时也完成了上述第一个任务，实现了"逻辑数学化"的目标，可将"数理逻辑"理解为"数理化了的逻辑"，这标志着现代形式逻辑从此而应运而生。正如莫绍揆（1980a：1）所说：

　　　　数理逻辑的兴起与发展主要是沿着两条路：其一是人们感到传统逻辑的不足，需加以改进，尤其是借助数学的方法（如使用符号，注重推理[2]等）而加以改进；

---

[1] 逻辑学论著中一般先论述"命题演算"，再论述"谓词演算"。但考虑到命题演算是谓词演算的一个子系统，笔者拟先讲这谓词演算。另一原因是：谓词演算主要刻画简单命题的逻辑结构，而命题演算主要是在更高层面上（如两个原子命题之间）的操作；从语言的角度来说，先讲单句，再讲复句，这也符合"由简到繁"的学习程序。再者，笔者在上文已简述了弗雷格如何将函数论引进谓词演算，此处接着讲，似乎较为顺妥。

[2] 笔者认为用"演算"二字更好，因为逻辑学就是关于"推理"的学问，借用了数学符号的目的在于方便"演算"。

另一条路是对数学基础的研究，产生了大量与逻辑有关的问题，从这两者便引出了数理逻辑。

罗素（Russell 1919，晏成书译1982:182）也认为：

> 在历史上数学和逻辑是两门完全不同的学科：数学与科学有关，逻辑与希腊文有关。但是两者在近代都有很大的发展：逻辑更数学化，数学更逻辑化，结果在二者之间完全不能画出一条界限；事实上二者也确是一门学科。它们的不同就像儿童与成人的不同：逻辑是数学的少年时代，数学是逻辑的成人时代。

王雨田（1987:2）根据国外学者的论述，也有类似的论述：

> 用数学方法哺育成长起来的数理逻辑又势必反哺于数学。在后期，数理逻辑又用以研究数学中的逻辑问题，于是数理逻辑与数学基础就作为逻辑与数学相结合的一对双胞胎而紧密地联系在一起。

自数理逻辑问世以来，"逻辑"一词有了新的内涵，巴维斯（Barwise 1985:80）认为：

> 一个逻辑是由一个众多数学结构的聚合体，一个众多形式表达式的聚合体，以及其间的一个满足关系所构成的。

显而易见，逻辑学已与数学逐渐融为一体了。

第一节　从函数到谓词演算

正如第一章所述，古希腊前苏格拉底时代的哲学为"自然哲学（Natural Philosophy）"，将世界的本质归结为一个或几个自然物质，如：水、火、气、土、种子等，这与我国古代哲人伏羲（公元前29世纪）和周文王（公元前11世纪）所创立的"八卦（天、地、水、火、山、泽、雷、风）"，管子（公元前7世纪）所论述的"气说"，以及古代流行的"五行说（金、木、水、火、土）"可谓不谋而合。

古希腊自巴门尼德、苏格拉底、柏拉图、亚里士多德等提出"毕因论（或存在论）转向"之后，学者们就将视线聚焦于得以构成世界的抽象本质，认为它可用语言中的"be"或"being"来统而括之，故而有了"Ontology（on(t)- = be）"一词，形成了西方哲学的根基。而传统形式逻辑与其相呼应，建立了"以主项为中心、S-P为结构"的逻辑分析体系，且将其视为判断真知的标准。

弗雷格于19世纪末反思了亚氏的"S-P模板"，且将数学中的函数理论引入数理逻辑，使得莱布尼茨所倡导的彻底形式化的现代逻辑得以初步成形。弗雷格还认为，最能体现命题逻辑结构的成分不是"主项S"，而是"谓项P"，因此P才是命题逻辑结构的分析中心，这就动摇了西方哲学毕因论的根基，将视线从S转向了P。

一个简单直言命题的主要构成要素有：主项、谓项、联结词（联项）、量词（量项）。主项和谓项统称"词项"，如用诸如S、P等一类的字母表示，可称为"词项变项"；联结词主要包括"是、不是"；量词包括"所有、有些（至少有一个，至多全部）"等。在弗雷格所设计的"谓词演算（又叫：谓词逻辑记法、命题函项演算）"中将谓词大写且置于开头，个体词用小写字母记在其后（常加括号），最简单的谓词演算可称之为"原子公式"，如[2]—[7]。

"演算"一词源自拉丁语的Calculus（复数为Calculi），意为"鹅卵石"，因此Calculate原意为"数鹅卵石"，这可见地中海的先民们早期是用鹅卵石来计数或记事（比较：中国先民的"结绳记事"）。演算过程就是指一种受规则支配的形式符号系统，可机械地应用于数学或逻辑中的运算和推理，这样，逻辑思维实际上就可划归为逻辑演算。但形式逻辑中的演算与解数学题那样的推演和计算并不完全相同，只是部分模仿其方法（特别是函数），以谓词为中心的逻辑记法来表示简单命题的逻辑结构。可见，谓词演算是研究简单命题内部的逻辑形式，因其是"以谓词为中心"而建立的，故得此名。

这种谓词演算是一种将简单命题分解为"个体词、谓词、量词"来研究命题逻辑的形式结构,以便能使逻辑可以完全数学化,从而可将"推理规则"变为"逻辑演算",成为一种名副其实的"符号游戏",实现了莱布尼茨所预见的"黄金时代",在这个时代就可用数学的方法表示逻辑推理,用逻辑演算来解决哲学问题,用纸笔计算来解决哲学纷争(参见第二章第一节)。

"一阶逻辑(First-order Logic)"包括:

谓词演算　　(Predicate Calculus)

命题演算　　(Propositional Calculus)

逻辑学家们常先构造一个形式语言 L_2(含命题演算 L_1 中基本符号),它包括以下基本内容:

初始符号　　(Primitive Symbols)

合式规则　　(Closed Rule 或 Well-formed Rule,又叫形成规则 Formation Rule,指能形成合乎语法的语句的规则)

公　　理　　(Axiom,Postulate)

变形规则　　(Transformation Rule)

它们可组成一个完全形式化的公理系统,又可称为"形式语言 L_Q",常见的初始符号有:

(1)个体常项　　　a,b,c...

(2)个体变项　　　x,y,z...

(3)谓词符号　　　A,B,C...

(4)量　　词　　　∀,∃

(5)逻辑联结词　　⟺,(≡),→,∧(&),∨,~

(6)括　　号　　　( )对初始符号分组

数理逻辑据此就可将自然语言转写为由上述符号构成的形式语言,这样就可使传统逻辑彻底形式化,进行数理演算,以能有效揭示其下所蕴藏的形式结构。

现从"个体常项(Individual Constant)"说起。

第二节　个体词（个体常项、专指语）

正如上文所述，经典形式逻辑常将命题分析为"主项、谓项、量项、联结词"，"主项"这个术语太模糊，它大致相当于语法中句子的"主语"，更为宽泛地来讲，只要是名词或相当于名词的成分都可做主语。而在语言哲学家眼里看来，若命题主项不确定或不存在，就会导致形而上学的伪命题、假命题。为了克服这一缺陷，他们认为命题主项应该是"个体词"。有的学者做得更彻底，干脆在数理逻辑中取消"主项"，用"个体词"取而代之。

根据指称论（The Referential Theory，The Theory of Reference），词语的意义在于它所指称的确定对象，或它与事物之间的对应联系（又叫：指称关系 Reference），因此一个名词的确定意义须由一个确定的对象来保证，这就是"个体词"，又叫：个体常项（Individual Invariable 或 Individual Constant）或专指语（Referring Expression），它意为（Hurford 1983: 115, 146）：

> ... any expression used in an utterance to refer to sth. or sb.（or a clearly delimited collection of things or people），i.e. used with a particular referent in mind. It can pick out individuals in the world

即一个词语仅指称真实世界中某一特定的对象，仅反映命题中词语与世界之间的单一关系。

语言中指称个别事物的词语有两种：

（1）专有名词（Proper Name）

（2）摹状语（Description）

前者直接指称某一单独事物（包括专名、人称代词、指示代词等），如例 [1] 中的"Tom"；而后者则借助于特征描述来指称某一特定的事物。因此，命题中的个体词就由这两类词语担当。

摹状语指带有"限定词"的名词词组，其基本的形式结构为：

a/the，this，that ＋ Determiner ＋ Description

用不定冠词 a/an 构成的摹状语叫"非限定摹状语"，用定冠词 the 构成的摹状语叫"限定摹状语"，它反映了某一特定事物某方面的特征，即通过特征描述而指称这个事物。学界主要关心它，因为它具有像专名一样的专指性。若所论述的对象不明确，或不止一个，这样的命题就会难断是非，无法判断真假。罗素（Russell 1903）、罗素和怀特海（Russell & Whitehead 1910—1912）、罗素（Russell 1919）都对摹状语的逻辑结构和形式化做了较为详细的论述，奠定了理想语哲学派的基础，成为批判形而上学伪命题最为有力的理论武器。本文略，可参见相关论述。

"谓词（Predicate）"是论述个体词（即命题的主项）的，表示一个个体的性质，或两个（或两个以上）个体之间的关系，Hurford（1983：46）将其定义为：

> ... any word（or sequence of words）which（in a given single sense）can function as the predicator of a sentence：

它常用"名词、形容词、动词、介词短语、某些副词"等，而连接词、冠词、某些副词不能用作谓词。例如命题：

[1]　Tom is a teacher.

其中 Tom 是专指语，作命题的主项；is a teacher 是谓词，作命题的谓词。由于弗雷格的谓词演算符号系统难以印刷，现将其简化为：用小写字母代表专指语（个体词），用大写字母代表谓词：

[2]　$T_{(a)}$（设：a=Tom；T=is a teacher）

为使谓词演算简单明了，须将自然语句中的冠词、系动词、某些介词、时态等不影响命题真值的词语或语法形式省略。该式还可记作：

[3]　T_a

[4]　$TEACHER_{(a)}$

[5]　$Teacher_{(a)}$

[6]　$_a TEACHER$

[7]　$_a Teacher$

……

我们在第一章中介绍了常见的四种直言命题，还有两种，即"单称"的肯定命题和否定命题，因为它们常可作为全称命题的特例。这两种直言命题可十分简单地用上述谓词演算原子公式表示为 [2]，若为否定，可在其前加上一个否定符号（参见下文）。另外，传统的命题逻辑和词项逻辑只能刻画直言命题的逻辑性质及其推理关系，不能处理关系命题及其推理，而谓词逻辑则可弥补这一缺陷，如：

[8] Tom loves Mary.

[9] Tom gave Mary a book.

可用谓词逻辑分别符号化为：

[10] $L_{(a, b)}$　（设：a=Tom；b=Mary；L＝love）

[11] $G_{(a, b, c)}$　（设：a=Tom；b=Mary；c＝a book；G＝give）

该谓词演算还可记作：

[12] $LOVE_{(a, b)}$

[13] $_aL_b$

[14] $_aLOVE_b$；

[15] $_tLOVE_m$

……

谓词演算中的符号顺序十分重要，如上两个公式中的a，b 和 a，b，c 不可随意变更位置。但是，当谓词具有对称性质时则可互换位置而不改变语义公式的意义，如：

[16] John marries Mary.

等于

[17] Mary marries John.

表达这两个语句的谓词演算式之间具有等值关系：

[18] $M_{(a, b)} = M_{(b, a)}$

第三节　量　词

要知道量词的引入对于数理逻辑之重要性，先来看一段莫绍揆（1980a：18）的一段话：

> 量词的引入和研究，是数理逻辑发展史上一个重大事件，其重要性远远超过布尔代数的创立。可以说，量词论发展以后，才可以说数理逻辑接近于成熟，因此有人把弗雷格看作数理逻辑的第三个创立者[①]。

莫绍揆（1980b：56）在另一本书《数理逻辑漫谈》中做了类似的表述。这表明在常人（如我们所学习的传统语法书）眼里，量词仅是用来为名词计量的，是附着在名词之上的修饰语，故称之为"次要成分"，而在数理逻辑学家的眼里，它却具有举足轻重的位置。正是由于它的引入，才标志着数理逻辑进入成熟性，它解决了确定个体变项的值域问题，这当归功于弗雷格。柏斯（C. S. Peirce 旧译：皮尔斯）也独立地引入了量词。

我们知道，个体词可分为：

（1）个体常项（Individual Constant/Invariable）

（2）个体变项（Individual Variable）

个体常项即为上文所述的"专指语"或叫"个体词"，在一阶逻辑中常用字母表中开头的几个小写字母（如a、b、c等）来表示，确切指称了现实世界中某确定的人或物。由于摹状语也可起到个体常项的作用，但它与个体词有不同（参见第六章第三节第1点，王寅 2014：160），为此逻辑学家专门为其设置了一个符号，如：

$\partial_x F_{(x)}$

"∂_x"为摹状算子，读作"唯一的 x"，$F_{(x)}$ 为 ∂_x 的辖域。"那个是 F 的 x 是 G"可形式化表示为：

G（$\partial_x F_{(x)}$）

该式还可用罗素的"三个量化普遍陈述（the Three Quantified General Statements）"表述如下（参见 Lycan 1999：16；王寅 2014：160-165）：

至少有一 x 是 F，并至多有一 x 是 F，且此 x 是 G。

[①]前两人是莱布尼茨和布尔。在语言哲学界，我们常直接从弗雷格说起。

"个体变项"表示某类特定事物中任意一个对象，相对于该变项而言，这个类是确定的，在现代形式逻辑中常用字母表中最后几个字母的小写形式（如x、y、z等）来表示。

由一个或数个变项构成的语句不是一个完整的命题，可称其为"开语句（Open Sentence）"，不具有真值，如第二章的 [15]、[16]、[20]、[21] 等。但它却像函数一样，有个"值域"，即"取值范围"。具体来说，适用于第二章例 [16] 开头的x虽没有确切的固定指称，但必须有一个取值范围，此时需要引入"逻辑量词（Logical Quantifier，或简称：量词 Quantifier）"来"约束（Binding）"这个变项，在其前加上一个量词来对谓词的应用范围做出一个限定，此时的变项就叫"约束变项（Bound Variable）"。

这就是说，使得没有真值的开语句具有真值的方法有二（参见周斌武等 1996：33）：

（1）赋予开语句中的变项以特定的值；

（2）量化变项，在x、y、z前置量词。

根据第（2）点可知，必须借助量化手段才能使个体变项（常用普通名词担当）成为约束变项，此时它才具有特指功能，成为一阶逻辑中的形式化符号。而在自然语言中却没有考虑到这一点，不管是特称的专有名词也好，泛称的普通名词也好，都可做句子的主语，这就是出现形而上学伪命题的主要条件。

一阶逻辑（又叫：一阶语言、标准记法）认为，x 的值域（或取值范围）可能会是全域中"全部个体"或"某一个体"，借助量化手段（∀和∃）来赋予其一个特定的值，它才能被确定，然后再来描写和谈论它，此时这一个体变量才能有"真值"。也就是说，必须对普通名词进行"量化（Quantify）"处理后，它才具有特定的指称，谈论其真假，用对应的形式化符号来刻画它。

若从这个角度来说，量词也是一种"存在"，具有确定指称对象的功能。一阶逻辑等主要是关于量词的性质及其规律，因此它又叫作"量词逻辑"。谓词演算中有两个逻辑量词：

（1）全称量词（Universal Quantifier），用符号"∀"表示，说明论域中的全部对象。

（2）存在量词（Existential Quantifier），用符号"∃"表示，说明论域中至少有一个对象。

有了它们就能限制不确定个体的范围：全称量词（∀）说明最多的情况，存在量词（∃）说明最少的情况，代表着两种最普遍的情况，也是两种限定个体范围的最基本方式，这就相当于函数中某一变项的取值范围可从"1"到"无穷大 ∞"，表示一头一尾，形成一个"值域"或"论域"。利用这一性质就可说明某一范围内事物的唯一性，就可规定谓词所适用的范围。

　　受到量词约束了的变项就叫"约束变项"，量词辖域里的变项就被此量词约束，如"$\forall_x$、$\exists_x$"就是约束变项。与其相对的就是"自由变项（Free Variable）"，即不受量词的约束，值未定。这样，个体变项就与变项的值域紧密联系在一起，被理解为由这两个逻辑量词所约束的个体变项。带量词的公式就叫"量化公式"或"量化逻辑"，它和原子公式都可用命题联结词连起来，如 [23]、[35]—[37] 等。

　　因此，专名（个体词、专指语）表示"对象"，概念词表示"概念（谓词）"，量词是说明谓词的适用范围。在这个意义上说，"存在"是一种量词，一说到"存在"，就意味着"（至少）有一个事物（如何如何）"。若说：

[19] 某物存在。

在句法形式上，"某物"是主语，"存在"是谓语；但在深层逻辑上，"某物"是谓词，"存在"是量词，是对谓词适用范围的限定，它意味着："（至少）有一事物，这个事物是某物。"原句中的"存在"成为量词，"某物"成为谓词。这就是为什么奎因要说"存在就是成为被约束变项的值"。

　　这两个逻辑量词可代表自然语言中许多量词：

表3.1

量词	英语	汉语
$\forall$	all every any each	所有、每个、各个、任何； 皆、毕、诸、一切、凡、尽、周、遍、咸、举世、众人； 重叠：人人、个个、处处、时时
$\exists$	a / an some	有、或（古汉语）、一

　　因此，在一阶逻辑中要用这两个典型量词来限定个体变项，有了它们才能保证所述对象x的存在，从而也就规定了谓词所适用的值域范围。可见，量词在谓词演算中具有十分重要的地位，语哲学家对其的思辨程度远远超越于语法学家的认识，数量词常被后者视为次类，很多语法书都对其一带而过，论述过简，常人也将其视为附属于名词之上的计量成分而已。

　　亚里士多德在经典形式逻辑中提出的4类命题A、E、I、O，实际就是根据"量"

将其分为两大类："全称"和"特称"，在数理逻辑中前者用"∀"表示，后者用"∃"表示，它们都与"量"有关。当今的语哲学界常将谓词演算的主要研究对象归结为量词的逻辑性质和关于量词的推理规律，这才有了上文所说的谓词演算（又叫：量词逻辑、量化理论），这当引起我们语言学界同行的高度关注，透过量词可折射出人类深处的哲学运思和思辨智慧，也充分体现了语言哲学旨在"通过语言分析解决哲学难题"的基本原则。

一、全称量词

所谓全称量词，即包含某类中的所有成员，例如：

[20] Socrates is mortal.

可记作：

[21] $D_{(a)}$（D=die，a=Socrates）

句中的 Socrates 为"单称"，而

[22] All men are mortal.

句中的"all men"为全称，须用全称量词记作[1]：

[23]　$\forall_x (M_{(x)} \rightarrow D_{(x)})$（M=man，D=die）

这便是 [22] 的形式结构，其中用 $\forall_x$ 来表示某一类型中的所有成员。该谓词演算公式念作：

[24] For all x，if x is a man, then it necessarily follows that this x will die.

也就是说，[23] 便是全称命题的形式结构，它在数理逻辑中全部用符号来表示，从而彻底实现了逻辑的数学化。全称命题的形式结构 [23] 可用英语表述为 [24]，汉语可将其表述为：

[25] 对于所有（或每一个）x 来说，若这个 x 是人，则 x 是有死的。

又例：

[26] All things flow.

---

[1] 正如简单谓词演算有多种记法一样，全称量词和存在量词也有多种记法，它们形成了谓词演算中的不同系统，除文中 [23]、[27] 所表示的形式之外，还可记为：$\forall_{(x)}$、(x)，还可外加括号，记作：($\forall_{(x)}$)或($\forall_x$)等。

可记作：

[27] $\forall_x F_{(x)}$（设：F = flow）

在谓词演算中需对谓词作出"指派（Assignment）"，不能令其为空，即只有给谓词指派了个体（或在谓词的空位中填入个体）之后它才有意义可言，成为言有所述。若式中用个体变项x，则首先应确定变项的取值范围，此式中x为"全部"，然后将F指派给x，使得x具有F性质。此式也可表述为：使得谓词F为真的x集合中全体成员；或一切x可使得$F_{(x)}$成立（或为真）。为何先要确定取值范围，正如上文所述，只有对自由变项进行约束，才能保证它(如普通名词)的"存在"，这个任务就落在了量词身上。只有某物存在了，才能对其加以描写。如在谓词演算中不直接像数学上那样说：x > 0,而要说：

[28] $\forall_x$（x > 0）

二、存在量词

用于描写某一类型中的个体成员，例如：

[29] Somebody is a worker.

可记作：

[30] $\exists_x W_{(x)}$（设：W = be a worker）

这便是 [29] 的形式结构，它可念作：

[31] There exists at least one x such that this x is a worker.

可见，那些不确定的词语一般须经过量化后才能进入谓词演算公式，以确保所述对象的存在性和确定性，也才能通过谓词演算来揭示其形式结构。又例：

[32] There exists a unicorn.

其形式结构可记作：

[33] $\exists_x U_{(x)}$（设：U = be a unicorn）

再例：

[34] Some girl is nicer than Jane.

其形式结构可记作：

[35] $\exists_x(G_{(x)} \wedge N_{(x,j)})$（设：G=girl，N = is nicer than，j=Jane）

三、两者的区分与转换

将两个简单的谓词演算公式用"合取词、析取词、蕴涵词"连接起来，就可形成较为复杂的谓词演算公式，如上文的 [35] 和 [23]，前者用合取词连接，后者用蕴涵词连接。有了这种较为复杂的式子，就可用全称量词∀来表示直言命题中的SAP和SEP，用存在量词∃来表示直言命题中的SIP和SOP，更清晰地揭示了这四类直言命题的形式结构，可更好地解释这两类量词的区分，详见图3.2。

语言哲学家们认为，同一个自然语句可能会隐含不同的形式结构或逻辑结构，即乔姆斯基（1965）所说的"表层结构（Surface Structure）"可能会隐含不同的"深层结构（Deep Structure）[①]"。自然语言中某些相同句型，可通过全称量词和存在量词来揭示其间的差异，如（设：G=girl，P = be pretty）：

[36] $\forall_x (G_{(x)} \rightarrow P_{(x)})$ 意为 Every girl is pretty.

[37] $\exists_x (G_{(x)} \wedge P_{(x)})$ 意为 Some girl is pretty.

自然语句中的句法形式完全相同，皆为主系表结构，但其下却隐藏着不同的逻辑形式，形式逻辑学家巧妙地通过"∀"和"∃"就可区分它们。

全称量词∀与存在量词∃之间也可互相转换，转换后的公式具有普遍有效性，如下述的 [39] — [43]。

四、量词规则

我们还可像数学运算一样建立∀和∃之间的变换公式，如：

[38] Some are foolish.

可记作：

[39] $\exists_x F_{(x)} \equiv \sim \forall_x \sim F_{(x)}$（设：F = be foolish）

"有些人愚蠢"就意味着"不是所有的人都不愚蠢。"

[①]其实，关于表层结构和深层结构的概念，并非乔姆斯基首先提出，斯多葛学派早就用此术语。

我们还可建立下列双重否定等值式：

[40] $\exists_x \sim F_{(x)} \quad \equiv \quad \sim \forall_x F_{(x)}$

[41] $\exists_x F_{(x)} \quad \equiv \quad \sim \forall_x \sim F_{(x)}$

[42] $\sim \exists_x F_{(x)} \quad \equiv \quad \forall_x \sim F_{(x)}$

[43] $\sim \exists_x \sim F_{(x)} \quad \equiv \quad \forall_x F_{(x)}$

下面为常见的多重量化的等值式：

[44] $\forall_x \forall_y F_{(x,y)} \quad \equiv \quad \forall_y \forall_x F_{(x,y)}$

[45] $\exists_x \exists_y F_{(x,y)} \quad \equiv \quad \exists_y \exists_x F_{(x,y)}$

而下一式子一般不成立：

[46] $\forall_y \exists_x F_{(x,y)} \quad \equiv \quad \exists_x \forall_y F_{(x,y)}$

若将式中"$\equiv$"换成"$\rightarrow$"则成立，而反过来不成立。

正如上文所述，量词有其管辖的范围，叫"辖域"，变项x处于量词辖域之内就受该量词的约束，这就是上文所述的"约束变项"。公式最前面的全称量词∀和存在量词∃的辖域延伸至公式末端；若在量词后有括号，则括号内的式子都是该量词的辖域，如在 [36] 中，$\forall_x$ 的辖域为（$G_{(x)} \rightarrow P_{(x)}$）、[37] 中 $\exists_x$ 的辖域为（$G_{(x)} \wedge P_{(x)}$）。若没有括号，它管辖着其后最靠近的和最短的式子，如 [46] 中等值联结词前边的全称量词 $\forall_y$ 约束至公式末端，而 $\exists_x$ 仅约束其后的 $F_{(x,y)}$。又例：

[47] 一切固体都可以被某些液体所溶解。

其形式结构可记作：

[48] $\forall_x (S_{(x)} \rightarrow \exists_y (Q_{(y)} \wedge R_{(x,y)}))$

全称量词 $\forall_x$ 约束至公式末端，而存在量词 $\exists_y$ 只约束联结词 → 的右边部分。

当两种量词合用时，一定要注意它们出现的前后位置，顺序不同，就意味着有不同的辖域，其所表示的逻辑结构自然也就不同，参见下文。

五、量词复用时的顺序

关系命题中可含有n个个体变元和n个谓词（n > 1），这就需要n个量词来约束它们，倘若这些量词都出现在命题的前面，就出现了量词叠用的现象。我们知道，经典形式逻辑不能处理同一命题中重复使用量词的现象，而现代数理逻辑则克服了这一弊端，可将∀与∃这两个逻辑量词结合起来使用，进一步扩大了形式逻辑的解释力，可用以描写更多的语句，例如：

[49] Everybody has got a father.

其形式结构可记作：

[50] $\forall_y \exists_x F_{(x, y)}$（设：F = father of）①

该逻辑公式可读成（x 和 y 限于人）：

[51] For all y there exists at least one x such that this x is father of y.

在同时使用这两者时，全称量词∀和存在量词∃的相对位置不可随意颠倒，如逻辑公式：

[52] $\exists_x \forall_y F_{(x, y)}$

该语义公式读作：

[53] There exists at least one x such that for all y, this x is father of y.

意为：

[54] Somebody is father of everybody.

当全称量词和存在量词同时出现在一个谓词演算公式中时，一定要注意它们的辖域问题。如在 [50] 中全称量词$\forall_y$的辖域是$\exists_x F_{(x, y)}$，存在量词$\exists_x$的辖域是$F_{(x, y)}$，即全称量词 ∀辖域着∃。因此，不管我们讲的是哪一个个体，它总是在这个全称量词之内，总能够在其中找到某个个体是他的父亲，这就代表了自然语句 [49]。而在 [52] 中，存在量词$\exists_x$的辖域是$\forall_y F_{(x, y)}$，全称量词 $\forall_y$的辖域是 $F_{(x, y)}$，此逻辑式意为：存在着的一个个体x，它辖域着后面所有的y，因此它就代表着自然语句例 [54]。两种量词的位置是造成 [50] 与 [52] 所表示的形式结构和逻辑意义不同之关键，可见，量词位置不可随意颠倒。

又例：

[55] Everyone admires someone.

有两种不同解读：

（1）人人都有自己所敬仰的一个人。
（2）人人都敬仰某一个人。

即，该句蕴涵着两种不同的逻辑形式，现用∀和∃，以及"量词辖域"就可有效地区

---

① 为突显句中完成体的逻辑意义，该式也可记作：$\forall_y (H_x \rightarrow \exists_x F_{(x, y)})$（H=过去总是）

分开来：

　　[56] $\forall_x \exists_y A_{(x, y)}$　意为：Everyone has someone whom he admires.
　　[57] $\exists_y \forall_x A_{(x, y)}$　意为：There is someone whom everyone admires.

又例：

　　[58]　Everyone hates someone.

与上例相同，它远非能从句法结构"主＋谓＋宾"角度作出合理解读，也足以可见乔氏 TG 理论之误。它有两个不同的意义，可分别记作：

　　[59] $\forall_x \exists_y H_{(x, y)}$（设 H ＝ hate）这是一种广义表达，someone 可泛指任何人，该句
　　　　　意为：人人都恨某一个人。或：每人都有自己所恨的人。
　　[60] $\exists_y \forall_x H_{(x, y)}$ 这是一种狭义表达，someone 指某一个具体的人，此时句义则为：
　　　　　大家都恨同一人。

六、个体常项与变项之间的形式关系

　　正如上文所述，个体常项指某值域中确定的个体，其用法大致相当于英语中定冠词the的用法[①]，在任何情景中都不变；而个体变项指某值域中任一个体，具有不确定性，可随情景而变，其用法大致相当于英语中不定冠词的用法。这两者之间的关系相当于"特称命题vs全称命题"之间的关系，其间的转换可借用消去或引入"全称量词∀"或"存在量词∃"的方法来实现，这分别就叫"全称量词消去规则（∀-exploitation）、全称量词引入规则（∀-introduction）、存在量词消去规则（∃-exploitation）、存在量词引入规则（∃-introduction）"。例如：

　　[61] $\forall_x F_{(x)}$

可通过"消去∀"便可得到个体常项也具有 F 性质：

　　[62] $F_{(a)}$

此两式可分两行合写为：

　　[63] $\forall_x F_{(x)}$
　　　　　 $F_{(a)}$

根据另一套推理规则可更细致地记作：

　　[64] $\forall_x (F_{(x)} \rightarrow G_{(x)})$
　　　　　$\dfrac{F_{(a)}}{G_{(a)}}$

[①] 这仅是一个粗略的说法，从语言哲学角度严格说来，专名和摹状语还是有很多区别的。

在这个演算过程中消去了∀，这条规则可形式化为"∀—"，[63] 意为：如果某值域中的全部个体 $\forall_x$ 都有性质F，那么，该值域中某确定个体a也具有性质F。[64] 意为：若某值域中的全部个体 $\forall_x$ 都有性质F，蕴涵全部个体有性质G，并且此值域中的特定个体a也有性质F，那么该特定个体a也具有性质G。这相当于从一般到特殊的演绎思维过程，或曰：[63] 和 [64] 两式为演绎推理的又一种形式化公式，经典的三段论就是基于 [64] 提出的。又如在自然数学、几何、物理等学科的解题过程中，就常基于这种思维，先引用一个公式或定理，然后据此解决具体问题。

与此过程相反，通过"引入∀"就可揭示特称到全称之间的逻辑关系，即将 [62] 记在第一行，[61] 记在第二行，这一过程意为：若基于某前提能发现在某值域中的个体常项具有性质F，那么可根据同样的前提推出该值域的全体中各变项也具有性质F，当然这得以"同一性"为基本条件。这相当于从特殊到一般的归纳思维，或曰：此为归纳思维的另一种形式化公式。自然语言中的"寓言"就常是基于这种思维的结果，先讲述某个具体的故事，如"农夫与蛇"，然后从中再推出"不能可怜坏人"的道理。这就是辩证法常说的：个性之中包含共性，共性寓于个性之中。

同样，我们可通过"消去∃"来解释变项与常项之间的逻辑关系，如：

[65] $\exists_x F_{(x)}$

通过"消去∃"可推导出

[66] $F_{(a)}$

这两式可仿照上文写成两行，

[67] $\dfrac{\exists_x F_{(x)}}{F_{(a)}}$

其意为：如果在某值域中至少有一个体变项具有性质 F，就可推理出在其值域中必有一个体常项具有性质 F。若将这两行颠倒次序，就"引入"，可简单地记作：

[68] $\dfrac{F_{(a)}}{\exists_x F_{(x)}}$

或仿 [64] 记作：

[69] $\dfrac{\begin{array}{c} F_{(a)} \\ G_{(a)} \end{array}}{\exists_x (F_{(x)} \to G_{(x)})}$

第四节　谓词常项与变项

谓词是用以表示个体的性质或关系的。若用以表示一个个体的性质叫"一元谓词"，表示关系时要涉及两个或两个以上的个体，此时的谓词叫"二元谓词"或"多元谓词"，表示 n 个个体之间的关系就叫"n元谓词"。

谓词也可分为"谓词常项（Predicate Invariable）"和"谓词变项（Predicate Variable）"。前者常用大写字母"A，B，C..."等来表示；后者常用希腊字母"Φ，ψ，λ..."等来表示。

一、谓词的阶

谓词可分一阶谓词、二阶谓词或高阶谓词，前者表示个体的某一性质或关系。若向更深处发展，"性质"和"关系"可两两相组，形成4种组合，即：

（1）性质的性质；

（2）性质的关系；

（3）关系的性质；

（4）关系的关系。

若谓词要表示这类组合性概念，就称为"二阶谓词"，根据概念的复杂程度，还可能有诸如"三阶、四阶"的"高阶谓词"，参见第六节。

二、传统逻辑现代化[①]

谓词演算公式还可将亚氏传统形式逻辑的基本原则（演绎推理：三段论 Syllogism）和基本规律（公理系统：三定律）改造成数理逻辑。三段论的三个直言命题可记作（参见第一章第一节第3点中的注）：

[70] 大前提：All man are mortal.　　　$\forall_x(M_{(x)} \to D_{(x)})$

　　　小前提：Socrates is a man.　　　$M_{(a)}$

　　　结　论：Socrates is mortal.　　　$D_{(a)}$

可合写为蕴涵式：

[71] $\forall_x(M_{(x)} \to D_{(x)}) \wedge M_{(a)} \to D_{(a)}$

[①] 本书用"传统逻辑"指亚里士多德逻辑及其后续，用"经典逻辑"指现代形式逻辑中的"一阶逻辑"。

上述三段论可用下式表示其结构形式：

[72] MAP

$$\frac{SAM}{SAP}$$

这一结构形式还可用谓词演算公式来表示关系推理：

[73] $\forall_x (M_{(x)} \rightarrow P_{(x)}) \wedge \forall_x (S_{(x)} \rightarrow M_{(x)}) \rightarrow \forall_x (S_{(x)} \rightarrow P_{(x)})$

亚氏在三段论中所论述的命题分为四种：A、E、I、O，它们在传统逻辑中是用自然语言来陈述的，其中虽涉及"量"概念，但不明确，并没有将命题中所涉及S的质和量明确体现出来，而一阶逻辑便有效地解决了这一问题。现以下表示之：

表3.2

	命题名称	缩略词	自然语句表达	一阶逻辑
(1)	全称肯定判断	A	所有S是P	$\forall_x (S_{(x)} \rightarrow P_{(x)})$
(2)	全称否定判断	E	所有S不是P	$\forall_x (S_{(x)} \rightarrow \sim P_{(x)})$
(3)	特称肯定判断	I	有的S是P	$\exists_x (S_{(x)} \wedge P_{(x)})$
(4)	特称否定判断	O	有的S不是P	$\exists_x (S_{(x)} \wedge \sim P_{(x)})$

最后一栏从上到下可分别读作：

（1）对于所有的x，如果x是S，则x是P。

（2）对于所有的x，如果x是S，则x不是P。

（3）存在这样的x，使得x是S，并且x是P。

（4）存在这样的x，使得x是S，但x不是P。

上文将传统三段论进行了彻底形式化的处理，其实质就是将一个推理改写为"前提蕴涵结论"的蕴涵式，即将两个（或两个以上）前提采用"合取法"连起来作为蕴涵式的前件，把结论作为该式的后件，参见[73]，又例：

[74] 所有人都是有智慧的，有些非洲人是人，所以，有些非洲人是有智慧的。

使用上述方法，就可将其关系推理符号化为（Z= 智慧，F= 非洲人）：

[75] $\forall_x (M_{(x)} \rightarrow Z_{(x)}) \wedge \exists_x (F_{(x)} \wedge M_{(x)}) \rightarrow \exists_x (F_{(x)} \wedge Z_{(x)})$

笛卡尔的名言"我思故我在"也可符号化为（T= 思想，E= 存在）：

[76] 大前提：如果谁思想，他就实存。　　　　$\forall_x (T_{(x)} \rightarrow E_{(x)})$

　　　　小前提：我思想。　　　　　　　　　　$T_{(a)}$

　　　　结　论：我存在。　　　　　　　　　　$E_{(a)}$

可合写为：

[77] $\forall_x\left(T_{(x)}\to E_{(x)}\right)\wedge T_{(a)}\to E_{(a)}$

亚里士多德为保证其形而上学二分理论和传统形式逻辑的正常运转，设立了三大基本定律，它们既适用于概念，也适用于命题，因为根据逻辑学可知，前者是后者的缩略形式，后者是前者的扩展形式。我们既可用弗雷格的谓词演算公式将其形式化为：

[78] 同一律：在同一个思维过程中，每一思想的自身都应是同一的。引入量词后可记作：$\forall_x\left(F_{(x)}\to F_{(x)}\right)$，即对于所有概念来说，它只要是 F，就应当一直保持为 F。

[79] 排中律：若引入量词后可记作：$\forall_x\left(F_{(x)}\vee\sim F_{(x)}\right)$，即对于所有概念来说，它要么是 F，要么不是 F。

[80] 不矛盾律：在同一个思维过程中，一个思维及其否定不能同真，必有一假。若引入量词后可记作：$\sim\exists_x\left(F_{(x)}\wedge\sim F_{(x)}\right)$，即不存在一个 x，它既是 F 又不是 F。

也可用命题演算的方法将其形式化为：

[81] 同一律：　　　$p\to p$　　　（假如是 p，就当永远是 p）或 $p\equiv p$
[82] 排中律：　　　$p\vee\sim p$　　　（p 与非 p 两者必居其一）
[83] 不矛盾律：　　$\sim(p\wedge\sim p)$　　　（不可同是 p 和非 p）
[84] 充分理由律：　$p\wedge(p\to q)\to q$　　　（若 p 真，且 p→q 也真，则 q 为真）

由于"充分理由律"主要是基于"真值"而言的，因此它只有命题演算公式，而无谓词演算公式。该规律意为：若要证明论点 q 为真，就要证明 p 蕴涵 q，因为 p 真 q 必然为真，q 是从 p 中必然地推导而出的。它也可表述为：

[85] q 真，因为 p 真，并且 p 蕴涵 q。

很多逻辑学论著中将"不矛盾律"称为"矛盾律"，若按照其所表述的内容来说应称其为"不矛盾律"更为妥当。若违反了这一规律，则可称为"矛盾律"，可将 [80] 和 [83] 改写为：

[86] $\exists_x\left(F_{(x)}\wedge\sim F_{(x)}\right)$ 或 $(p\wedge\sim p)$

另外，语言哲学中常讨论的语句也可根据上文所述的方法进行形式化处理，如：

[87] 金山不存在。　　　　　　$\sim\exists_x\left(G_{(x)}\wedge M_{(x)}\right)$　　　设 G = Gold; M = Mountain
[88] 当今法国国王不存在。　　$\sim\exists_x\left(K_{(x)}\right)$　　　设 K = the King of France
[89] 学而不思则罔，　　　　　$(p\wedge\sim q)\to r$　　　设 p = you study
　　思而不学则殆。　　　　　$(q\wedge\sim p)\to s$　　　q = you think
　　　　　　　　　　　　　　　　　　　　　　　r = labour is lost
　　　　　　　　　　　　　　　　　　　　　　　s = it is perilous

第五节　谓词演算的公理和定理

谓词演算系统是根据一套初始符号、句法规则和有限的、显而易见的几个公理，以及基于其上推演出的若干定理构成的。由于命题演算是谓词演算的一个子系统，因此命题演算的公理也是谓词演算的公理，前者的推理规则也是后者的推理规则，前者的定理也都是后者的定理，参见王宪钧（1982:144，155；周礼全 1986:67）。命题演算的公理共有6条：

[90]（p ∨ q）→ p

[91] p →（p ∨ q）

[92]（p ∨ q）→（q ∨ p）

[93]（q→r）→（（p ∨ q）→（p ∨ r））

[94] ∀$_x$F$_{(x)}$ → F$_{(a)}$　　　这是一个"从一般到个别"的推理公式，若一切个体都是F，则某一特定个体a也是F。

[95] F$_{(a)}$ → ∃$_x$F$_{(x)}$　　　这是一个"从个别到存在"的推理公式，若某特定个体a是F，则存在一个个体x是F。

根据这6条公理便可通过变形规则推演出几十条定理来，此处摘录部分如下，以飨读者：

[96] ∀$_x$F$_{(x)}$ → ∃$_x$F$_{(x)}$　全称蕴涵存在的定理，若一切个体是F，那么有个体是F。

[97] ∀$_x$（F$_{(x)}$ → G$_{(x)}$）→ ∀$_x$F$_{(x)}$ → ∀$_x$G$_{(x)}$　　　　　全称量词对于蕴涵的分配律

[98] ∀$_x$（F$_{(x)}$ ≡ G$_{(x)}$）→ ∀$_x$F$_{(x)}$ ≡ ∀$_x$G$_{(x)}$　　　　　全称量词对于等值的分配律

[99] ∀$_x$F$_{(x)}$ ∨ x G$_{(x)}$ → ∀$_x$（F$_{(x)}$ ∨ G$_{(x)}$）　　　全称量词对于析取的分配律

[100] ∀$_x$（F$_{(x)}$ ∧ G$_{(x)}$）≡ ∀$_x$F$_{(x)}$ ∧ x G$_{(x)}$　　　全称量词对于合取的分配律

由于等值算子相当于双向蕴涵，因此上一式又可记作：

[101] ∀$_x$（F$_{(x)}$ ∧ G$_{(x)}$）→ ∀$_x$F$_{(x)}$ ∧ ∀$_x$G$_{(x)}$　　　全称量词对于合取的分配律

[102] ∀$_x$F$_{(x)}$ ∧ ∀$_x$G$_{(x)}$ → ∀$_x$（F (x) ∧ G$_{(x)}$）　　　全称量词对于合取的结合律

上文所述 [39]—[43] 也属于这类定理。

另外，还有诸如：全称量词对于合取（析取、蕴涵）的移置律、全称量词交换律、否定式、对偶式等定理，不下数十种，洋洋洒洒列它一大串，再一一写出证明过程，且还要证明谓词演算的可靠性（Reliability）、一致性（Consistency）、完全性（Completeness）等，足以写出厚厚一本书来。这对于从事数理逻辑的专业人员来说，兴趣之处正在于先列出一串规则，证明这些定理如何从几条公理中推导出来，正像各位读者在中学学习几何、数学一样，乐趣就在于这种证明过程之中。而对于一本入门书而言，为简明起见省去了烦琐的证明过程，若读者对其感兴趣，可参阅相关书籍，或选修一门课程。

第六节　小　结

形式语言必须满足以下要求：

（1）任何一个符号是否为其符号（词法）。

（2）任何一符号串是否为其公式（句法）。

（3）有一个独立于语义的、机械的、有穷步骤内可完成的判定方法。

一阶逻辑的词法部分主要包括"初始符号"，它们有：

（1）个体常项（a、b、c）和个体变项（x、y、z），它们作表达式的主词。

（2）谓词常项（用大写字母A、B、C表示）和谓词变项（Φ、ψ、λ等）。

（3）仅用五个命题联结词：≡、→、∧、∨、~。

（4）两个量词：全称量词 和存在量词，它们只约束个体变项。

一阶逻辑的句法部分即一套"合式规则"，以能保证上述初始符号生成合乎规则的形式语句。

一阶逻辑的三个主要特征是：基于"外延""二值""量化"建构而成的全新逻辑系统。

说其是"外延"的，是因为它专注世界中的指称对象，语符的意义取决于外部世界的指称对象和真实事态，体现了"语言与世界同构"的原则。

说其是"二值"的，是因为它的判断标准仅有"真"或"假"两种情况，仍旧运作于亚氏传统范畴理论的框架中。

说其是"量化"的，因为它引进了"全称量词∀"和"存在量词∃"。亚氏三段论命题中没有使用独立的量词，它仅附着在S之上，因此其"量"概念是隐含的，未明确标注出来，A、E、I、O中同时蕴含了性质和数量。未将量词独立出来作为一个专门单位来论述。"一阶逻辑"引进量词，此为数理逻辑的一大亮点，因此，谓词逻辑的形式和规律都与量词的特征紧密相关，难怪学界常将"一阶逻辑"称为"量词理论（Quantity Theory）"或"量词逻辑（Quantity Logic）"，因为它主要是关于如何运用量词处理"个体存在"的理论。用作个体常项的专名或专指语的所指对象为"一"，具有唯一性；用作个体变项的通名须借助两个量词"∀（最多）"或"∃（最少）"来将其量化，利用这两者的性质就可达到确切性说明，便可确定个体变项的值域范围，使其指称具有唯一性。

"谓词逻辑"包括传统形式逻辑里的直接推理和三段论，直到19世纪末20世初,谓词逻辑中的形式和规律才构成一个形式化的公理系统,这就是本章所论述的"谓词演算"。若将量词只用于个体变项,而不用于谓词变项和命题变项就叫"一阶逻辑(First-order Logic)",或叫"狭义谓词演算(Narrow-sensed Predicate Calculus)"或"狭义谓词逻辑(Narrow-sensed Predicate Logic)"。

弗雷格认为,谓词演算的上述三个特征正可体现出"必然地推导出"这一逻辑的核心性质,因而进一步提出了他著名的"组合原则(the Principle of Compositionality)",即一个句子的真值是由其构成部分的真值所决定的。

弗雷格所建立的一阶逻辑来自于他发现了"概念"与"函数"的相似之处,并尝试用"函数"来表示"概念"。函数可分出"一阶"和"二阶",概念也就有"一阶"和"二阶"之别。一阶函数的自变量为具体的个体词,是指称个别对象的专名;而二阶函数的自变量本身是一个概念,为"概念的概念",它自身就是一个函数,此时可称之为"函数的函数"。如:

[103] 圣人存在。

其中"圣人"本身不是专名,它不指称具体的个别对象,表示的是个体的类,因此它本身是一个"概念词",其深层逻辑形式为"至少有一个x,这个x是圣人。"此时,例句中的"存在"为量词(至少有一个),"圣人"为"谓词"。该句只能用二阶逻辑作出形式处理。这也可见,"存在"不可在一阶逻辑中作谓词,因为它本身就是一个二阶概念词。

一阶逻辑由"谓词演算"和"命题演算"这两部分组成,前者揭示简单命题内部的语义结构,一般都带有量词(这也是谓词演算和命题演算最重要的区别),它相当于维特根斯坦和罗素所说的"事实"或"事态",世界由其构成。后者以简单命题为出发点,揭示两个(或以上)简单命题之间的语义结构,重点刻画命题联结词的逻辑性质和演算系统,它是由命题逻辑重言式所组成的形式系统。

一阶逻辑的缺点参见第十二章。

第四章　命题演算

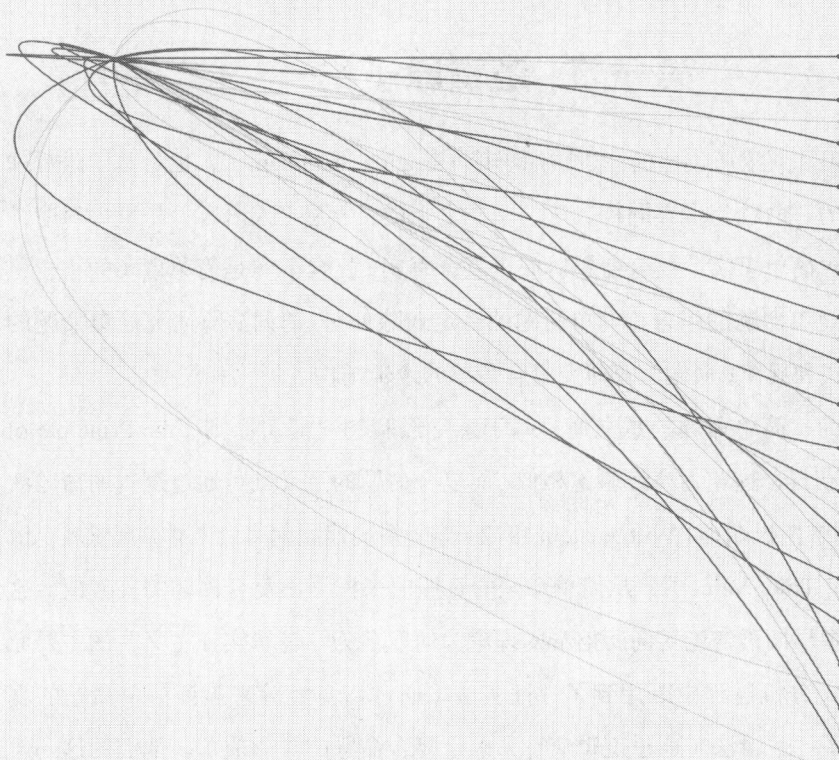

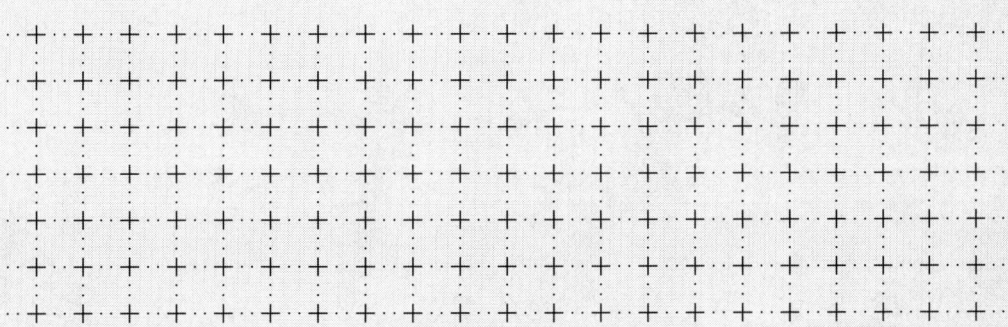

第一节　逻辑原子论

维特根斯坦和罗素所创建的"逻辑原子论（Logical Atomism）"，也是基于语哲理想学派所确立的"命题与世界同构"这一基础之上的：命题（或语言）与世界对应，简单命题对应于简单事实，复合命题对应于复合事实；复合事实是简单事实的组合，复合命题则是简单命题的组合（简单命题的否定式除外）。谓词演算研究简单命题的内部结构、形式和规律；命题演算研究复合命题的逻辑结构、形式和规律。

他们还认为，简单命题的意义通过基于感觉经验的"证实原则（the Principle of Verification）"获得，这与古典经验论相似；而复合命题的意义则可通过逻辑的命题演算获得，即可用维特根斯坦（Wittgenstein 1922）等所系统建立起来的"逻辑真值表（the Table of Logical Truth Value）"，从简单命题的真假值来推导出复合命题的真假值。这也是西方哲学中早期语言论转向所信奉的理论为何取名为"逻辑实证主义"的主要原因之一，在意义分析过程中既用到了"证实法（通过切身经验来验证简单命题的真假）"，也用到了"逻辑法（通过逻辑演算来确定复合命题的真假值）"。他们的这一研究进路同时也解决了17—19世纪西方哲学中"认识论（Epistemology）"的核心问题：人类如何认识世界，获得真知，建立起我们的知识系统？

弗雷格和罗素首倡命题的"真值函项理论（The Theory of Truth Functions）"。维氏在1922年正式出版的《逻辑哲学论》中用"逻辑真值表（又叫：真值函项表、命题演算表）"来阐释复合命题的真值条件，且认为语言中命题若在还原之后是符合逻辑形式（或逻辑句法）的逻辑命题，则为有意义的命题，否则则无，当予抛弃。

麦吉尼斯（McGuinness）的研究表明，维氏早在1912年底就开始设计逻辑语言和真值表了，但由于他所用的一套符号难以书写和印刷，未能流行。

第二节　逻辑联结词

正如第一章所示，"命题逻辑（Propositional Logic）"仅关注以命题为基本单位的复合命题，不考虑各支命题的具体内容，也不再分析它们所包含的"主词、谓词、量词"等非命题成分，以能直奔主题，揭示出命题之间的逻辑形式，显现推理的正确性，其间的逻辑规律就可反映出复合命题的逻辑性质。

能将简单命题连接起来形成复合命题的词项叫"联结词（Connective）"，且仅凭逻辑真值表便可推断出复合命题的真值，因此又叫"逻辑联结词（Logical Connective 或 Logical Connector[①]）"，又叫：命题联结词、真值联结词、逻辑常项，由这些联结词构成的形式结构就叫"真值形式"，它反映了简单命题与复合命题之间真假关系的抽象和概括，代表着复合命题推理中最重要的结构要素，不同的联结词决定了不同的推理形式。之所以称其为"真值联结词"，是因其自身有固定的涵义，可通过真值表给出。语言中有些词或词组具有这样的真值性效应，如英语中的 and、or、if... then、not、equivalence 等，复合命题的性质取决于联结词所反映的客观联系，能对复合命题的真值条件起到判断和预测作用。因此，命题逻辑又叫"联结词的逻辑（Connective Logic）"。

上文已经论述到蕴涵词（Implication，又叫实质蕴涵词 Material Implication 或真值蕴涵 Truth Implication），常用符号"→"来表示，意为"if... then""只有……才"。据说，早在公元前5世纪古希腊时代，麦加的裴罗（Philo of Megara）就提出这一概念。除此之外还有四个常用逻辑联结词。现将这五个逻辑联结词列述如下[②]：

→ Implication　（蕴涵词，表示"如果……就"，也可用 ∩ 或 ⊃）

~ Negation　　（否定词，表示"并非"，也可用 ⌐、¬ 或在函项上加一小横，如 p̄）

∧ Conjunction（合取词，表示"并且和"，也称逻辑积、逻辑乘法，还可用"·"或"&"）

∨ Disjunction（此为兼容析取词，表示"或者"，也称逻辑和、逻辑加法；不相容析取用 ∨ 或 ⊻ 表示）

≡ Equivalence（等值词，表示"当且仅当……则"，又叫充要条件，也可用 iff）

这些逻辑联结词反映了思维中经常出现的五种复合命题的真假关系，在谓词演算和命题演算中发挥着关键作用，如：可用来形式化表示词义，连接命题，解释量词的转换关系等。

[①] 弗雷格、罗素、维氏等认为逻辑常项主要有两类：真值联结词和量词。

[②] 波兰逻辑学家卢卡西维茨（Luckasiewicz）在1920s曾用大写字母 N、A、K、C、E 来分别表示"否定、析取、合取、蕴涵、等值"。

第三节　命题演算和逻辑真值表

"命题演算（或叫：命题逻辑）"主要判断两个或两个以上"简单命题（Simple Proposition；或叫：原子命题 Atomic Proposition；支命题 Component Proposition；基础命题 Primitive Proposition）"所形成的"复合命题（Compound Proposition；或叫：复杂命题 Complex Proposition；分子命题 Molecular Proposition）"的真假值。它不再考虑简单命题的具体结构，而重点关注两个简单命题之间的逻辑性质及其推理关系。因此，命题演算是论述上述逻辑联结词的真实性效应，可用"逻辑公式"和"逻辑真值表"来体现。

在命题演算中简单命题是不可分割的最小单位，连接起来以后便可依据图 4.1 的逻辑真值表推理演算复合命题的真假值，获得重言式。这样就可对命题关系作出简洁明了的描述，这与亚里士多德"关门考察判断命题本身的真假"思路相同。

逻辑学家常先构造一个形式语言 L1（或叫 Lp），设定"初始符号"和"形成规则"，确立有限几条自明的"公理"以作为证明的起点，在有穷步骤内推出更多的"定理"，这些合式公式的集合便是一个形式语言。然后再根据一些像数学一样进行推演的工具（包括具有能行性的公理、推理规则）就可形成"逻辑演算（包括谓词演算和命题演算）"这一公理系统，它由若干重言式组成，命题演算中的重言式包括两大项：

（1）命题变项；

（2）逻辑常项。

前者指简单命题（又叫：支判断）的变项符号，常用 p、q、r 等小写字母来表示；后者包括 5 个逻辑常项，即上述 5 个逻辑联结词（另加否定联结词 ~）。当命题变项用这几个逻辑常项连接起来的时候就形成了复合命题，其真值取决于命题变项和联结词的真值，即复合命题随着命题变项的变化和不同联结词的运用，就会出现不同的真值结果。我们可仿照上一章的方法，借用函数表达式表述为：

[1] $f_{(p1, p2, p3... pn)} = Y$

此式中的 Y 为复合命题，它是由若干简单命题 p1, p2, p3... pn 组成的，等号两边构成函数关系，即因变量 Y 取决于自变量 p1, p2, p3... pn 的值。学界常称其为"命题函项（Propositional Function）"，亦有学者将其解释为：一个命题 Y 可等值转写为其他形式的命题，转写后的形式与 Y 具有函数关系。

真值形式的结构可通过"命题逻辑真值表（又叫：命题演算真值表，简称：真值表）"给出一个复杂结构的真值，真值形式可通过真值表来说明，它是命题逻辑中一个最为有效的工具。本书将运用"真值表"并配以具体语句为例来详解这5个逻辑常项的逻辑意义。

当前国内外逻辑学书中一般用"T（或+、1）"和"F（或-、0）"来分别表示"真"和"假"，本书用"1"表示真，用"0"表示假。可见，这种二值逻辑与计算机"0、1"的运作原理完全吻合。

现将上述五种复合判断的真假值合成一张表列述如下：

表4.1　逻辑真值表

复合 简单		（一） 合　取	（二） 析　取		（三） 充分条件 （蕴涵）	（四） 必要条件 （逆蕴涵）	（五） 充要条件 （等值）
p	q	p∧q	p∨q 相容	p∨q 不相容	p→q	p←q	p≡q
1	1	1	1	0	1	1	1
1	0	0	1	1	0	1	0
0	1	0	1	1	1	0	0
0	0	0	0	0	1	1	1
现代 汉语 用词		并且；和；与； 且；而；也；还； 然后； 一面……一面； 一边……一边； 既……又； 不仅……而且； 不仅……还	或；或者； 否则； 不是……就是； 要么……要么		如果……那么； 只要……就	才；只有…… 才；除非…… 才	当且仅当； 如果……那 么；只有…… 才

表4.1主要归功于语言哲学家们的共同努力，尽管在过去有不少学者零星提出了有关命题演算的初始想法（如柏拉图有关"选言复合命题"，斯多葛学派关于"假言和选言复合命题"的论述），但正是他们的研究才将这类形式的推理臻于完善。正如肖尔兹（Scholz 1931，张家龙等译 1993：9，43）所说：

> 亚里士多德的逻辑，或者更确切地说，由亚里士多德奠定基础的逻辑，就其仅仅涉及形式，或更严格地说，仅仅涉及完善的形式来说，是一种形式逻辑。它所涉及的只是完善形式中的一部分。……当然，我们没有肯定对形式逻辑的这

种解释可以在亚里士多德那里碰到。相反，在传统意义上，即在逻辑斯蒂之前，这种解释无论是亚里士多德，或是其他的形式逻辑学者，都没有作出。我们补充一点，这种解释的准备工具第一次还是由两位19世纪最伟大的德国形式逻辑学者鲍尔查诺和弗雷格作出的。

只有逻辑斯蒂才找到了对这种推理的正确的形式表达。

肖尔兹将"逻辑斯蒂"限定为数理逻辑中以罗素为代表的"逻辑主义（Logicism）"学者，这就很清楚地表明，直到弗雷格、怀特海、罗素、维特根斯坦等语哲理想学派人士的出场，诸如命题演算一类的形式逻辑推理才基本完善。而且肖尔兹还指出：

逻辑斯蒂第一次对联结词提供了精确的分析。它是严格地根据对形式逻辑的唯一合理的观点，即根据对推理规则的表达所起的影响来分析联结词的多种意义。

注意文中的"第一次"，这是对表4.1所做出的历史性裁定。

另外，该表也是一种最为常见的"代数语义学（Algebraic Semantics）"解释的例子。所谓"代数语义学"，它是形式语义学的一个分支，尝试用形式化的代数方法和公理系统来处理和计算语言（包括语法和语义两大方面）的各种模型，如上表。命题逻辑演算将所有的命题变项理解为数学中的0和1，即将命题变项的域值规定为{0, 1}，而且所有的联结词都被解释为关于0和1的某种运算，具体的运算规则就可由上述逻辑真值表给出。

有了这个逻辑真值表，就可根据"成分真值"和"联结词函项"来决定复合命题的真值[①]，现分别介绍如下。

一、合取命题和合取算子∧

表4.1第（一）栏表示"合取命题（又叫：联言判断）"，只有两个简单命题p和q都为真时，整个复合命题才为真。例如在：

[2] 水能载舟，亦可覆舟。

[3] He studied hard and he got a very good mark in the final examination.

只有两个支命题都为真时，整个复合命题才为真；若其中任何一个分句为假，或

[①]维氏将所有基本命题（如p, q）以真值函项关系表示的全部可能性叫作"逻辑空间（Logical Space）"，参见江怡（2002: 137）。

两者都为假，整个复合命题为假。

至于两个简单命题p和q之间有何关系时，这个合取式才能为真，维特根斯坦早期将其规定为（参见韩林合 2010：467）：

彼此相互独立、从一个的真或者假绝不能推导出另一个的真或者假。

他到中后期将其修补为

原子命题彼此不可相互排斥。

现用合取算子记作：

[4] p ∧ q （或：p & q；或：p·q ）

该逻辑形式公式意为：命题p并且命题q。

我们也可将"p ∧ q"作为前提，且可据此推出结论p，或推出结论q。即：若p ∧ q为真，则p为真，或者q为真。这就叫"合取取消（Conjunction Elimination）"，即将合取命题的值化解为两个支命题的值，故曰"取消"。

注意：在谓词演算中一个个体词对应于一个谓词，即谓词演算只描写个体常项或个体变项，联结词所连接的对象只能是命题，而不能是个体词或谓词，例如：

[5] John and Mary are Americans.

只能记作：

[6] $A_{(a)} \wedge A_{(b)}$ 　　　（设A=American ）

而不可记作：

[7] * $A_{(a \wedge b)}$

又例：

[8] John and Bill love Mary.

应当记作：

[9] $L_{(a, c)} \wedge L_{(b, c)}$ 　　（设：a=John，b=Bill，c=Mary ）

而不能写作：

[10] * $L_{(a \wedge b, c)}$

二、析取命题和析取算子∨

表4. 1第（二）栏为"析取命题（又叫：选言命题 Disjunctive Proposition、择取式 Alternation）"，它是以一个析取命题和一个直言命题（或联言命题）为前提，推论出另一个直言命题（或联言命题），之所以称"析取"或"选言"，是因为它提供了可供选择的两个或两个以上的支命题。当两个支命题p和q有相反的值时，则该复合命题为真；若两者有相同值时则该复合命题为假。析取命题又可分为两种：

1. 相容析取判断（Inclusive Disjunction）

在多个支命题中，至少有一个为真，也可能它们都真，则整个复合命题为真；若两个简单命题都假，也就无从选择，整个复合命题自然为假。例如：

[11] 一个人犯错误，或是由于主观原因，或是由于客观原因，或两者兼而有之。

这类相容选言可用析取算子表示如下：

[12] p∨q

它只有一种形式，即"否定肯定式"，通过否定一者或几者，而肯定另一者。若以"p∨q是真"为前提，另一前提是"p不真"，则可得出结论"q真"。就例[11]而言，若否定"或是由于主观原因"，则可肯定"或是由于客观原因"；若否定前两者，则可肯定最后的"或两者兼而有之"。

2. 不相容析取判断（Exclusive Disjunction）

该析取判断又译"选言判断""相斥析取"，指在若干可能情况中，只有一个支命题为真，即只有一个情况存在，要么p，要么q（不可能像例[11]那样两者兼而有之），则整个复合命题为真；若两个分支命题同真或同假，整个复合命题则为假。它与相容选言判断的区别在于：前者不允许p和q同时存在，而后者允许p和q同时存在，因为这两者之间的关系是"相容的"。例如：

[13] 一个人对待困难，要么迎难而上，要么畏难而退。二者必居其一。

[14] Either John is in his office or John is at home.

一个人不可能同时存在于两个不同的地方，此为"不兼容析取"，也就是说，只有当：

[15] John is in his office.

[16] John is at home.

这两个简单命题有一个为真的时候，整个复合命题才为真。当两个简单命题"都

为真"或"都为假"的时候,整个复合命题则显然为假。这类析取可用析取算子表达如下:

[17] p∨q

该式还可记作:

[18] [p∨q∧~(p∧q)]

不相容析取命题有两种推理形式:

(1)肯定否定式,即肯定一者,则可否定另一者(几者),如例[13],若肯定"要么迎难而上",则自然否定了"要么畏难而退"。

(2)否定肯定式,即否定一者(几者),肯定一者,如例[14],若否定"在办公室,则肯定了"在家"。

注意:构成析取复合命题的几个选言肢必须是穷尽的,且其中至少有一个是真的。若不能穷尽就意味着在已列选言肢之外还有其他可能,此时所列的选言肢可能都是假的。

三、充分条件和蕴涵算子 →

表4.1第(三)栏为"充分条件假言命题",又叫"蕴涵(Implication)"或"实质蕴涵(Material Implication)",即p和q的真假与整个复合命题的真假之间的关系存在客观根据:有p一定有q;没有p时q的情况不明,即没有p,其既可能是真的,也可能是假的,q的真值无所谓为何值。例如:

[19] 人有肺炎,就会发烧。

有前件,必有后件;若否定前件,即"人没有肺炎",此时就有两种情况:可能发烧,也可能不发烧,这两种情况都是允许的。再例:

[20] 约翰再靠出一点,他就会掉下去。

前件为真,后件也为真,因此整个判断为真。现假定前件为假,即"约翰没有靠出一点",也就无所谓会不会出现"他掉下去"这件事情,真和假都有可能,所以整个假言判断取真。现用蕴涵算子表达如下:

[21] p→q

意为:p蕴涵(imply)q,即如果p则q,或记作:

[22] if p, then q

这一蕴涵式还可计作：

[23] p → q

$$\frac{p}{\therefore q}$$

学界常称[21]为"蕴涵式"，[23]为"推理形式"，即"逻辑推理形式"。

在这个实质蕴涵中，若 p 与 q 同真或同假，则整个复合命题 p→q 为真。若 p 为假，q 为真，逻辑学者将整个复合命题视为真。再例：

[24] If it rains tomorrow, then I will stay at home.

前件和后件可以同真或同假，整个句子为真。若"明天下雨"为假时，后半句也就失去了存在的条件；没有这个条件 p 的约束，q 可为真，也可为假，此时复合命题 p→q 可视为"真"。若明天下雨了，但我没有留在家里，这显然是"假"的。这一带蕴涵词的复合命题中的 p 就表示了 q 的充分条件，整个复合命题 p→q 的真值就有了上述三种情况。

充分条件假言判断分两种情况：

（1）肯定前件，则肯定后件（不能从否定前件推论出否定后件）；
（2）否定后件，则否定前件（不能从肯定后件推论出肯定前件）。

上文论述了第（1）种情况，这从式子[23]便可一目了然解读出来。现根据第（2）情况举例如下：

[25] 如果不发烧，就不会有肺炎。

这也是正确的推理，其推理形式可记为：

[26] p → q

$$\frac{\sim q}{\therefore \sim p}$$

这种蕴涵判断之所以称为"实质蕴涵"，是因为它是基于"真假值"来确定其蕴涵关系的，而不是根据意义（或内容），因为形式逻辑不考虑具体意义，这样可避免因涉及命题内容会引出若干复杂问题而造成的困境，使形式化表达能以最简洁的方式出现，运用这类实质蕴涵便可表述全部数学真理。这种蕴涵可能会与人们的日常思维有所不符，因而引出了刘易斯（C. I. Lewis 1918）提出的"严格蕴涵（Strict Implication）"，详见下文。

四、必要条件和逆蕴涵算子 ←

表4.1第（四）栏为"必要条件假言判断"，又叫"逆蕴涵"，没有p就一定没有q，有p而q的情况不明。当然了，有q就一定有p，例如：

[27] 只有年满十八周岁，才有选举权。

[28] Nothing venture, nothing have.

[27] 还蕴涵：即使满了十八岁，也不一定就有选举权，如被剥夺了公民权的罪犯。但"有选举权"就一定是年满十八周岁的。[28] 相当于汉语中的成语：

[29] 不入虎穴，焉得虎子。

"逆蕴涵"中的"逆"意为从q说起，即"得虎子"必然要蕴涵"入虎穴"这一条件，即q的必要条件为p。当然了，即使入了虎穴，也不一定就必得虎子，这就是"有p不一定有q"。

在一阶逻辑中逆蕴涵形式可记为：

[30]　p ← q

其推理形式可记作：

[31]　p ← q
　　　―――――――
　　　　~p
　　　∴ ~q

这时p为q的必要条件。同样，必要条件假言判断也分两种情况：

（1）肯定前件，则否定后件（不能从肯定前件推论出肯定后件）；

（2）肯定后件，则肯定前件（不能从否定后件推论出否定前件）。

上文论述了第（1）种情况，从式子 [31] 便可一目了然地解读出来。现根据第（2）种情况举例如下：

[32] 得到虎子，就入过虎穴。

这也是正确的推理，其逻辑形式结构可记为：

[33] p ← q

$$\frac{q}{\therefore \, p}$$

　　充分条件和必要条件之间具有"互补关系"：如果p是q的必要条件，则q就是p
的充分条件；如果p是q的充分条件，则q就是p的必要条件。另外，表4.1中所列述
的三种必要条件假言判断中的"真"，就p和q之间在内容上的联系，只是一种可能的
"真"，而不是必然的"真"。

五、充要条件和等值算子 ≡

　　表4.1第（五）栏为"充分必要条件假言判断（简称：充要条件假言判断）"，或叫"等
值判断"或"实质等值判断"，即有p就有q，没有p就一定没有q。或曰"p当且仅当q，
并且q当且仅当p，则p是q的充要条件"。如果p是q的充要条件，则q是p的充要条件。
此时p和q具有逻辑等值关系，即只有两个简单命题同值时（即同真或同假），该复合
命题才为真。学界常用 ≡ 或iff（if and only if）来表示。例如：

　　[34] 三角形三角相等，三边就相等。

若有"三角相等"这个条件，就有"三边相等"这个结果；若三角不相等，三边也就
不相等。此类复合命题可表示为：

　　[35] p ≡ q

　　也可理解为两个简单命题p和q双向蕴涵，可记作：

　　[36]（p ≡ q） ≡ （（p→q） ∧ （q→p））

此时 p 为 q 的充要条件，q 也为 p 的充要条件。

　　现以下表小结充分条件、必要条件和充要条件三种推理的规则（表中的"*"表
示无效的推理形式，其余为有效的推理形式）：

表4.2

三种推理	推理规则	反向推理	备注
充分条件	肯前，肯后	*否前，否后	充有
	否后，否前	*肯后，肯前	
必要条件	否前，否后	*肯前，肯后	必无
	肯后，肯前	*否后，否前	
充要条件	肯前，肯后	否前，否后	双向
	肯后，肯前	否后，否前	

备注栏中标注的是笔者的记忆方式，"充有"是指充分条件假言推理从"肯定p"说起，"必无"是指必要条件假言推理从"否定p"说起，然后以此为基础再类推其他。

六、否定词～

逻辑真值表中没有列出否定命题与肯定命题之间关系的真值，因其较为简单。若p表示一个肯定的简单命题，则～p为其否定形式，意味着p为真时则～p为假；若p为假时则～p为真。此时一个命题就与其否定形成了矛盾关系，它们不能同真，其一的真就蕴涵了另一的假，反之亦然。否定的常用符号为～、⌐、¬，或在函项p上面加一小横，即 $\bar{p}$。

否定联结词有一个"辖域（Scope）"问题，如：

[37] Everyone did not explain the situation.

这一自然语句有歧义，因其否定范围不同（设：E=explain）：

[38] $\forall_x \sim E_{(x,s)}$　意为：对于每一个x来说，x没有解释该情况。

[39] $\sim\forall_x E_{(x,s)}$　意为：并非对每个x来说，x都解释了该情况。

上一自然语句含 [38] 之义，而转换为被动态后，如：

[40] The situation wasn't explained by everyone.

仅含 [39] 义。据此我们就可发现，乔姆斯基于20世纪60年代在"转换生成语法（TG）"中提出的"转换不改变句义"的假设，是缺乏充分根据的。

否定词的真值很好理解，p真，则～p为假；q为假，则～q为真。为节省空间，就未将其列入表4.1中。

根据一个含负判断的复合命题，可推演出很多与其等值的转换公式，这就叫作"复合命题负判断的等值转换，例如：

[41] $\sim(p\wedge q) \equiv \sim p \vee \sim q$　否定合取等值于析取（德摩根定理，参见[81]）

[42] $\sim(p\vee q) \equiv \sim p \wedge \sim q$　否定析取等值于合取（德摩根定理,参见[87]）

[43] $\sim(p\vee q) \equiv (p\wedge q) \vee (\sim p\wedge \sim q)$

余者参见 [80] 至 [82]，[92] 至 [93]。

英语中表示否定的词语有:no、not、never、none、neither、nor，以及用前缀un-或in-(im-)构成的单词;汉语中也有很多表示否定的词语:非、勿、莫、无、没、毋、否……

七、五个逻辑联结词综述

1. 联结词的元

数学中有诸如表示"加（＋）、减（－）、乘（×）、除（÷）"的运算符号，它们叫"算符"或"算子（Operator）"，若通过一个数就可得到另外某个数的算子就叫"一元算子"，通过两个数得到某个数的运算叫"二元算子"，如此类推。逻辑学中上述五个联结词就类似于数学中的运算符号，也叫"算子"，它们也有"元"上的区分。若仅涉及一个命题的算子就叫"一元算子"，如"～、□、◇"等，若涉及两个命题的算子就叫"二元算子"，如"∧、∨、→"等，当然还可有三元、四元等算子。

2. 为何是5个

现代形式逻辑中为何仅用这5个（可将充分条件假言命题和必要条件假言命题都视为"蕴涵命题"）逻辑联结词就可表示两个支命题之间各种情况，这其后是有理论依据的。两个支命题与它们的真假值相结合就有"$2^2 = 4$"种指派，在真值表中可排成4行，在它们各自所在的位置还可分别取"真"或"假"值，这样就可有"$2^3 = 16$"种可能，而这16种可能的情况可用5个逻辑联结词"合取、析取、蕴涵、等值、否定"全部加以表达，详见周斌武等（1996:67）。

表4.3

序一	二	三	四	五	六	七	八
1	1	1	1	0	1	1	1
1	1	1	0	1	1	0	0
1	1	0	1	1	0	1	0
1	0	1	1	1	0	0	1
1	p∨q	p←q	p→q	～(p∧q)	p	q	p≡q
序九	十	十一	十二	十三	十四	十五	十六
0	0	0	1	0	0	0	0
1	1	0	0	1	0	0	0
1	0	1	0	0	1	0	0
0	1	1	0	0	0	0	0
～(p≡q)	～q	～p	p∧q	～(p→q)	～(p←q)	～(p∨q)	0

注：第六列与七列可视为两个支命题p和q的四种可能的真值组合，其他每一列都可视为这两列与五个逻辑联结词的组合。

3. 联结词运算的顺序

王宪钧（1982:39）、周礼全（1986:11）、周斌武等（1996:44）指出，真值联结词的结合力依下列次序递增，即后一个符号的结合力大于前一个符号的结合力（王宪钧仅列出下一序列中前4个联结词，周斌武等认为∧结合力高于∨）：

[44]　≡ → ∧ ∨ ~

根据这条蕴涵等级（Implicational Hierachy），即联结词结合力强的在演算过程中优先处理，相当于算术中的先乘除，后加减的规则，这样就可省略不必要的括号（它是用来表明运算单位，需要优先整体处理的部分）。吴格明（2003:66）则列得更为详细：

[45]　≡ ← → ∧ ∨ ~

如：

[46]（p∨q）→（q∨p）

就可省去括号，可以写作：

[47] p∨q→q∨p

因为∨总要先于 → 进行运算，因此在蕴涵联结词的左右都可省去括号。另外，命题演算的四条公理可分别记作：

[48]（p∨p）→p
[49] p→（p∨q）
[50]（p∨q）→（q∨p）
[51]（q→r）→（（p∨q）→（p∨r））

现根据规则 [47]，采用省略括号的方法可分别记作：

[52] p∨p→p
[53] p→p∨q
[54] p∨q→q∨p
[55]（q→r）→（p∨q→p∨r）

有些论著在上述四条公理之前都加上了一个符号"⊢"，本书根据当今国外通行记法，便将其省去了。

4. 联结词之间的转换

　　形式逻辑总归追求用尽可能少的概念作为出发点，确立几个自明的公理，通过数个推导规则推出若干定理，进而形成一个具有一致性（不互相矛盾）的演绎系统。在这五个联结词中，还可确立更基本的两个要素，依据它们就可推导出其他三个联结词，逻辑学家们曾提出三个方案：

　　（1）～、→

　　（2）～、∧

　　（3）～、∨

　　可分别基于这三种方案中的任意两个就可推导出其他的联结词，如可根据第（1）方案依据分"～、→"的真值推出另外三个逻辑联结词的真值：

[56]　～(p→q)　　　　≡　　　　p∧～q

[57]　　p→q　　　　　≡　　　～(p∧～q)

[58]　　p→q　　　　　≡　　　～p∨q

[59]　～p→q　　　　　≡　　　p∨q

　　据此也就引出了五个联结词之间存在多种转换关系，转换后仍能保持逻辑上的等价，常见的转换等式有：

　　（1）合取 vs 析取互转

　　（2）合取 vs 蕴涵互转

　　（3）合取 vs 等值互转

　　（4）析取 vs 蕴涵互转

　　（5）肯定 vs 否定互转

　　……

例子详见 [75]— [97]。

　　推演出这些不同逻辑联结词之间的等值转换公式，正是形式逻辑学家的兴趣所在，正是他们的探索与发现为逻辑学这个宝库不断增添新财富，这正是文科学者所不及之处，我们当好好静下心来学习他们的成果，领略他们的才华，享受他们的乐趣。

第四节　复杂的复合命题

有了上述如表4.1的"命题演算表"，就可根据逻辑运算的规则获得基于两个（或两个以上）简单命题p和q所形成的复合命题的真假值。这是复合命题最重要的逻辑特征，即关注支命题的真假与复合命题本身真假之间的关系，而体现这种关系的关键便是命题联结词，可撇开支命题的具体内容。因此表4.1也可视为揭示逻辑联结词真值意义的总图。

若支命题p或/和q本身就是复合命题，我们就可称之为"复杂的复合命题"，这类判断也可基于命题演算表，依据命题连接词的真值关系来进行逻辑推理。如上述所说的析取命题、充分条件、必要条件的定义，都具有三段论的逻辑关系，根据定义，也可视为一种复杂的复合命题，因其前提中包含了一个复合命题，其推理形式为：

[60]　p ∨ q（析取复合命题判断）

$$\frac{\sim p}{\therefore q}$$

这个式子又叫"析取命题三段论"。又例上文 [23]、[26] 也叫"充分条件假言判断三段论"和"必要条件假言判断三段论"。还可能两个前提都是复合命题，如[61]可称之为"充分条件纯假言推理"，[62] 可称之为"必要条件纯假言推理"：

[61] p → q

$$\frac{q \to r}{\therefore p \to r}$$

[62] p ← q

$$\frac{q \leftarrow r}{\therefore p \leftarrow r}$$

它还可能是"连锁假言推理"，即连锁型地形成多层传递关系，即接着 [62] 的前提还有r←s，s←t等，最后的结论就是r←t。

有时我们还会遇到将"假言命题"与"析取命题"结合使用的一种特殊的演绎推理，叫"假言析取推理"或"假言选言推理"，如第一个前提由两个假言命题组成，第二个前提由双肢组成的析取命题，若析取肢肯定假言判断的前件，结论肯定相应的假言命题的后件，此为"构成式假言析取推理"，可形式化为：

[63] p → q

     r → s

     <u>p ∨ r</u>

    ∴ q ∨ s

若析取肢否定假言判断的后件，结论否定相应的假言命题的前件，此为"破坏式假言析取推理"，可形式化为：

[64] p → q

     r → s

     <u>~q ∨ ~s</u>

   ∴ ~p ∨ ~r

"二难推理（Dilemma）"是一种常见的假言析取推理，它也是由两个假言命题和一个析取命题作为前提的演绎推理。两个假言判断在意义上具有矛盾关系，你无论选哪一种假言，其结论都是相同的，使得对方左右为难，这在辩论中十分有用。在设立了一个二难（或三难、四难）推理之后，不管对方选择哪一种情况，都可使他陷入进退维谷的困境。如我们所熟悉的一个二难推理为：

如果上帝能造出一块他自己举不起来的石头，那么上帝不是万能的；
如果上帝不能造出一块他自己举不起来的石头，那么上帝也不是万能的；
上帝或能造出一块他自己举不起来的石头,或不能造出一块他自己举不起来的石头；
所以，上帝不是万能的。

除此之外，还有更为复杂的复合命题推理，如：

[65] (p ∧ q) → ~ (p → q)

可采用"真值表"进行推理有效性的判定，即先列出简单命题p和q的真假值，便可分别求出"(p ∧ q)"和"(p → q)"的真假值，然后就可据此算出"~(p → q)"的真假值，最后就能推导出整个"复杂的复合命题"的真假值，现列表如下：

表4.4 复杂的复合命题真值运算举例

p	q	p ∧ q	p → q	~（p → q）	（p ∧ q）→~（p → q）
1	1	1	1	0	0
0	1	0	1	0	1
1	0	0	0	1	1
0	0	0	1	0	1

　　由两个析取式构成的合取式，或由两个合取式构成的析取式，也都是一类复杂的复合命题，前者如：

　　[66]（～p∨q）∧（p∨～q）

后者如：

　　[67]（～p∧～q）∨（p∧q）

当然，还有更为复杂的复合命题推理，此处就不再一一介绍了。

　　根据 [48] 至 [51] 的四条公理，充要条件假言判断可通过变形规则（代入、分离、置换等），除 [36] 之外还可推演出如下蕴涵式：

　　[68]（p≡q）→（～p≡～q）

　　[69]（p≡q）→（p→q）

　　[70]（p≡q）→（～p→～q）

　　[71]（p≡q）→（~q→~p）

　　[72]（p≡q）→（q→p）

　　[73]（p≡q）→（～p→～q）∧（～q→～p）

　　弗雷格、罗素、维特根斯坦等语哲理想学派基于"命题与世界同构"的原则，建构了他们的核心思想 —— 逻辑实证主义，即运用"证实法（Verification）"兼"逻辑法（Logical Analysis）"来分析"简单命题"和"复合命题（包括复杂的复合命题）"是如何从真实性和逻辑性这两个角度来获得真值，确定意义的，从而奠定了数理逻辑的基础。而且这种形式化的命题演算还可用来描写自然语言中复合句的语义。

　　但是我们也必须清醒地认识到，语言中的复合句比起形式逻辑中所概括出的几种类型的复合命题要复杂得多，具体得多，因而也要丰富得多。有时具有逻辑关系的复合句，不一定都用相应的联结词，特别是属于意合法类型的汉语，常省去连接词语。而且，逻辑关系中的联结词和自然语言中的连接词语也不是完全一一对应的，有时自然语言中的一个连接词语，可能会用于几种不同的逻辑关系之中，如汉语中的"或者"既可用于相容析取，也可用于不相容析取；"如果……那么"既可用于表示充分条件，也可表示必要条件；"只有……才"既可表示必要条件，也可表示充要条件。

第五节　归谬法、重言式

逻辑学中还有一种更复杂的复合命题推理形式，叫"归谬法（Reductio ad Absurdum）"，又称"反证法"。在论证或反驳过程中，先假设与自己论题有矛盾关系的论题是谬误的，以此便可论证自己的论题是正确的，这相当于我们几何中所用的"反证法"[①]。要能正确理解归谬法，就要知道"矛盾式（Contradictory）"中的变项无论取什么值，整个式子都为假。据此参看表4.1可知，此时无论p和q取什么值，其复合命题的值都是"假"的。

与其相反的是"重言式（Tautology）"，其中的变项无论取什么值（为真或为假），整个式子都为"真"，即不论变项如何取值，其结果所获得的值都是真的，即"恒真"或叫"永真、常真"，是所有可能世界的集合，因此又叫"永真式"，表示逻辑定理的语句都是永真式，永远不会假，因此它又叫"普遍有效公式"，是关于真值联结词的逻辑规律，反映出复合命题之间的内部逻辑关系，也反映出客观世界中一些简单关系的逻辑性质。如重言式在表4.1中，无论p和q取什么值，其复合命题的值都是"真"的。如要检验：

[74]$((p \wedge q \wedge r) \rightarrow s) \rightarrow (\sim s \rightarrow (p \rightarrow (q \rightarrow \sim r)))$

是否为重言式时，若采用表4.3列表的方式，这要列出很多行和栏，此时便可采用归谬法，先假设该式为假，然后根据联结词真值表，演算出各支公式的真值，直至整个式子，此时若得出假值，则原假设不成立，就可证明[74]为重言式，具体推演过程如下：

（1）此为充分条件假言命题，查表4.1可知，应是"前真后也真"。现假设该式为假，则可先理解为"前真后假"；

（2）后件也是一个充分条件假言命题（前真后真），由上述的"后假"可知，若~s为真，s为假，且$p \rightarrow (q \rightarrow \sim r)$为假；

（3）$p \rightarrow (q \rightarrow \sim r)$也是一个充分条件假言命题，据上可知，p真，$q \rightarrow \sim r$为假；

（4）$q \rightarrow \sim r$也是一个充分条件假言命题，据此可知，q真，~r为假，则r为真；

（5）将p真，q真，r真，s假的值代入前件$(p \wedge q \wedge r) \rightarrow s$，则会推演出此为假，与原假设矛盾，从而可见，[74]为真，是重言式。

重言式分"蕴涵式"和"等值式"，前者是由蕴涵联结词"→"构成的式子，后者是由等值联结词"≡"构成的式子，如下文所列的式子。

[①]亦有学者，如陈波（2002:85），主张区分归谬法与反证法。

　　在现代形式逻辑中,从一些"公理(Axiom)"出发,根据演绎法可推导出一系列"定理(Definition)",这样形成的演绎体系就叫"公理系统",命题演算是由命题逻辑的重言式所组成的公理系统,这是一个严格的、完全形式化了的系统。根据上文所述的命题演算公理,则可推导出如下一些定理,它们都是"等值式",都具有"重言式"的性质,前者是后者的一种重要形式,也反映了不同逻辑式之间的公式转换关系和等值判断推理,就像我们所熟悉的数学或几何公式一样具有永真性。本书按照表4.1逻辑联结词的顺序列述如下:

[75] $p \wedge q \equiv \sim (p \rightarrow \sim q)$　　　　　　合取命题及其负判断的等值判断

[76] $p \wedge q \equiv \sim (\sim p \vee \sim q)$　　　　　　合取命题及其负判断的等值判断

[77] $p \wedge q \equiv q \wedge p$　　　　　　　　合取命题换位的等值判断,又叫:合取交律换律

[78] $p \wedge (q \vee r) \equiv (p \wedge q) \vee (p \wedge r)$　合取命题的分配判断及其等值判断,又叫:合取分配率

[79] $p \wedge (q \wedge r) \equiv (p \wedge q) \wedge r$　　合取命题的结合判断及其等值判断,又叫:合取结合律

[80] $\sim (p \wedge q) \equiv p \rightarrow \sim q$　　　　　合取命题的负判断及其等值判断

[81] $\sim (p \wedge q) \equiv \sim p \vee \sim q$　　　　　合取命题的负判断及其等值判断(德摩根定理)

[82] $\sim p \wedge q \equiv \sim (q \rightarrow p)$　　　　含负判断的合取命题及其负判断的等值判断

[83] $p \equiv p \wedge q$　　　　　　　　　　简单命题及其合取命题的等值判断

[84] $p \vee q \equiv q \vee p$　　　　　　　　析取命题换位的等值判断,又叫:析取交律换律

[85] $p \vee q \equiv \sim p \wedge \sim q$　　　　　　析取命题及其含双负判断的等值判断

[86] $p \vee q \equiv \sim p \rightarrow q$　　　　　　析取命题及其含单负判断的等值判断

[87] $\sim (p \vee q) \equiv \sim p \wedge \sim q$　　　　析取命题的负判断及等值判断(德摩根定理)

[88] $p \vee (q \wedge r) \equiv (p \vee q) \wedge (p \vee r)$　析取命题的分配判断及其等值判断,又叫:析取分配律

[89] $p \vee (q \vee r) \equiv (p \vee q) \vee r$　　析取命题的结合判断及其等值判断,又叫:析取结合律

[90] $p \rightarrow q \equiv \sim (p \wedge \sim q)$　　　　充分条件假言判断及其负判断的等值判断

[91] $p \rightarrow q \equiv \sim p \vee q$ 充分条件假言判断及其含否定判断的等值判断

[92] $\sim (p \rightarrow q) \equiv p \wedge \sim q$ 充分条件假言判断的负判断及其等值判断

[93] $\sim (p \leftarrow q) \equiv \sim p \wedge q$ 必要条件假言判断的负判断及其等值判断

[94] $(p \equiv q) \equiv (p \rightarrow q) \wedge (q \rightarrow p)$ 充要条件假言判断及其等值判断

[95] $(p \equiv q) \equiv (\sim p \vee q) \wedge (\sim q \vee p)$ 充要条件假言判断及其合取的等值判断

[96] $\sim (p \equiv q) \equiv (p \wedge \sim q) \vee (\sim p \wedge q)$ 充要条件假言判断的负判断及其等值判断

[97] $p \equiv \sim\sim p$ 负判断的负判断及其等值判断，又叫：双双否定律，这类似于数学中的"负负得正"的原理

重言式是命题逻辑有效推理形式的一种表达方式，一个形式系统旨在构造重言式的形式系统，从整体上研究对复合命题进行推理的有效性。

上述诸多重言式（蕴涵式和等值式）都反映着人们思维时的形式规律。由于等值联结词的两边可以互相转换，在此过程中就可进行观察、比较、分类，从而得到原来所看不来的结果和规律。而且在现代形式逻辑中，重言式已被完全形式化，这种特定的人工符号被称为"对象语言（Object Language）"，我们论述它们时常用的自然语言就叫"元语言（Metalanguage）"或"语法语言（Grammatical Language）"，论述语言符号的意义以及公式真假的理论叫作"语义理论(Semantic Theory)"或"语义学(Semantics)"，描述初始符号得以形成合式公式的条件和组合的规则叫"句法（Syntax）"。

命题逻辑的演算形式系统各有各的特点，它们的符号和形成规则不一定完全相同，而且有的有公理系统，有的没有（这就是自然推理，或叫自然演绎）。有公理系统的可择用不同的公式为公理。

另外，类似上述的重言式还有很多（从理论上来说，命题逻辑的重言式为数无穷，不可胜举，参见王宪钧(1982:33,71)，周礼全(1986:19)，本书仅列述了其中的一部分。作为一本入门书，省去了基于6条公理（参见第三章第五节）以及变形规则的证明过程，也省去了有关命题演算的"可靠性（Reliability）、一致性（Consistency，又可译为：相容性、协调性、无矛盾性）、完备性（Completeness，又译：完全性）"的证明过程，若读者感兴趣，可参阅相关书籍。

第六节　英语终止性和延续性动词之间的假言关系

英语动词按照不同的标准有不同的分类，如：

（1）按词汇意义可分：主动词与助动词；

（2）按后接宾语的情况可分：及物动词、不及物动词和连系动词；

（3）按作谓语的情况可分：限定动词与非限定动词。

传统语法书一般不讨论英语动词按动作发生的长短来分：延续体动词与终止体动词。即使现代的语法书，如Quirk等人编著的 *A Grammar of Contemporary English*、章振邦的《新编英语语法》等，也只是作了粗浅的论述，在分析延终体特征与使用规则时，也没能深入探究延终体动词的语义微系统，从理论深处来探讨它们的用法。

不同类型的动词体实际上反映了不同的情境类型（Situation Type）（参见Saeed，1997: 109）。Vendler（1957）在 *Linguistics in Philosophy*（《哲学中的语言学》）中依据有无时间的"内在终点（Internal Endpoint）"将动词分为四类，就已经指出了动词的"动静体"和"延终体"问题。学界对其分类分法和所用术语不尽相同，研究目的也各有侧重。本节主要基于学界通行的"延续体"和"终止体"分法，拟先从理论上分析英语延终体动词语义微系统的特征，然后从逻辑学角度探讨其内部的语义关系。

英语动词的体根据动作发生过程的长短可大致分为：

（1）延续体动词（Durative Verb）

（2）终止体动词（Terminative Verb）

前者表示延续的状态或动作的动词，后者表示瞬息间完成的动作，完成了从一个状态很快向另一个状态转变的动词。

我们发现，终止体动词所表示的"瞬间转变"是以被前后两个延续状态所包围为前提的，即终止体动词是以延续体动词为基础的，它完成之后，又引出了另一个延续体情况。如终止体动词die，其前的延续状态为be alive，其后的延续状态为be dead，即延续状态be dead是以终止体动词die为基准的。现以"线"表示延续体动词，以"点"表示终止体动词，将其内部语义结构图示如下：

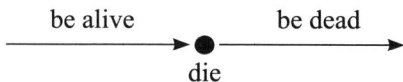

图 4.1

又例终止体动词 marry 前后也为两个延续状态（be single 和 be married）所包围：

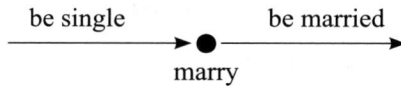

图 4.2

再例终止体动词 lose、leave、come、finish 等，都存在着这样一个语义结构：

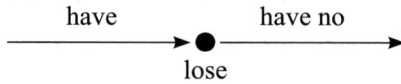

图 4.3

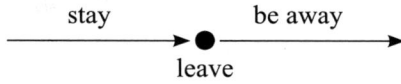

图 4.4

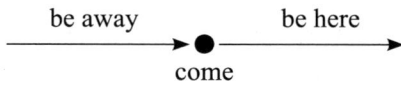

图 4.5

图 4.6

由此可见，每一个终止体动词的前后都必然各为一个延续体动词所包围：

延续 1　　终止　　延续 2

图 4.7

前面的延续体动词所表示的延续动作或状态 1（如：be alive，be single）是终止体动词（如：die，marry）所表动作发生的基础，如没有这"延续体 1"的存在，就不可能发生瞬息动作。后面的延续体动词所表示的延续动作或状态 2（如：be dead，be married）是终止体动词所表动作的结果，即从一个状态进入另一状态的转变宣告完成，进入"延续体 2"。因此，延续体动词既是终止体动词的基础，同时又是终止体动词的必然结果。

语言中的语义结构就像一个网络系统，其中各个词项的语义都直接地或间接地互相联系，纵横交织在一起。词项间取得的语义关系，可用上文所论述的"必要条件、充分条件、充要条件"来加以解释（Hurford 1983：96），如 animal 与 cat 之间就存在着前者是后者的必要条件，后者是前者的充分条件这一逻辑关系。

正如表 4.2 备注栏中的"充有"和"必无"所示，"充分条件"从"有"说起，即有 p 必有 q，无 p 可能有 q，也可能无 q，则 p 为 q 的充分条件。"必要条件"从"无"说起，是指 p 和 q 之间，无 p 必无 q，有 p 可能无 q，也可能有 q，则 p 为 q 的必要条件。若有 p 必有 q，无 p 必无 q，则 p 为 q 的"充要条件"，这就是表 4.2 备注栏中"双向"的含义。我们亦可用现代形式逻辑中的这三种假言推理来分析英语延终体之间的逻辑关系。

（1）没有"延续 1"的存在，就没有终止动作的发生；而有"延续 1"，却不一定非有终止动作，则"延续 1"是终止体动词的必要条件。例如，没有 be single 为条件，则不可能有法律意义上的 marry；而有 be single，可能发生或不发生 marry，因此 be single 便是 marry 的必要条件。

（2）有终止动作的发生必然会有"延续 1"的存在；无终止动作的发生，可能会存在"延续 1"或不存在，因此终止动作是"延续 1"的充分条件。例如，若发生 lose，必然存在 have，无 lose 发生，则可能会有 have 或无 have 的存在，因此 lose 为 have 的充分条件。

（3）有终止动作的发生，必然会有"延续2"的存在；无终止动作的发生，也就没有"延续2"，因此终止动作是"延续2"的充要条件。例如，有marry动作的发生，就会有be married的状态存在；若无marry，也就没有be married的状态，因此终止体动词marry是延续体be married的充分必要条件。

这样，终止体动词和延续体动词就互相交织，形成了一个内部逻辑结构，在语言学中常称其为"语义微系统"，存在于语言的语义网络之中。

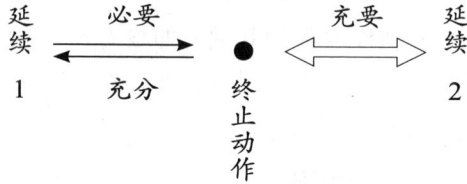

图 4.8

第五章　内涵逻辑

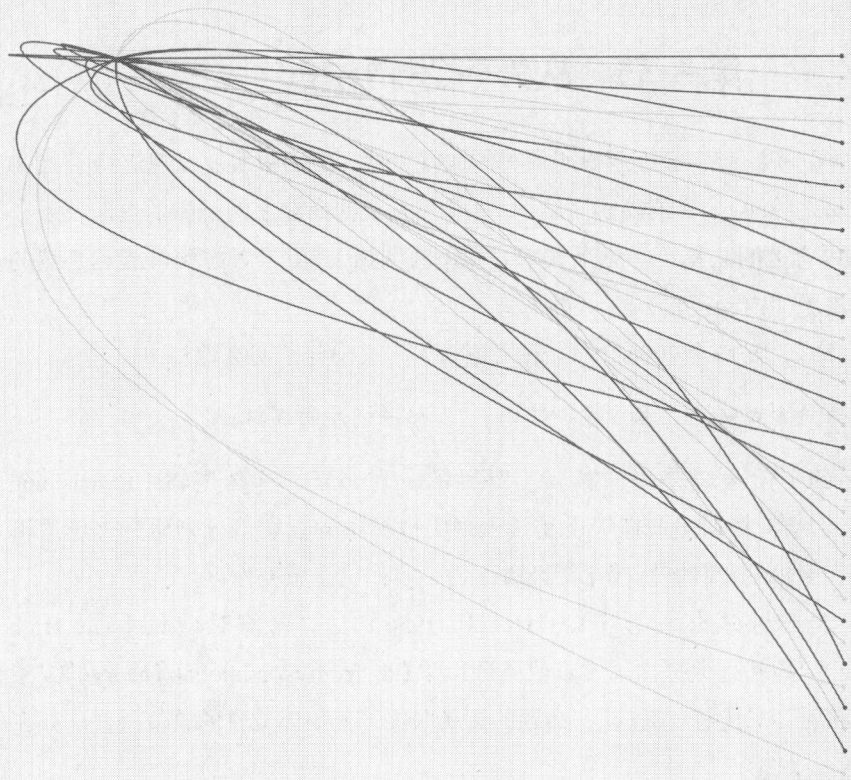

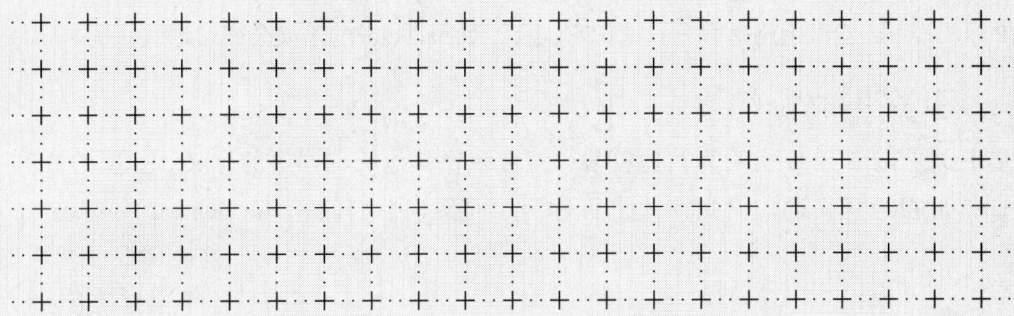

第一节　从外延逻辑说起

当逻辑学者们还沉醉于数理逻辑所取得的成就之时，他们很快就发现流行了2000多年的外延逻辑之弊端，如真值蕴涵联结词"→"只是关注命题之间抽象的真假关系，而忽略命题在内容上的联系（参见下文 [7]、[8] 两例句），更未考虑到可能和必然的区分，进而引出了"内涵逻辑"这一新课题。

弗雷格（1897，王路译 2006:199）在《逻辑》一文中开宗明义地指出：

逻辑以特殊的方式研究"真"这一谓词。"真"一词表明逻辑。

这表明弗雷格的一阶逻辑是以"真"为基础的，当属于"外延逻辑（Extensional Logic）"。罗素、维特根斯坦前期等也是基于现实世界中的真实情况来研究外延逻辑的，塔尔斯基、卡尔纳普和奎因等都沿此方向进一步作出了重要发展。

波兰大逻辑学家塔尔斯基（Tarski 1931，1956）在"真值对应论（The Truth Correspondence）"的基础上提出了"真值条件论（The Truth Conditional Theory）"，主张用"条件和映射"来代替"对应"，命题的意义取决于其赖以成真的真值条件。如在

　　[1]　Snow is white.

中，决定其意义的条件就是：在客观世界中所下的"雪"确实具有"white"这一性质。戴维森（Davidson 1967）尝试用塔尔斯基针对形式化语言提出的真值条件论来分析自然语句的意义，主张用形式化逻辑公式来建立一个统一而又简约的自然语言形式化语义公式：

　　[2]　S is true iff P。

这就是学界所称的"塔尔斯基等式（Tarski's Schema）"或"T Schema（T- 等式、T-模式）"，即可用 P（元语言）来解释 S（对象语言）。

卡尔纳普（Carnap 1952，1957）基于这一思路提出了"语义公设（Meaning Postulate）"，尝试运用蕴含公式来解释词义，如bachelor的语义公式可形式化为：

　　[3] $\forall_x (B_{(x)} \rightarrow U_{(x)})$

若将式中的 B 和 U 换用为其他符号，就可解释其他所有词语的意义。这里的 B 和 U 就可视为同义词，因此该式也可称为"同义词总公式（The General Formula for

Synonym）"。

另外，奎因（Quine 1953，1960）提出了著名的"毕因论承诺（Ontological Commitment）"，我们该如何言说何物实际存在，可将其归结为"存在就是成为被约束变项的值"，现借用函数式表达为：

[4] y＝kx（k 为常项，用量词一类的词语；x 为变项；kx 为被约束变项）

可解读为：代替 x 填入的名词若能使该式为真时，则 x 存在。这也是一种确定"存在意义"的简约化公式。笔者拟以下例做出说明：

[5] $\forall_x$（$H_x \rightarrow S_x$）（式中 H＝红颜，S＝祸水）

意为"所有红颜都是祸水"。现若将此全称命题落实到某个体上，如令该式中 x ＝陈圆圆，则该句为真，以此就可证明"陈圆圆"此人存在。

他们的研究尚属"外延语义学（Extensional Semantics）"，是以外部语义学（真值）为基础的，因此又叫"外延逻辑（Denotational Logic，Extensional Logic）"，是一种基于外延的观点来解释判断和推理的逻辑理论，将"逻辑表达式"与"真实世界的对象"作简单匹配，然后基于表达式的外延和所指来建构推理演算规则，若它们有相同的真值，就可以相互替代而不改变整个表达式的真值，遵循着"莱布尼茨定律（Leibniz's Law）"：

[6] $\alpha = \beta \rightarrow \Phi \leftrightarrow \Phi_{\beta}^{\alpha}$

即：若词项 α 的外延所指等同于词项 β 的外延所指，则用 β 替换 Φ 中所有的 α，此时的 Φ_{β}^{α} 与原来的 Φ 等值。

第二节　问题的提出：实质蕴涵悖论

根据上述莱布尼茨定律可知，任意两个命题总是一个蕴涵另一个，任意两个真命题相互蕴涵，任意两个假命题也相互蕴涵，假命题蕴涵任何命题，真命题为任何命题所蕴涵。但莱布尼茨定律难以解释下一现象：

[7]　所有的美国女总统，其集合为0。

[8]　所有会编程序的狗，其集合为0。

这两个命题的真值都是"0"，难道它们能相等吗？这便是学界常说的"实质蕴涵悖论（the Paradox of Material Implication）"，此处是指"任何两个假命题都互相蕴涵"。又例：

[9]　Snow is white and two plus three is five.

上例中的两个简单命题各自为"真"，根据第四章表4.1中合取命题的演算规则，就可推出整个复合命题为"真"，但是这句话有何意义？因此，实质蕴涵仅反映了命题外延上真假值之间的一种关系，而没有考虑到具体意义上的联系。逻辑学家基于真假值所关心的是前一种关系，常人更关心后者所言的日常情况下内容上的联系，通常不会将不相关的事物或情况扯在一起，如 [7] 至 [9] 之所以形成悖论，正是由于各自认识的出发点不同，研究问题的立场不一样，人们之所以感到实质蕴涵的不合理，实际上是在自觉或不自觉地基于自然意义来思考逻辑蕴涵问题。

逻辑学家针对上述情况，曾提出用"相干性"来解决这类问题，阿克曼（W. Ackermann 1896—1962）、安德森（A. R. Anderson 1925—1973）、贝尔纳（N. D. Belnap 1930— ）等于20世纪60—80年代甚至还尝试建构"相干逻辑（the Logic of Relevance, Relevance Logic）"。但是，很多学者认为，"相干性"又是一个"漫无边际"的概念，似乎不能彻底解决这一悖论，即使用形式化方法也很难准确界定。

基于外延真假值的实质蕴涵可获得$p \to q$，并没有强调p、q两命题之间在内容上的必然联系，最直接的处理方法就是在其前加上一个必然算子□，将其修补为□（$p \to q$）则可解决实质蕴涵悖论，这就是刘易斯提出严格蕴涵的基本思路。

刘易斯（C. I. Lewis 1883—1964）于20世纪初就发现罗素将$p \to q$定义为$\sim p \lor q$是造成实质性蕴涵悖论的始作俑者，因为根据这一推理可得出如下蕴涵式：

[10]　$p \to (q \to p)$

[11]　$\sim p \to (p \to q)$

[12]　$(p \to q) \lor (q \to p)$

这3条定理意为[1]：

（1）任何命题q蕴涵真命题p。

（2）假命题p蕴涵任何命题q。

（3）任何两个命题p与q，不是p蕴涵q，就是q蕴涵p。

据此刘易斯提出了下一个严格蕴涵的定义：

[13]　$p \rightarrow q \equiv \sim (p \wedge \sim q)$

在实质蕴涵式中，前件p与后件q之间不必有必然的联系，而严格蕴涵式 [13] 企图反映p和q之间的必然联系。如在"若下雨，地就湿"中，下雨p蕴涵地湿q，这是等值算子左边的含义；其右边意为"下雨且地不湿，这是不可能的"。等式两边意义相同，这就能严格地从内容上保证p与q之间的蕴涵关系。若将其套到"雪白"和"2+3=5"上（参见例[9]），就没有这样的蕴涵关系。

正如上文所述，外延逻辑是基于指称对象和真值条件的，虽具有较大的解释力，但也不能解决诸如上述例句所出现的悖论。同时，外延逻辑也无法解释下列语句，对其显得捉襟见肘，无能为力。

模态句：涉及诸如"可能、必然"等模态词；

认识句：涉及"知道、明白、晓得"等；

信念句：涉及"相信、假设、断定"等

……

上述这些语句涉及一种更高层次的表述，是对语句本身内容的认识和评价，所论述的是语句的"内涵"，表述了命题意义本身，而不是外延，不是某时某刻该语句的真假值。所以，在外延逻辑中具有传递性或替换性的命题，在内涵逻辑中就会失效。这便是"内涵逻辑（Intentional Logic）"产生的最初动因。

---

[1] 沈家煊（2016:141）引述了赵元任对实质蕴涵悖论（任何命题都蕴涵真命题，而假命题蕴涵任何命题）的解读：汉语中常说"假如p是真的，我就不姓张。"一个对发话者来说是假的命题，蕴涵了其后随便什么事情，甚至包括他"不姓张"这件事。又如"除非太阳从西边出来，这种事情才会发生。"此句意为：若发生了不可能的事情，什么事情都可能发生，包括"太阳从西边出来"这件事。难怪赵先生要说，这个悖论在汉语的逻辑里显得并不怎么"怪"。

弗雷格虽主要是一个外延论者，但也注意到这种"等值替换"存在的问题，他尝试用Sense和Reference来解释这种现象，以能有效解决莱布尼茨定律留下的难题。他把适合于等值替换的语境称为"偶语境（Even Context）"，把不适合的叫作"奇语境（Odd Context）"，这也是后来者常循之路。弗雷格曾用"启明星"和"长庚星"的例子来说明具有相同真值的外延表达式在模态词的作用下不能相互替代：

[14] a. 任何人都知道晨星是晨星。

　　 b. 晨星就是暮星。

　　 c. 任何人都知道晨星就是暮星。

在自然语句中，我们在使用语符时不仅关心它的外延意义（即指称意义），还能知晓其内涵意义，这两者相辅相成，紧密结合在一起共同形成了我们对语符的理解，但这又会违背形式逻辑的初衷（参见第一章）。

因此，外延逻辑只能在指称论域中处理语符的意义，根据真值来判断两个语符是否有相同的指称，而无法将它们在内涵上的差异反映出来。上一例句中的"知道"，所反映的是人的一种认识能力，具有内涵性，在这类词语后面，具有指称同一性的替换原则就失效了，例中的a和b两句都是真的，而c则不一定，因为缺乏这一知识的人就不知道这两颗星实为同一颗星。此时，不能因为"晨星"与"暮星"具有相同外延，就可将a句中第二个"晨星"换成"暮星"，这两个词语的内涵义是不同的。

其实，这也不能算是弗雷格的发现，早在古希腊时期的亚里士多德就曾把模态分为"绝对模态（事物本身所固有的必然性和可能性）"和"相对模态（一事物依赖于他事物而得到的必然性和可能性）"。其后的斯多葛学派也注意到这类问题：同一个对象词可有不同的内涵意义，他们曾论述过"厄勒克特拉悖论"：

[15] a. 厄勒克特拉不知道她面前的这个人是她的哥哥。

　　 b. 厄勒克特拉知道奥列斯特是她的哥哥。

　　 c. 厄勒克特拉面前的这个人与奥列斯特是同一人。

　　 d. 所以，厄勒克特拉既知道又不知道她面前的这个人是她的哥哥。

中世纪的学者继续沿其思路区分出"从物（de re）"和"从言（de dicto）"，前者指实物性，属于外延问题；后者仅指言词中的概念，属于内涵问题。如"9必然大于7"，是在说9和7这两个实物本身的必然情况；而"'9大于7'是必然的"，是在说"9大于7"这个命题本身为真具有必然性。现代形式逻辑学家据此正式提出了"内涵逻辑

（Intensional Logic）"①，或叫"模态逻辑（Modal Logic）"，以能从理论上解决这类困惑。

　　根据弗雷格的观点，命题除了有"外延义（Denotational Meaning 或 Extensional Meaning）"之外，还有"内涵义（Connotational Meaning 或 Intensional Meaning）"，或叫"涵义（Sense）"，既然外延义解释不通，就将研究思路转向了"内涵"，可用其来解释判断和推理。不同的内涵义（如"晨星"和"暮星"）可指称同一个对象（金星 Venus），尽管它们有相同的外延值，但它们的内涵义不同，因此这两者就不能全等。

---

① 不同学者对"内涵逻辑"有不同理解。冯志伟（1999:324）认为，内涵逻辑学是用于处理可能性、必然性等模态概念和时态的逻辑学，虽于 1930s 便提出，但到 1960s 出现模型论（Model Theory）后，它才与现代语言学理论结合起来。陈嘉映（2003:349）认为模态逻辑（又叫：模态语义学、可能世界语义学）一般坚持外延方式来处理逻辑问题，内涵逻辑（或非外延逻辑）则包括：认识逻辑、道义逻辑、时态逻辑等分支。而陈波（2005:147，150）指出，内涵逻辑应当既可处理内涵，也可处理外延，更要处理外延逻辑所不能处理的难题。黄华新（2005:58）也持相同观点，他将内涵逻辑定义为：在自然语言表达和理解过程中，既考虑外延又注重内涵的逻辑就是内涵逻辑。

第三节　内涵逻辑

刘易斯（C. I. Lewis 1918）针对"实质蕴涵"的缺陷在现代模态逻辑中率先提出了"严格蕴涵"，常用符号 ⥽ 来表示，在英语中称为"鱼钩 fishhook"，文献中亦有用"→"的，它可定义为：p 严格蕴涵 q，即 p 必然蕴涵 q，当且仅当不可能 p 真而 q 假（参见上文 [13]）。这一概念认为它可有效地解决传统形式逻辑中"实质蕴涵悖论"（参见第四章第三节第 3 点），将形式逻辑学导向了关注命题内容的方向，且可用"模态"概念来理解内涵性意义。但是刘易斯的理论系统也出现了诸如"必然命题为任何命题所蕴涵""不可能命题蕴涵任何命题"等一类的"严格蕴涵悖论"，抽象化和形式化的"模态逻辑"虽很有说服力，但也不能解决全部问题。有学者此时提出要否定这种逻辑，但也有更多的学者设计出不同的技术方案予以弥补，从而导致了该领域的研究出现了新的分化和发展，呈现出繁荣景象。

丘奇（Church 1943，1946，1951）认为模态词之所以会引出"隐晦语境"，是因为在模态词所影响的辖域中，名称除了"指称对象"外还涉及名称的"内涵意义"，若能在形式上进一步区分出"纯指称 vs 非纯指称"，便可解决上述难题。他（1951）设计出"∧算子（Intensor）"和"∨算子（Extensor）"，用其来区分"内涵概念"和"外延所指"（蒙塔古语法也使用了这两个算子）。如信念句的逻辑式"B a p"意为：a 相信 p，也可标注上内涵算子，记作"B a^p"。上述 [6] 中所述莱布尼茨定律就可修补为：

[16] $^\wedge\alpha = {}^\wedge\beta \rightarrow \Phi \leftrightarrow \Phi_\beta^\alpha$

意为：若 α 的内涵等同于 β 的内涵，则用 β 替换 Φ 中所有的 α，此时所得到的 Φ_β^α 与原来的 Φ 等值。它就能解决隐晦语境不能随意代换的问题，但该式不能解释逻辑重言式（又叫：分析真理），不能在隐晦语境中自由替代的现象（参见邹崇理 1995：100）。

丘奇设计和引入了这两个算子，常被视为内涵逻辑的一个重大突破（参见蒋严、潘海华 1998：405）。内涵算子的功能是将该逻辑式在每个可能世界的值都集合起来；而外延算子可将一个内涵式转变为其对应的外延，用以表达逻辑式在某个可能世界的值。据此，便能拟构出一套不存在"指称隐晦"的形式化系统（参见周北海 1997：397），可用其有效地说明"等值代换"的原理：只有两个逻辑式具有相同的内涵才能代换，即代换的前提为"内涵等值"。这样就能消解"指称隐晦"的问题。

卡尔纳普（Carnap 1947）基于弗雷格区分"涵义 vs 指称"的原则，将其过渡到"内涵语义学（Intensional Semantics）"（参见王寅 2001：108）。他用"外延（Extension）"表示"所指（Reference）"，用"内涵（Intension）"表示"涵义（Sense）"。既要考察语言表达式的所指、外延，也要注重意义和内涵，且尝试用一个形式系统同时刻画表达式的内涵、外延以及两者的相互转化。卡尔纳普还尝试基于"可能世界（Possible Worlds）"来区分内涵和外延：后者在某一可能世界中为真，而前者在所有可能世界中都真。

奎因（Quine 1960）主张用"显性结构 vs 隐性结构"来解释这一现象，这与上述思路基本相当。在显性结构中等值代换原理可以成立，而在隐性结构中，该原理就不一定成立。

克里普克（Kripke 1941—2022）于1972年正式提出"可能世界语义学（Possible World Semantics）"，他进一步发展了他老师卡尔纳普的"可能世界"概念，尝试用其来概括一切世界（包括现实世界）的情况，大大方便了学界讨论命题在各种不同世界里的必然性和可能性。他主张将内涵视为一个从可能世界到外延的函数，并以其为基准来确定语句的真值，详见下文。

蒙塔古（Montague 1970, 1974）于20世纪70年代也沿着内涵逻辑的思路建构理论，进一步发展了可能世界语义学，主张用一个形式系统来同时刻画表达式的内涵与外延，以及两者的相互转化。他将人工语言与自然语言结合起来，尝试建立一个凌驾于这两者之上的普遍模式。蒙塔古与丘奇都坚定地认为，表达式应有相同的内涵才能相互替代，须将"外延等值"变为"内涵等值"才可替代（参见蒋严、潘海华 1998:405）。

"蒙塔古语法（严格说来，应称之为：蒙塔古语义学）"是继乔姆斯基（1957，1965）形式化处理自然语言中句法理论之后的一个重大发展，它是一门专门研究自然语言意义的形式语义学理论。这两个理论可视为"姊妹篇"，互为补充，相得益彰，在形式语言理论界就有了"乔氏句法 + 蒙氏语义"的佳配。帕蒂（Partee 1973，1975，1979）和班尼特（Bennett 1976，1977）率先结合TG深入研究MG，拓宽了PTQ（The Proper Treatment of Quantification in Ordinary English）系统所能生成的英语中可接受句子的范围，并增设了许多"语义公设（Meaning Postulate，MP）"来归纳系统中若干不同类型的动词。如班尼特引进了形容词、双宾语动词、主动复合句等句法范畴，基于 [20]、[21]、[22] 便可生成诸如：

[17]　John is a famous man.

[18]　John gives a fish to Tom.

[19]　It appears that Tom walks.

等一类的英语自然语句。

[20]　$\exists_x [\text{famous' } (\wedge \text{man' })_{(x)} \wedge x=j]$

[21]　$\exists_x [\text{fish' }_{(x)} \wedge \text{give' }_{(j, t, x)}]$

[22]　$\text{appear' } (\wedge \text{walk' }_{(t)})$

蒙塔古的学生加林（D. Gallin 1975）还进一步弥补了蒙塔古理论之不足，且建立了一套能直接运算索引（可能世界和时间）的方法。道蒂（Dowty 1979）基于蒙塔古分析语义的思路，充分吸取了雷柯夫等所倡导的生成派语义学（语义才具有生成能力，而不是句法）的成果，分析了大量的英语动词和介词的词义，大大扩展了 MG 内涵逻辑的解释力，可生成比 PTQ 系统更多的英语自然语句，常被视为结合解释派语义学发展 MG 的典范。他不仅发展了 MG 的时态描写方法（参见下文时态逻辑部分），且还将其拓展到英语的"体（Aspect）"，如：

[23] John is walking.

[24] John has walked.

可视为生成自如下语义逻辑式：

[25] PROG [walk'$_{(j)}$]

[26] $\exists_{t1}$ [XN$_{(t1)}$ ∧ $\exists_{t2}$ [t$_2$ ⊆ t$_1$ ∧ AT（t$_2$, walk'$_{(j)}$）]]

[26]中的"XN"为一个内涵逻辑算子，意为：extended now（扩展的现在）。他还将动结构式：

[27]　John shakes Tom awake.

分析为：

[28]　[shake'$_{(j, t)}$ CAUSE BECOME awake'$_{(t)}$]

蒙塔古语法产生于 20 世纪 70 年代初，在其后十年的发展中主要表现在量的扩展，而 80 年代的发展主流表现为质的飞跃（参见邹崇理 1995：150），先后出现了：

（1）巴威斯和库珀（Barwise & Cooper 1981）的"广义量词理论（Generalized Quantifiers Theory, GQT）"。

（2）坎普（Kamp 1981）的"语篇表征理论（Discouse Representation Theory, DRT）"。

（3）吉奇（Geach 1972）的"灵活的范畴语法（Flexible Category Grammar, FCG）"。

（4）巴威斯和佩里（Barwise & Perry 1983）的"境况语义学（Situational Semantics, SS）"。

等。

上述学者都致力于建立内涵逻辑，其初衷是解决外延逻辑留下的上述难题。例[14c]和[15d]用了"知道"这类词语的句子，就构成一种典型的"内涵语句（Intensional Sentence）"，它只提供了一种"内涵语境（Intensional Context）"，又叫"隐晦语境（Opaque Context）""指称隐晦性（Referential Opacity）"，在此语境中的外延同指的词语不可随便替代，因为它们有不同的内涵意义。

与其相对的是"外延语境（Extensional Context）"，又叫"透明语境（Transparent Context）""指称透明性（Referential Transparency）"，其中同一性替换原则有效。这也证明了组合运算原则之不足，例 [14c] 和 [15d] 的真值不等于其组成部分的真值之和。另外，还有一些表达式可能是两者兼而有之，既可提供外延语境，也可提供内涵语境，如用到"想到、寻到"等词语的句子。

第六章　狭义模态逻辑

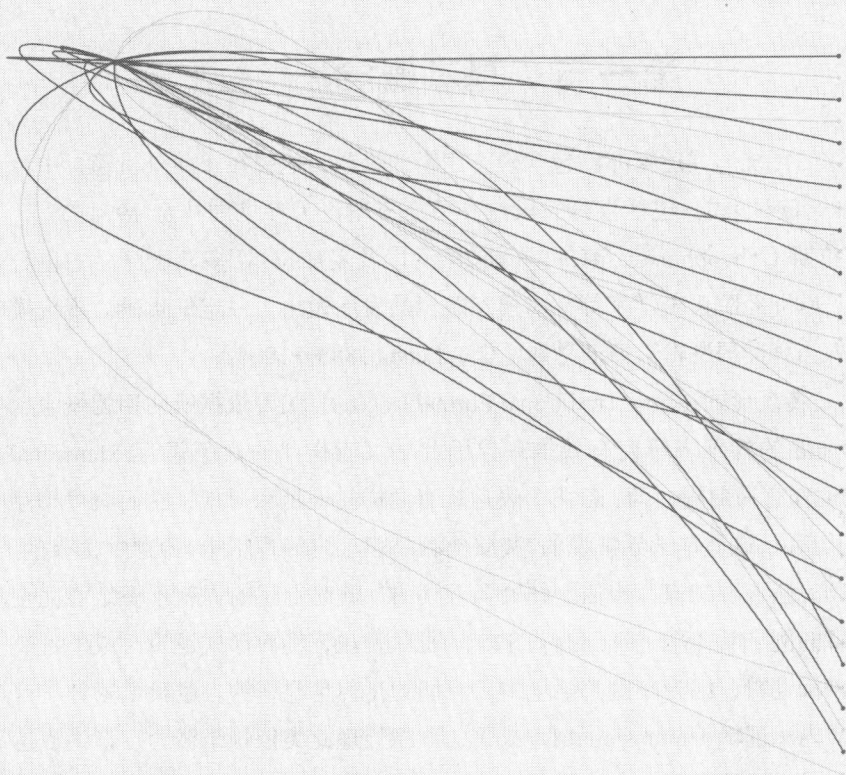

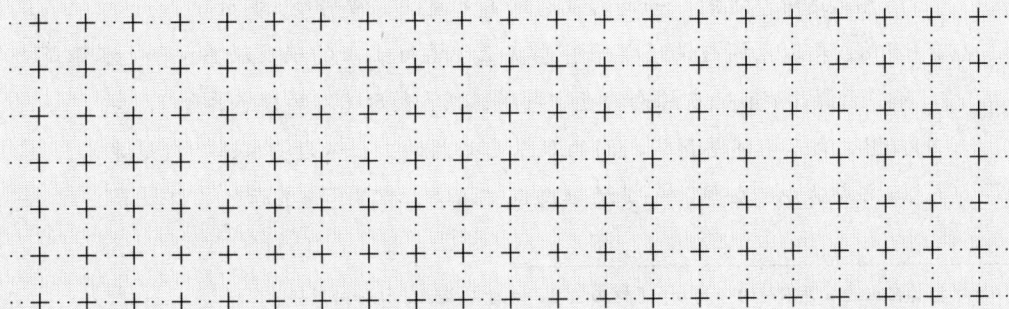

第一节　基本概念

亚里士多德的传统形式逻辑亦已包含模态逻辑的议题，他曾在《前分析篇》中论述了正确推理的普遍形式，包括直言三段论和模态三段论（参见周礼全 1994:25），其弟子泰奥弗拉斯（Theophrastus 前372—前287）以及麦加拉-斯多葛学派、中世纪的阿拉伯学者、欧洲经院逻辑学家等都对模态逻辑的发展做出了一定的贡献。现代模态逻辑的创始人当算美国逻辑学家刘易斯（C. I. Lewis 1883—1964）。

我们知道，"传统形式逻辑（Traditional Formal Logic）"主要依据所使用的概念、谓词表达式和命题的外延来研究有效推理，因此它又叫作"外延逻辑（Extensional Logic）"。它的运作有一前提，即：若两个表达式有同样的外延和所指，它们就可相互替代而不影响其真值，这就是学界常说的"实质蕴涵"。但在内涵逻辑中，命题中含有"可能、必然、必须、应该、知道、相信、怀疑"等词语，此时上述前提就不一定能完全成立，如第五章的例 [7]、[8]、[9]、[14]、[15]。也就是说，经典形式逻辑（或外延逻辑）不适用于内涵逻辑，因为在这类语境中，它们的指称是隐晦的，逻辑学家针对这一情况建构了"内涵逻辑（Intensional Logic）"，以能处理此类依赖于概念、谓词表达式和命题的意义或内涵的推理，参见 Bunnin & Yu（2001:511）。

因此，内涵逻辑是基于外延性一阶逻辑的一种重要扩展，主要论述在各种模态、信念、道义、认知等情况下命题得以成立的条件，以及相应的形式系统，且论证其语义模型、可靠性、一致性、完全性等议题。它相当于"广义模态逻辑"，不能仅基于外部世界的真实情况来判断命题的真值，这部分的主要内容常指克里普克的"可能世界语义学（Possible World Semantics）"。

所谓"模态（Modality）"，是指在一个判断中主词与谓词取得联系的样式，表明事物和认识存在的形态、情状或趋势等，主要包括以下三种类型：

（1）或然：表示主词与谓词之间的联系是可能的，如命题"水银可能是导体。"在语言表达中"可能"一类的模态词不可省去，常用 ◇p 表示。

（2）实然：表示主词与谓词之间有事实上（实际上）的确实联系，如"水银是导体"，相当于第一章讨论的直言判断，用 p 表示（不加模态算子）。

（3）必然：表示主词与谓词之间的联系是必然的，如命题"水银必然是导体"。在语言表达中"必然"一类的模态词可省去，常用 □p 表示[1]。

---

[1] 康德曾提出过三种不同的必然性：逻辑必然性、先验必然性、认知必然性。

这三种模态判断反映了人们认识客观事物及其属性之间的联系有三种不同的程度，是从"或然（可能性）→ 实然（确实性）→ 必然（永真性）"不断递增的逐步深化过程。因此有学者认为模态就是关于对事物的认识程度，模态命题包括"表示认识程度的模态词"和"表示具体内容的变项"（何向东 1985：112）。

胡耀鼎（1987:526）曾将这三种类型的模态绘制成一张图，现摘录如下：

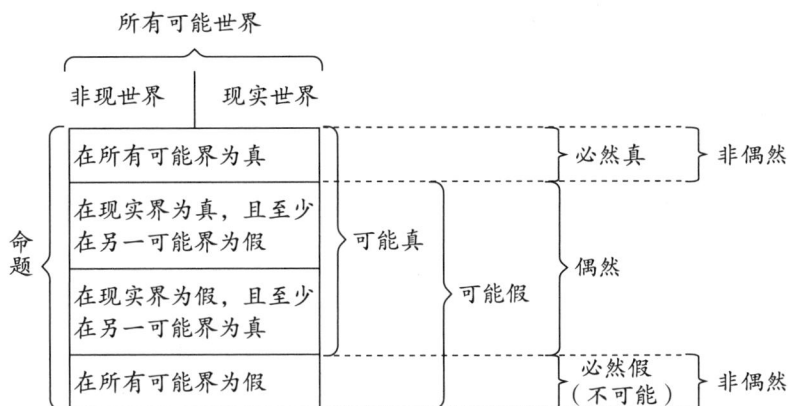

图 6.1

例如：

[1] 武松打死了老虎。　　　　　　　　　　　　　（或然、实然）

[2] 武松没打死老虎。　　　　　　　　　　　　　（或然）

[3] 武松打死了老虎或者没打死老虎。　　　　　　（必然）

[4] 武松既打死了老虎又没打死老虎。　　　　　　（不可能）

实然判断在这个现实世界上具有一定的或然性或偶然性，它从结构上和内容上与第一章所论述的直言判断相同，如例 [1]。在逻辑学著作中一般将上述第（1）类的"或然"和（3）类的"必然"合称为"模态逻辑"，推论某物存在的可能性和必然性。从其结构形式上来看，模态判断包含"可能（或许、也许）、必然（一定、必定）"等一类的模态词。普通逻辑学将其定义为"研究推理的形式和规律"，那么据此可知，模态逻辑学就是研究"模态逻辑中推理的形式和规律"，其目的在于发现和建立有效的模态形式。20世纪以来人们发现和建立了多种模态逻辑，主要有以下几类（还有若干其他分类标准）：

（1）从时代的角度来划分：传统模态逻辑vs现代模态逻辑，前者的主要内容为"模态三段论"，指前提或结论中含有模态词的判断。因为在传统的亚里士多德三段论及其形式逻辑中已经包含了模态逻辑的内容。参见下文图6.6 。现代模态逻辑是基于19世纪末20世纪初的数理逻辑建立起来的，运用逻辑演算的方法建立起来的形式化系统。

（2）按照主观/客观性来分：主观模态vs客观模态，例如：

[5] 火星上可能有生命。（主观模态：人们认识中的可能性。）

[6] 火箭的速度不可能超过光速。（客观模态：客观存在的模态性。）

（3）按照事物/语言层面分：从物模态/从言模态（中世纪就被提出），例如：

[7] 地球绕着太阳转。（从物模态：指事物或对象的模态，相当于上文的客观模态）

[8] "地球绕着太阳转"是必然的。（从言模态：其必然性是关于命题本身的，是语言层面的表达。）

（4）按照绝对/相对性程度分：绝对模态vs相对模态，例如：

[9] 一切物体都在运动。（绝对模态：反映事物本质特征的模态性。）

[10] 今天有云，可能下雨。（相对模态：相对于他物或前提得出另一物或结论模态性。）

（5）按模态词是否重叠分：简单模态/叠置模态，例如：

[11] 参见本章例 [24]—[51]

[12] 参见本章例 [82]—[92]。

（6）从命题与谓词的角度分：模态命题演算/模态谓词演算，参见第八章。

（7）根据择用不同的形式语言，确立不同的公理，推出不同的定理而形成了若干不同的模态逻辑系统，常见的有：K、D、T、S、B、M等，详见本章下文及第八章，参见周北海（1997:69、77）；周礼全（1986:4-6）。

（8）按照狭义/广义范围分：狭义模态vs广义模态。

狭义模态又叫"正规模态逻辑（Orthodox Modal Logic）"，指真值模态逻辑，主要研究"必然、可能"与"肯定、否定"相结合的四种判断（其间的关系参见本章第二节第3点模态对当方阵）：

（1）必然肯定判断：断定某物或情况必然存在，例如：

[13] 中国女排必然会赢。

（2）必然否定判断：断定某物或情况必然不存在，例如：

[14] 太阳系除地球外必然没有生命。

（3）可能肯定判断，断定某物或情况可能存在，例如：

　　[15] 今年冬天可能会很冷。

（4）可能否定判断，断定某物或情况可能不存在，例如：

　　[16] 外星人的智慧不可能超过地球人。

　　而广义模态逻辑包含的范围更广，还包括"存在、证明、认识（知道、确认、验证、信念）、道义（应该、允许、禁止）、时态（过去、现在、将来）"等内涵概念，它们常被称为"非正规模态逻辑（Unorthodox Modal Logic）"。现以周北海（1997:235）的表梳理如下：

表6.1

模态种类 符号　模态词	狭义模态: 真实	存在	可证	认识论				道义	时态	
				知道	确认	验证	信念		历史	未来
Δ1	必然 □	所有	可证	知道 K	肯定	证实	相信 B	应该 O	过去 总真 H	将来 总真 G
Δ2	可能 ◇	有的			也许			允许P	曾经 是真 P	将来 是真 F
Δ3	偶然			无知		未定				
Δ4	不可能	没有	可否 证			证伪		禁止 F	未曾	永不

　　本书将模态逻辑分为"狭义"和"广义"两大类，前者主要研究有关"必然性"和"可能性"等性质，后者还包括"存在、可证、认识、道义、时态"等。因此，自20世纪30年代以来建立的广义模态逻辑，包括表6.1中第一行所列出的全部内容：

（1）狭义模态逻辑　（Narrow Modal Logic）

（2）存在模态逻辑　（Modal Logic of Existence）

（3）可证模态逻辑　（Modal Logic of Provability）

（4）认识模态逻辑　（Epistemical Modal Logic）　　　} 哲学逻辑

（5）道义模态逻辑　（Deontic Modal Logic）

（6）时态逻辑　　　（Tense Logic）

……

　　从（2）到（6）为广义模态逻辑，它们又被称为"哲学逻辑"（Philosophical Logic 刘文君 1999:184）[①]，其定义为：为适应现代哲学深入探讨哲学概念与命题的精

[①] 也有学者认为哲学逻辑应包括狭义模态逻辑。

确涵义之需要而产生，它是在数理逻辑的基础上，运用数理演算方法来研究哲学概念与命题的性质及推理而发展起来的，相当于本书所说的"内涵逻辑"。

在这些模态逻辑中，它们相互之间享有一定的共性，体现在行与行之间的关系上，如 $\Delta 1$ 与 $\Delta 2$ 之间可以相互定义，$\Delta 3$ 与 $\Delta 4$ 可由 $\Delta 1$ 与 $\Delta 2$ 来定义。现将各模态的简单命题统一形式化为 Δp，其间的关系就可记作：

[17] $\Delta 1p \equiv \sim \Delta 2 \sim p$

[18] $\Delta 2p \equiv \sim \Delta 1 \sim p$

[19] $\Delta 3p \equiv \sim \Delta 1p \wedge \Delta 2p$

[20] $\Delta 4p \equiv \sim \Delta 2p$

这样，对于表中所列述的各种模态来说，只要任取 $\Delta 1$ 或 $\Delta 2$ 中之一，便可推演或定义出其他具体模态词的性质和关系，写出相应的模态逻辑公式，发现其间的性质和规律。例子见下，又如最右一栏的"时态逻辑"中，H（过去总是为真）和 P（过去曾经为真），G（将来总是为真）和 F（将来可为真）之间，根据 [17]，可写出如下等同关系（小写 p 为一命题）：

[21] $H_p \equiv \sim P_{\sim p}$

[22] $G_p \equiv \sim F_{\sim p}$

随着人类认识的发展和知识的增加，表6.1的下端还可继续增加相关内容，如在表下可增添"非必然""不可证""未验证"等项目，若用 $\Delta 5$ 来表示，便可建立下一等式：

[23] $\Delta 5p \equiv \sim \Delta 1p$

在表的右端还可增添其他模态，如评价模态（包括"好 $\Delta 1$"和"不好 $\Delta 5$"）、二值真假模态（包括"真 $\Delta 1$"和"假 $\Delta 4$"）、神学模态（如"天主教 $\Delta 1$"和"异教 $\Delta 5$"）等。

第二节　狭义模态逻辑

一、简介

形式逻辑研究有效推理的形式及其规律，模态逻辑便是研究"模态性"有效推理的形式及其规律，它是在数理逻辑的推动下产生和发展起来的。

此处的"模态（Modality）"意指事物或认识所具有的"必然"或"可能"一类的性质，还包括"不可能性"和"偶然性"，以及"必然的必然性、可能的必然性、必然地必然的可能性"等这类性质的无穷多组合。语言中表示模态或模态概念的词语称为"模态词"，如"必然性（necessity）、可能性（possibility）"等，它们有点相当于我们语法书中常用的术语"Modal Verb（情态动词）"中的"Modal（情态）"，主要表示讲话人的态度和情感。在模态逻辑中模态被定义为：一个命题或陈述被断定为真或假的"方式（Way）"或"样式（Mode）"，常用符号"□"表示"必然性"，用"◇"表示"可能性"。

模态逻辑，从内容来看，它是关于"必然性"和"可能性"的逻辑；从哲学角度来看，是一种关于世界结构的理论，以能求得客观而永真的形式规律；从形式上来看是在传统逻辑上接一个模态算子而得到的逻辑；从逻辑性质上来看，它是一种二阶理论；从研究方法上来说，它在不断设立各种系统（或叫：框架、结构），建构一类系统中的有效公式集，再将其公理化。

美国模态逻辑学家刘易斯于1918年出版了 *A Survey of Symbolic Logic*（《符号逻辑概论》），较为系统地论述了"模态逻辑（Modal Logic）"，尝试用"蕴涵合取"来定义"严格蕴涵（Strict Implication）"。模态逻辑也是一种"内涵逻辑（Intensional Logic）"，而且这还是内涵逻辑中一种十分重要的类型。

他在传统命题演算的基础上通过添加一个模态符号"□"或"◇"来构建"严格蕴涵系统"，即"必然性严格蕴涵"或"重言式严格蕴涵"，只有当p→q具有逻辑必然性时才可从p逻辑地推导出q，且根据这一基本思路建构了S1、S2、S3、S4、S5五个公理系统（详见周北海1997：第五章）。

这种基于严格蕴涵所建立的公理系统实际上就是"模态逻辑"，通过它可部分解决上文所提到的"实质蕴涵悖论"这一难题，从而将形式逻辑从仅考虑外延性的"命题真值"，引向到考虑内涵性"命题内容"的方向，为"内涵逻辑"增添了新方案。

二、或然、实然、必然及其间的逻辑关系

刘易斯为"必然、或然（或可能）、偶然"分别设计了三个符号（前两个最为常用）：

"□"（或用 N 表示）为"必然"之义，在所有可能世界中为真。

"◇"（或用 M 表示）为"可能"之义，在某些可能世界中为真。

"○"（或用 O 表示）为"偶然"之义，某世界中部分情况为真。

例如："可能（p 和 q）""必然（p 或非 p）"可分别记作：

[24] ◇（p∧q）

[25] □（p∨~p）

在两个模态算子"◇"和"□"中只要有一个作为初始符号即可，因为可通过前者来定义后者，如可将下列六种纯粹模态属性分别用"◇"记作（参见朱水林 1987：473）：

表 6.2

模态属性	用"◇"表示	用"N"表示	语义属性
必然	~◇~p	Np	真
并非可能	~◇p	N~p	假
偶然	◇~p∧◇p	~Np∧~N~p	事实
并非必然	◇~p	~Np	非真
可能	◇p	~N~p	非假
并非偶然	~◇~p∨~p	Np∨N~P	确定

从上表可见，刘易斯用"~◇~p（不可能非 p）"来表示"□p（p 是必然的）"。也可以用"□"来定义"◇"，如：

[26] □p ≡ ~◇~p

若将等值算子前后的 p 同时都改写为 p→q，就可获得如下等值公式：

[27] □（p→q）≡ ~◇~（p→q）

又由于"p→q ≡ ~p∨q"，"p→q ≡ ~（p∧~q）"，也可将上一公式分别记作：

[28] □（p→q）≡ ~◇~（~p∨q）

[29] □（p→q）≡ ~◇（p∧~q）

等等，这就在两个模态词之间建立了等值关系，参见下文。按照刘易斯的观点，所谓严格蕴涵是指：一个命题严格蕴涵另一个命题，当且仅当，前者真而后者假不可能，可计作：

[30] p⊰q ≡ ~◇（p∧~q）

还有另一种更为明了的解释为：严格蕴涵就是具有必然性的实质蕴涵，可计作：

[31] p⊰q ≡ □（p∧q）

据此还有下列定理：

[32] q→（p⊰q）

[33] ~◇p→（p⊰q）

[34]（p∧~p）⊰q

[35] p⊰（q∨~q）

在"必然/或然命题"与"实然命题"之间还可建立起如下8种推理关系，这样便可清楚地展示必然、实然、偶然之间的内在关系：

[36] □p→p

[37] □~p→~p

[38] p→◇p

[39] ~p→◇~p

[40] ~◇p→~p

[41] ~◇~p→~~p

[42] ~p→~□p

[43] ~~p→~□~p

根据[36]，从必然命题"□p"可推出实然命题"p"来，此为永真式，学界称该式为"必然性公理"，它揭示了"必然vs实然"之间的逻辑关系：必然的一定是实然的，或曰"必然真"一定是实际中或现实中的真，因为"在所有可能"中就包含了"现实世界"，后者是前者的一种可能状态。

而必然性命题"□p"的真值不简单地取决于实然性命题"p"的真值，而是取决于"p真"本身是否有必然性，因此"实然真"不一定是必然的，从实然命题"p"推不出必然命题"□p"，如下式不成立。

[44] *p→□p

刘易斯的严格蕴涵系统设了3个初始联结词：~（否定）、∧（合取）、◇（可能），通过它们便可推导出（参见王宪钧 1982:112）：∨（析取）、→（蕴涵）、≡（等值）、□（必然）。现列述该系统中部分含模态符号的定理：

[45] ~◇~p→p   若非 p 是不可能的（即 p 是必然的），则 p 是真的。

[46] p→◇p   若 p 是真的，则 p 是可能的。

[47] ~◇p→~p   若 p 是不可能的，则 p 是假的。

[48] ~p→◇~p   若 p 是假的，则非 p 是可能的。

[49] ◇（p∨q）≡◇p∨◇q   p 或 q 是可能的，当且仅当，p 是可能的或 q 是可能的。

[50] ~◇~（p∧q）≡~◇~p∧~◇~q   p 和 q 是必然的，当且仅当，p 是必然的并且 q 是必然的。

[51] ◇（p∧q）≡◇p∧◇q   若 p 和 q 是可能的，那么 p 是可能的并且 q 是可能的。

模态算子 □、◇ 的作用实际上是对可能世界作出了限制性的说明，前者说明了可能世界的限制性的全称量词；后者说明了可能世界的限制性的存在量词。当然了，在论述可能世界时必须要有个限制范围，刘易斯称其为"可进入世界（Accessible World）"，它可保证一定种类的必然命题须在所有满足一定限制性要求的可能世界中都为真。倘若必然命题的种类不同，它们可进入的世界也就不同，这样就可有效地解决"跨界推导"所引出的奇怪问题，避免出现上述所说的"不相干"现象，如第五章的例 [9]，"雪是白的"属于物理世界，而"2+3=5"属于数学世界。这就是说，处于不同的"可进入世界"，其模态算子就具有不同的种类，它们不能相互定义。

有了"可进入世界"，就可将必然命题和可能命题图示如下（参见朱煜华 1987:565）：

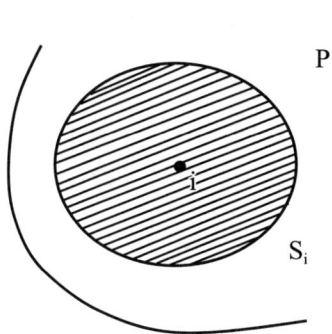

图 6.2

图 6.3

此图意为：命题□p在可能世界i中真，当且仅当，当p在围绕i的可进入世界Si中全部为真，即圆中全体黑影部分。

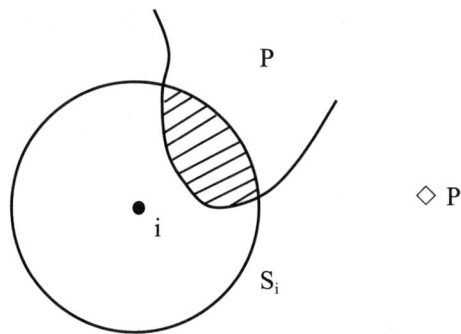

此图意为：命题◇p在可能世界i中真，当且仅当，当p在围绕i的可进入世界Si中部分为真，即图中黑影部分。

三、模态对当方阵

其实，在亚里士多德所建立的三段论和传统形式逻辑中亦已包含了模态逻辑的内容，他所提出的逻辑对当表实际上就是一种关于"必然性"模态的对当表。通过上述和下述公式也可见，除了现代模态逻辑中用到"□"和"◇"这两个模态联结词之外，其他都是经典命题演算中的常项（≡、→、∧、∨、~）和变项（p、q、r）等。也就是说，模态逻辑公式亦可视为在命题演算中增添了模态联结词而得到的一种命题形式而已。现将第一章的图1.1用现代模态形式表示如下：

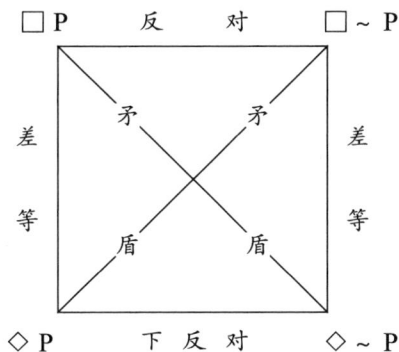

图6.4

这就叫作"模态对当方阵"。现据此图解释如下，参见第一章第三节第1点：

在□p与□～p之间具有反对关系，它们不能同真，但可同假。

在◇p与◇～p之间具有下反对关系，可能同真，但不可同假。

在□p与◇～p之间，在□～p与◇p之间为矛盾关系，不能同真，也不同假。

在□p与◇p之间，在□～p与◇～p之间为差等关系，可能同真，也可同假。

四、模态推理

指以模态命题为前提或结论，并根据模态命题的性质而进行的推理。这种推理可分为两类：模态直接推理和模态三段论。

1. 模态直接推理

指以一个模态命题为前提，根据模态对当关系推出另一模态命题作为结论的推理，现按模态对当方阵的解释，可根据模态直接推理得出如下16种判断：

1）反对关系推理

[52] □p → ～□～p[1]

[53] □～p → ～□p

2）下反对关系推理

[54] ～◇p → ◇～p

[55] ～◇～p → ◇p

3）矛盾关系推理

[56] □p → ～◇～p

[57] □～p → ～◇p

[58] ◇p → ～□～p

---

[1] 亦有学者将此类关系推理用等值联结词记作：

[1] □p ≡ ～□～p（反对关系：p是必然的，当且仅当非p不是必然的。）

[2] ◇p ≡ ◇～p（下反对关系：p是可能的，当且仅当非p是可能的。）

[3] □p ≡ ～◇～p（矛盾关系：p是必然的，当且仅当非p不是可能的。）

[4] □～p ≡ ～◇p（矛盾关系：非p是必然的，当且仅当p不是可能的。）

[5] ◇p ≡ ～□～p（p是可能的，当且仅当非p不是必然的。）

[6] ◇p ≡ ～◇～p（p是可能的，当且仅当非p不是可能的。）

[59]　◇ ～ p → ～ □ p

[60]　～ □ p → ◇ ～ p

[61]　～ □ ～ p → ◇ p

[62]　～ ◇ p → □ ～ p

[63]　～ ◇ ～ p → □ p

4）差等关系推理

[64]　□ p → ◇ p

[65]　□ ～ p → ◇ ～ p

[66]　～ ◇ p → ～ □ p

[67]　～ ◇ ～ p → ～ □ ～ p

从上可见，"□"和"◇"两者之间具有"相反对立关系（Inverse Opposites）"，参见刘易斯（C. I. Lewis 1918）。诸如上述公式表明："□"和"◇"可以互相定义，只要知晓其中之一，另一便可通过定义推导而知，例如：

[68]　Necessarily, the sky is blue.

[69]　Possibly, the sky is blue.

分别根据上页脚注中的[1]和[6]可直接推导出：

[70]　It is not necessarily the case that the sky is not blue.

[71]　It is not possible that the sky is not blue.

2. 模态三段论

指包含有一个共同项的两个前提至少有一个是模态命题，并推出一个模态命题作为结论的推理。该定义包含内容较多，说明了模态三段论可有多种形式：

（1）前提和结论都含"必然"；

（2）前提和结论都含"可能"；

（3）"必然"与"可能"相结合；

（4）模态命题与性质命题相结合；

……

五、 模态公式的转换

根据"□"和"◇"（含部分实然命题）之间的蕴涵关系，还可建立以下三小类模态逻辑公式（参见周北海 1999：50-51）：

1. 直观上成立的公式：

[72] $\Box\,(p{\rightarrow}q)\rightarrow(\Box p{\rightarrow}\Box q)$ 　　（K 系统的公理）

[73] $\Box p\rightarrow\Diamond p$ 　　（D 系统对 K 增加的公理）

[74] $\Box p\rightarrow p$ 　　（T 系统对 K 增加的公理）

[75] $p\rightarrow\Diamond p$ 　　（T$\Diamond$系统的公理，基于可能性算子的 T 系统）

[72] 可解读为：如果 $p{\rightarrow}q$ 是必然的，从"p 是必然的"就能推导出"q 也是必然的"。该式的加强式为：$\Box\,(p{\rightarrow}q)\rightarrow\Box\,(\Box p{\rightarrow}\Box q)$，意为：如果 $p{\rightarrow}q$ 是必然的，那么从"必然的 p"推导"必然的 q"，这也是必然的。

2. 直观上不成立的公式：

[76] *$p\rightarrow\Box p$ 　　（Tc 系统的公理，下标 c 表示逆公式）

[77] *$\Diamond p\rightarrow p$ 　　（Tc$\Diamond$系统的公理）

[78] *$\Diamond p\rightarrow\Box p$ 　　（Dc 系统的公理）

3. 直观上难以确认是否成立的公式（在一定条件下成立）

[79] $\Box p\rightarrow\Box\Box p$ 　　（S4 系统的公理）[①]

[80] $\Diamond p\rightarrow\Box\Diamond p$ 　　（S5 系统的公理）

[81] $p\rightarrow\Box\Diamond p$ 　　（B 系统的公理）

[79] 至 [81] 叠用了两个模态联结词的公式，就称为"叠置模态"，它们在直观上难以确定，当通过严格语义分析才可知其是否有效。下列叠置模态公式亦然（摘自蔡曙山 1999:214）：

[82] $\Diamond p\equiv\Diamond\Diamond p$

[83] $\Box\Diamond p\equiv\Box\Diamond\Box\Diamond p$

[84] $\Diamond\Box p\equiv\Diamond\Box\Diamond\Box p$

[85] $\Diamond\Box p\equiv\Box p$

[86] $\Box\Diamond p\equiv\Diamond p$

但通过

[87] $\sim\Box p\equiv\Diamond\sim p$

[①] S4 和 S5 都是对 T 的扩展。

推导出的叠置模态公式总能成立：

[88] $\Box\Box p \equiv \sim\Diamond\Diamond\sim p$

[89] $\Box\Box\sim p \equiv \sim\Diamond\Diamond p$

[90] $\Diamond\Diamond\sim p \equiv \sim\Box\Box p$

[91] $\Box\Diamond\sim p \equiv \sim\Diamond\Box p$

[92] $\Diamond\Box\sim p \equiv \sim\Box\Diamond p$

正如上文所指出的，"$\Box p$"和"$\Diamond p$"的真值不完全取决于 p 的真值，而且还要兼顾"使 p 为真"的那种必然性和可能性。很显然，这种性质不是外延的，而是内涵的，这也是"隐晦"二字的含义所在，必须在内涵逻辑的框架中才能做出合理解释。

六、模态语境

奎因还指出，模态词会使原来指称明显的语境变成指称隐晦的"隐晦语境"，又叫模态语境，它可使在一阶逻辑系统中成立的同一性替换规则和传递原则失效，如第五章的例[14]、[15]。又例：

[93] 9 大于 7。

   太阳系的行星数是 9。

   结论：太阳系的行星数大于 7。

[94] 9 必然大于 7。

   太阳系的行星数是 9。

   结论：太阳系的行星数必然大于 7。

在标准的一阶逻辑中，数字"9"和"7"是专名，具有"纯指称性"，由其构成的语句属于"透明语境（Transparent Context）"，根据传递原则例 [93] 是成立的。

含有模态词的语境称为"隐晦语境"，若将名称用于这类语境，它就不再具有明显的指称。因此"模态逻辑"具有隐晦语境的性质，会使指称明显的名称变得隐晦起来，它可使常见的"可替换律"规则失效，相应的逻辑推理不成立。如 [94] 中用到了"必然"这样的模态词，此类语句属于隐晦语境，使得 9 和 7 涉及其涵义，它们就不再具有纯指称性，因此该例的结论不再是真命题了，整个推导不成立。模态语境都属于隐晦语境。

第三节　克里普克语义学

一、K 系统①

卡尔纳普于 20 世纪 40 年代还在形式逻辑中提出了"可能世界语义学"的基本思路，这一发端后经克里普克（Kripke 1941—2022）等深入发展和系统论述，关键是引入"可及关系（Accessibility Relation）"后，正式创建了"可能世界语义学（Possible World Semantics）"，又叫"克里普克语义学（Kripke Semantics）"，它被视为"内涵逻辑（或内涵语义学）"的主体内容，属于狭义模态逻辑。

该理论具有重大的理论意义，经一些学者的发展和健全，逐步形成了一种"最为普遍、最为常用、最具影响"的一门学科，不仅作为一种语义理论如今已被广泛应用，且大大超出了模态逻辑的范围，亦已形成了"可能世界语义学哲学"的专门领域。

克氏基于"可能世界语义学"和"历史因果论（The Causal-Historical Theory）"，来批评罗素、维特根斯坦等提出的观点"专名既有外延又有内涵"。克氏认为，应当严格区分"专名（Proper Name）"与"摹状语（Description）"：

专　名：在所有的可能世界中同指同一对象，它只有外延，没有内涵；

摹状语：只在某一可能世界有指称对象，其涵义不全等于专名的涵义。

它们分属于两个不同的表达式，不可混淆，也不能相互替换（特别是在隐晦语境中）。这就为模态逻辑寻得了生存依据。一言以蔽之，他们都在努力挽救模态逻辑，使得上述的失效现象未能对该学科形成致命的威胁。

若依据克氏理论，"9"是专名，为"固定指示词"，它在任何可能世界中都有固定指称；而"太阳系的行星数"为一摹状语，属于"柔性指示词"，它在不同的可能世界中会有不同的指称。这两者的等同不具有"必然性"，克里普克的这一解释通俗易懂，一语中的。又例如：

[95] 二加三必然等于五。

　　"二加三等于五"与"伦敦是英国的首都"都为真。

　　伦敦必然为英国的首都。

从第二句可见，"二加三等于五"和"伦敦是英国的首都"这两者都为真，根据外延逻辑可知，它们具有"等值性"，即前者可加"必然"，后者也能加"必然"。但

---

① 逻辑学界为纪念 Kripke 为内涵逻辑做出的贡献，将他的研究称为"K 系统"，取其姓氏的首字母。

我们知道，这两个句子的内涵意义可谓风马牛不相及，虽然前者可加"必然"二字，因其在所有的可能世界里为真，而后者不能加，因为该句只在一定的可能世界里为真，并不在所有的世界里为真，因为英国议会完全可能另选一个合适的城市作为英国的首都。也就是说，涉及"必然"这一类的命题，上述类型的推理不成立。

若将 [94] 用形式化的模态逻辑来表示，明显犯了"直观上不成立的公式 [76]"之误，即"p→□p"，在标准一阶逻辑中的 p，不能转写为在所有世界中都成真的"□p"，这属于明显不成立的模态推理。又如从现实世界中的"启明星≡长庚星"推不出下一式子：

[96] ＊启明星≡长庚星 → □　　　　（启明星≡长庚星）

可将其进一步形式化为：

[97] ＊ P ≡ H → □（P ≡ H）（设 P = Phosphor，H = Hesperus）

注意，名称指称的隐晦性并不是名字本身没有它所指称的对象，而是这个名字还涉及其涵义，与通常的指称是不相同的。

克氏的形式化系统被称为"正规模态逻辑"，主要基于 K 系统，且还增添了一些条件而建立起来。如上文的 [72] 等便是该正规系统中的定理。在 K 系统上增加一些公理便可获得诸如 [73] 等的 D 系统①和 [74]、[75] 等的 T 系统。

二、可能世界语义学

早在 17 世纪莱布尼茨就提出了"可能世界"这一术语，克里普克进一步继承和发展了它，用其指不违反逻辑的，能够为人们所想象的情况和场所，有了它就可具体实施上文所论述的"从外延逻辑走向内涵逻辑"的研究思路，大大拓宽了我们的视野。我们生活于其中的实实在在的世界，仅是可能世界之一，且可认为它是所有可能世界中最好的世界。有了这个概念，就可跳出"现实世界"的束缚，来谈论现实世界之外的各种情况，从而将命题的"值域"从现实扩展到虚拟世界之中，如：世外桃源、网络世界、西游记世界、西天净土、童话世界、文学世界等。对同一个"可能世界"而言，唯一的要求就是不允许在其中出现逻辑矛盾，只要能自圆其说便可。

克里普克所提出的"可能世界语义学"和"历史因果论"，是为了解决在隐晦语境中模态逻辑推导会失效这一难题而提出的修补方案。他认为，第五章的例 [7] 至 [9]

---

① 此处的 D 为"Deontic Logic"之缩略。

虽都是空集，它们的外延值虽相同，但分属于不同的可能世界，其内涵意义不等值。因此，联系语言和世界的中介有二：

（1）名称：谓词逻辑就采用了这种办法，将属性落脚于某名称上；

（2）内涵：内涵逻辑就采用此法，借用可能世界来识别指称对象。

因此，内涵逻辑的意义在于：将意义研究扩大至"可能世界"的范围来寻找真值，而不仅仅局限于我们实际生活于其中的真实世界，这样我们所说的个体词的域值就成了"可能世界"，其内涵是从可能世界到外延的函数，这样就可解决诸如"模态、认识、道义、信念、想象"之类的难题了。如"想象"，既可能有外延；也可能没有，此时仅提供一个内涵语境：

[98] Bill is thinking of his future wife.

[99] Bill is kissing his future wife.

例 [98] 有两解：

（1）实际存在一个未婚妻；

（2）仅是想想而已（内涵语境）。

而例 [99] 仅有第（1）种解释。此两句用"Sense vs Reference"的方法便可有效解释其间的差异。下文所论述的"语义公设"也可视为一种内涵逻辑，从表达式之间的假设等值关系或逻辑后承关系来解释"涵义关系（Sense Relations）"。

克氏所建立的可能世界语义学进一步完善了模态逻辑，他认为，名称可区分为如下两大类：

严格指称语（Strict Designator）：在一切可能世界中都同指一个对象；

非严格指称语（Non-Strict Designator，又叫：柔性指称语Flaccid Designator，如摹状语）：对象所具有的涵义，在不同的可能世界中可有不同的指称。

因此在模态语境（或隐晦语境）中，柔性指称语（即非严格指称语）不能随便替换使用，这样就可解决上述指称难题。

由于有了不同的可能世界，一个合式公式在某个可能世界成真（或成假），在另一个可能世界中则可能成假（或成真）。这就是说，在可能世界语义学中须对各合式公式明确赋值。这一思路可进一步形式化为：倘若一个命题p是必然的，当且仅当它不仅在现实世界具有实然性真，而且在所有可能世界W中都是真的，可记作（V为Value的缩写）：

[100] V（p，W）= 1

若为假，可记作：

[101] V（p，W）= 0

在现代形式逻辑中，各种可能世界可记为:w、w'、w"、w'" 等，由所有这些可能世界构成的集合可记作 W。可能世界语义学还关注 w 和 w' 之间可能会有相通的情况，这就叫"可及性关系（Accessibility），或译：可通关系"。这种关系在两个可能世界之间可多可少，但必须至少有一种情况不同，否则就可视为相同的可能世界。若 w 和 w' 是两个不同的可能世界（或若 w' 是 w 的可能世界），它们之间所存在的可及性关系可记作：

[102] Rww' 或 wRw'

该式意为：对 w 来说 w' 是可能的，在此情况下"必然性"可用公式记作（参见周北海 1997:108-109）：

[103] V（□p，w）= 1 ⇔ 任 w'，若 Rww'，则 V（p，w'）= 1

"可能性"可用公式计作：

[104] V（◇p，w）= 1 ⇔ 存在 w'，Rww'，且 V（p，w'）= 1

上述两式中的符号"⇔"为元语言中的"当且仅当"。此两式还可更直观地画成如下两个模态解释图（"∀"表示"w 的所有可及世界"；"∃"表示"存在 w 的可及世界"）：

[105]

```
      w        ∀       w'
      •————————————————▶•
      □ p=1            p=1
```

[106]

```
      w        ∃       w'
      •————————————————▶•
      ◇ p=1            p=1
```

关系 R 的引入，使得模态的解释获得了更多的变化，便于处理许多模态系统的语义问题，因此这种可能世界语义学又叫"关系语义学"。

"可能世界"和"可及关系"是可能世界语义学中的两个基本概念。有了"关系"这一概念，就会涉及逻辑学在论述二元关系时所分析的"对称、传递、自返"等现象。若将其与可能世界语义学相结合，便可分别建立如下三个公式：

（1）对称式：对于两个可能世界 w 和 w' 来说，如果 w 可及 w'，那么反之亦然，w' 也一定可及 w，可记作：

[107] $\forall w \forall w' (Rww' \rightarrow Rw'w)$

若具有非对称关系，可记作：

[108] $\sim \forall w \forall w' (Rww' \rightarrow Rw'w)$

（2）传递式：对于三个可能世界 w、w'、w" 来说，若 Rww' 且 Rw'w"，则 Rww"，可记作：

[109] $\forall w \forall w' \forall w" (Rww' \wedge Rw'w" \rightarrow Rww")$

具有非传递关系可记作：

[110] $\sim \forall w \forall w' \forall w" (Rww' \wedge Rw'w" \rightarrow Rww")$

另外，从 [109] 所示传递式来看，其传递关系是根据 1-2 和 2-3 推出 1-3，还可变换一下传递序列，从 1-2 和 1-3 传递性推导出 2-3，可记作：

[111] $\forall w \forall w' \forall w" (Rww' \wedge Rww" \rightarrow Rw'w")$

学界称其为"欧式传递"，因其与欧几里得（Euclid）几何平行线公理的性质类似。该式意为：对于这三个可能世界 w、w'、w" 来说，若 w 分别可及另两个可能世界 w' 和 w"，那么这两个可能世界也相互可及。具有可能世界非传递关系的可公式化为：

[112] $\sim \forall w \forall w' \forall w" (Rww' \wedge Rww" \rightarrow Rw'w")$

（3）自返式：对于可能世界 w，它可自返。该式为上文 [74] 所述的 T 系统公式"$\Box p \rightarrow p$"成立的充分条件，即只要 $V(\Box p, W) = 1$ 成立，则 $V(p, w) = 1$ 也成立。可记作：

[113] $\forall w\, Rww$

若具有非自返关系，则记作：

[114] $\sim \forall w\, Rww$

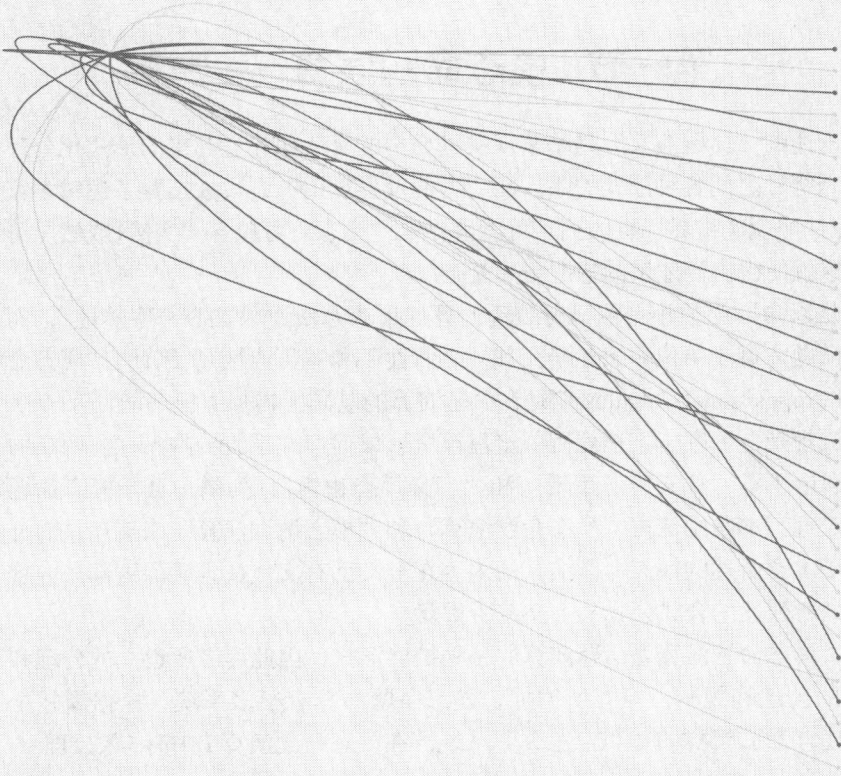

第七章　模态命题演算 vs 模态谓词演算

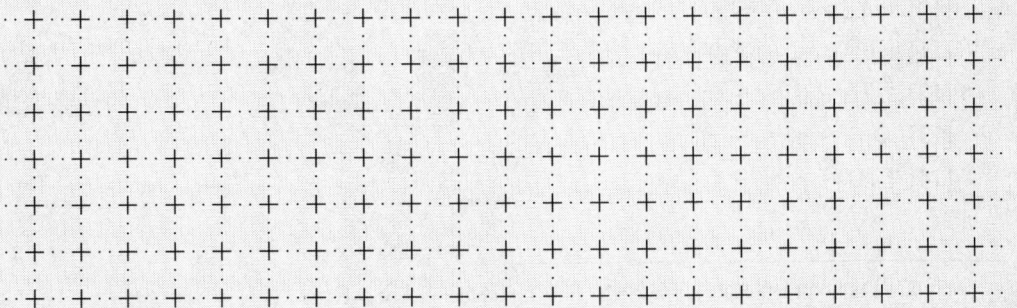

第一节 模态命题演算

第四章所论述的"命题演算"是基于现实世界中的真假而建立起来的形式化公理系统，研究命题符号之间各种形式关系。而"可能世界理论"则大大拓宽了逻辑学家的视野，将值域从"现实世界"扩大到"可能世界"。"模态"可包含"实然、或然（可能）、必然"，这就使得内涵逻辑的情况更为复杂。

命题演算是以命题为最小单位进行数理演算的形式系统，只关心"实然性"，而模态逻辑也以命题为最小单位，聚焦研究其"必然性"和"可能性"。因此，"模态命题演算（Modal Propositional Calculus）"是在命题演算的基础上再加上模态词（□、◇）以及相应地形成规则、公理、推理规则、定理等所形成的形式系统。本书在前两章中依据图6.2分别论述了"狭义模态逻辑"和"广义模态逻辑"，列举了若干模态命题逻辑的公理和定理，本节则依据"模态命题演算"和"模态谓词演算"来梳理这部分主要内容。由于本章所述的模态命题演算的内容在上文已有交代，为确保这部分内容的完整性，此处所列述的合式公式与上文有所重复。

我们知道，模态命题演算是命题演算的一种扩展形式，因此后者所设立的公理和规则都是前者的公理和规则，但有所增加。模态命题演算有很多系统，根据周礼全（1986）的论述，较为常见的有"T、S_4、S_5"系统。在模态命题演算 T 中有 5 条公理[①]：

[1] T1：$p \rightarrow (q \rightarrow p)$

[2] T2：$(p \rightarrow (q \rightarrow r)) \rightarrow ((p \rightarrow p) \rightarrow (p \rightarrow r))$

[3] T3：$(\sim p \rightarrow q) \rightarrow ((\sim p \rightarrow \sim q) \rightarrow p)$

[4] T4：$\Box p \rightarrow p$

[5] T5：$\Box (p \rightarrow q) \rightarrow (\Box p \rightarrow \Box q)$

据此可演算出若干定理，如：

[6] $p \rightarrow \Diamond p$

[7] $\Box (p \wedge q) \equiv (\Box p \wedge \Box q)$

[8] $\Box p \equiv \sim \Diamond \sim p$

[9] $\Box \sim p \equiv \sim \Diamond p$

[10] $\sim \Box p \equiv \Diamond \sim p$

[11] $\Box \Box P \equiv \sim \Diamond \Diamond \sim p$

[12] $\Box \Box \sim p \equiv \sim \Diamond \Diamond p$

[13] $\Diamond \Diamond \sim p \equiv \sim \Box \Box p$

[14] $\Box \Diamond \sim p \equiv \sim \Diamond \Box p$

[①] 胡耀鼎（1987：529）则列出了6条公理，且与下文的5条不完全相同。

[15] ◇□～p ≡ ～□◇p

[16] ～◇(p∨q) ≡ (～◇p∧～◇q)

[17] ◇(p∨q) ≡ (◇p∨◇q)

……

模态命题演算 S_4 在上述所列 T 的 5 条公理上又增加了一条：

[18] □p → □□p

根据这 6 条公理就可推断出几十条乃至更多的定理，现摘录部分如下：

[19] ◇◇p → ◇p

[20] □p ≡ □□p

[21] ◇p ≡ ◇◇p

[22] ◇□◇p → ◇p

[23] □◇p → □◇□◇p

[24] □◇p ≡ □◇□◇p

[25] □◇□◇p → □◇p

[26] ◇□p → ◇□◇□p

[27] ◇□◇□p → ◇□p

[28] ◇□p ≡ ◇□◇□p

……

模态命题演算 S_5 在 T 的 5 条公理上又增加了一条：

[29] ～□p → □～□p

根据这 6 条公理可推断出几十条定理，摘录部分如下：

[30] ◇p → □◇p

[31] ◇p ≡ □◇p

[32] ◇□p → □p

[33] ◇□p ≡ □p

[34] □p → □□p

[35] □p ≡ □□p

[36] ◇◇p → ◇p

[37] ◇p ≡ ◇◇p

[38] p ≡ □◇p

[39] □(p∨□q) → (□p∨□q)

[40] (□p∨◇q) → □(p∨◇q)

[41] (□p∧◇q) → □(p∧◇q)

……

第二节　模态谓词演算

在模态命题演算中涉及若干可能世界，但不涉及个体及其性质和关系，在谓词逻辑中我们论及个体及其性质和关系，但仅限于现实世界。而在"模态谓词演算"中，既要涉及若干不同的可能世界，又要论述个体及其性质和关系。1932年刘易斯和兰福德（Langford）在 *Symbolic Logic*（《符号逻辑》）一书中已述及模态词与量词相结合的命题形式，时至1946年，巴肯（Barcan）和卡尔纳普（Carnap）各自独立地提出"模态谓词演算（Modal Predicate Calculus）"，或叫：模态谓词逻辑（Modal Predicate Logic），它与模态命题演算相呼应，即在本书第三章所论述的一阶谓词演算的基础上增添模态词（或模态算子）而形成的系统，巴肯的MQL模态谓词逻辑系统是以刘易斯的S2为基础的，卡尔纳普的MPC模态谓词逻辑系统是以刘易斯的S5为基础的。

模态谓词演算的最简单式子为：

[42] $\Box M_x$

就是在谓词演算的基础上增加了一个"$\Box$"而得到的，该式意为：个体 x 必然具有 M 性质。又例如：

[43] $\exists_x \Diamond M_x$　　　　　　意为：存在某个体x，它可能是M。

[44] $\Diamond \exists_x M_x$　　　　　　意为：可能存在某个体x，它是M。

在这两个式子中模态词和量词的相对位置不同，它们的意义略有不同，此处的 Mx 就相当于上文中的命题符号 p，在谓词演算中就不能简单地记作 p 了。

现设 α 为一个定理模式[①]，则可建立如下公式：

[45] $\forall_x \Box \alpha \rightarrow \Box \alpha$

[46] $\Diamond \forall_x \Box \alpha \rightarrow \Diamond \Box \alpha$

[47] $\Diamond \Box \alpha \rightarrow \alpha$

[48] $\Diamond \forall_x \Box \alpha \rightarrow \alpha$

根据周礼全（1986）的论述，模态谓词演算主要有"QTB、QS₄B、QT、QS₄、QS₅"等系统，它们分别是命题演算P、谓词演算Q、模态命题演算T的扩展式，因此这三者中的公理与推理规则都是QTB的公理和推理规则，这三者中的定理都是QTB的定理，QTB是P、Q、T的扩展。在QTB系统中有如下8条公式模式[②]：

[49] $M_x \rightarrow (N_x \rightarrow M_x)$

[50] $(M_x \rightarrow (N_x \rightarrow O_x)) \rightarrow ((M_x \rightarrow N_x) \rightarrow (M_x \rightarrow O_x))$

[51] $(\sim M_x \rightarrow \sim N_x) \rightarrow (\sim M_x \rightarrow N_x) \rightarrow N_x$

[①] 本身也可以是一个公式。

[②] 周礼全（1986：244）书中用A和B分别表示谓词演算Mx和Nx，本书为能体现出"谓词演算"之形式，暂用Mx和Nx来代替A和B。

[52] $\forall_x M_x \rightarrow M_x$

[53] $\forall_x (M_x \rightarrow N_x) \rightarrow (M_x \rightarrow \forall_x N_x)$

[54] $\Box M_x \rightarrow M_x$

[55] $\Box(M_x \rightarrow N_x) \rightarrow (\Box M_x \rightarrow \Box N_x)$

[56] $\forall_x \Box M_x \rightarrow \Box \forall_x M_x$

根据这些公式模式,以及3条推理规则(周礼全1986:244)就可证出如下定义(证明过程略):

[57] $\Box \forall_x M_x \rightarrow \forall_x \Box M_x$

[58] $\forall_x \Box M_x \equiv \Box \forall_x M_x$

[59] $\exists_x \Diamond M_x \rightarrow \Diamond \exists_x M_x$

[60] $\exists_x \Diamond M_x \equiv \Diamond \exists_x M_x$

[61] $\Diamond \forall_x M_x \rightarrow \forall_x \Diamond M_x$

[62] $\exists_x \Box M_x \rightarrow \Box \exists_x M_x$

[63] $\forall_x \Box (M_x \rightarrow N_x) \rightarrow \Box(\forall_x M_x \rightarrow \forall_x N_x)$

[64] $\forall_x \sim \Diamond M_x \rightarrow \forall_x \Box (M_x \rightarrow N_x)$

巴肯基于 [43] 和 [44] 两式还推导出如下两个定理,且还发现这两者可以互相推导(参见周北海1997:387):

[65] $\Diamond \exists_x M_x \rightarrow \exists_x \Diamond M_x$[1]　意为:若可能存在某个体x,它是M,那么就意味着存在某个体x,它可能是M。此式称为Bf,在学界颇受争议,后在可能世界语义学中搞清了它的逻辑意义。

[66] $\exists_x \Diamond M_x \rightarrow \Diamond \exists_x M_x$　意为:若存在某个体x,它可能是M,那么就可能存在某个体x,它是M。此式称为Bfc,符合通常的可能和存在的观念。

模态谓词演算QS₄B系统在QTB的基础上增加了一条公理:

[67] $\Box p \rightarrow \Box \Box p$

然后据此可推导出若干定理,此处略。

模态命题演算QT是谓词演算Q系统的扩展,也是模态命题演算T系统的扩展,因此合写成QT,但比QTB少了一个B,因其少了一条公理:

[68] $\forall_x \Box M_x \rightarrow \Box \forall_x M_x$

模态谓词演算QS₄比QS₄B少一条巴肯定理,因此少了一个字母B,其余相同。但QS₄相比于QT多了一条公理,即:

[69] $\Box M_x \rightarrow \Box \Box M_x$

而QS₅无此公理(而是定理),但有:

[70] $\sim \Box M_x \rightarrow \Box \sim \Box M_x$

这却是QS₄所没有的。

除此之外还有卡尔纳普提出的模态谓词演算MPC,它基本上是在刘易斯的模态命题演算S5系统之上建构而成。

---

[1] 周礼全(1994:.178)用的是"Ǝ",而不是→。

第三节　小　结

正如第三、四两章所言，现代形式逻辑学家们不仅建构了谓词演算、命题演算的初始符号、形成规则、公理，基于它们和推理规则来证明种种定理，他们依照这一研究思路，也建立了模态命题演算和模态谓词演算的公理系统，且花了大量的时间和精力来发现并证明各种定理，论述其可靠性、完全性、一致性，他们不仅熟谙此道，且对证明过程津津乐道，乐此不疲，乐在其中，其乐无穷，充分显示出他们高度严谨的治学态度，给我们留下了丰富的知识财富。

在研究模态逻辑中，有学者，如克里普克（Kripke）、休斯（Hughs）、克雷斯维尔（Cresswell）等，尝试建构语义图来解释模态演算；还有学者，如冯·赖特（von Wright）、安德森（Anderson）等，企图建构模态真值表，以能方便各类模态演算。后现代主义学者则认为，上述模态谓词演算公式"$\Box M_x$"（意为"个体 x 必然有 M 性质"）会引出哲学上两个严重后果：

（1）重归亚氏"本质主义"；
（2）抽象实体也能独立存在[①]。

而这两个观点正是后现代哲学所严厉批判的靶子。

但是，这套形式逻辑虽有缺陷，但绝不意味着要抛弃它，相反，只有知晓它才能更好地认识它，批判它。更何况从其形式演算中我们确实能深刻感受到这些学者的深邃智慧，严谨学风！若套用莱布尼茨和克里普克的"可能世界理论"，他们在数理形式化的演算世界中，遨游得那么舒畅，享受着证明过程的快乐，欣赏着领域中的诸多成果，自成一体。

在这个形式符号世界中，他们是主人！

[①]这是柏拉图在唯理论中提出的命题，常被称为"柏拉图的胡须"。该命题绵延数千年，难以根治，难怪学界有句名言：这是一个用奥卡姆剪刀怎么也剃不掉的柏拉图式硬茬老胡须。

第八章　广义模态逻辑

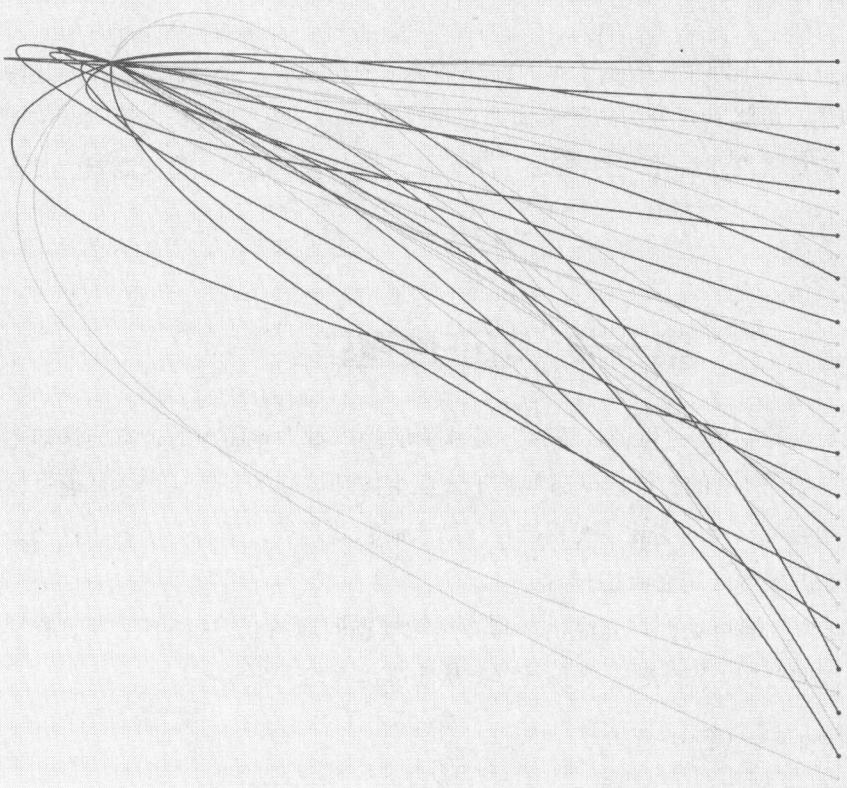

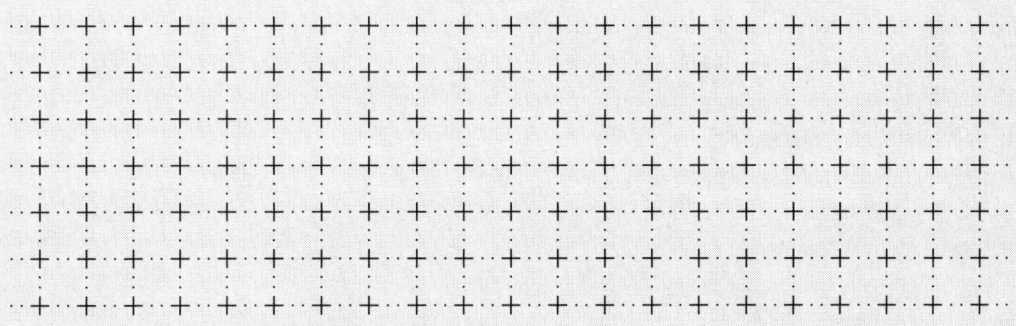

第六章第一节从不同角度，基于不同标准对模态逻辑进行了分类，若根据所述内容范围的窄和宽，可将其划分为"狭义模态逻辑"和"广义模态逻辑"，第六章主要论述了前者，本章将论述后者，主要包括：可证性逻辑、认识逻辑、道义逻辑、时态逻辑。

第一节 可证性逻辑

第六章表6.1第4列的"可证性逻辑"是基于演绎逻辑推导而出的，它与认知主体和体验无关。而第7列的验证性模态是基于认识主体和体验的，若认识主体通过体验发现一个命题与可感受的实际情况相符合，则该命题就是被"证实"了的，这便是其与可证性模态的根本区别之所在。

从第六章表6.1还可见，可证性模态与必然性模态同属 $\Delta 1$，这两者之间具有某种等价关系，因此可用 □ 来表示"可证性"，从而可建立如下公式：

[1] $\Box (p \rightarrow q) \rightarrow (\Box p \rightarrow \Box q)$

[2] $\Box p \rightarrow p$

[3] $\Box p \rightarrow \Box \Box p$

[4] $\sim \Box p \rightarrow \Box \sim \Box p$

第二节　认识逻辑

一、简介

在各种广义模态（或内涵）逻辑中，"认识逻辑（Epistemic Logic，又译：认知逻辑）"内容最为丰富，主要涉及诸如"知道、相信、断定、证明、意味、宣称、发现、承认、怀疑、猜测、设想、主张、问题"等有关"人（或拟人的事体）的主观性认识"方面的逻辑问题，它不处理事实如何、可能如何、必然如何等议题，而关注认识者的知道、相信、断定等问题，主要包括：信念逻辑、断定逻辑、知道逻辑、问题逻辑、量子逻辑、模糊逻辑等（王雨田 1987；周礼全 1994）。

冯·赖特（von Wright）于 1951 在 *An Essay in Modal Logic*（《模态逻辑文集》）中就提出了认识逻辑，其在句法上表现为：

[5] 主语＋谓语＋宾语从句

可记作：

[6] aVp 或 Vap

式中 a 表示认识主体，V 为充当谓语的上述各种"认识模态词"，也叫"模态联结词"或"模态算子"，用 p 或 q 表示宾语从句。这是表示该类命题的一种最为概括的逻辑形式。若带入不同的认识模态词，就可分别得到如下命题形式：

[7] B（a，p）或 Bap	意为：a 相信 p。
[8] A（a，p）或 Aap	意为：a 断定 p。
[9] K（a，p）或 Kap	意为：a 知道 p。
[10] G（a，p）或 Gap	意为：a 猜测 p。
[11] Fa～K（b，p）或 Fa～Kbp	意为：a 发现 b 不知道 p。

本节主要论述信念逻辑和断定逻辑。

二、信念逻辑

1. 基本知识

上述[7]为信念逻辑的基本形式，它又叫"命题态度逻辑公式"，基于此可将：

[12] a 相信所有诺贝尔奖金获得者是白痴。

形式化地记作：

[13] Ba（$\forall_x$（$F_{(x)} \to G_{(x)}$））

式中 F= 诺贝尔奖金获得者；G = 白痴。注意：在命题态度句内，小句的真值不代表全句的真值。我们还可将具有内涵意义的命题记作"$\wedge p$"，此时 [9] 可记作：

[14] B（a，$^{\wedge}p$）

[15] Ba$^{\wedge}p$

在此类信念句中，等值代换原理无效，可用公式将其表示出来，如：

[16] John believes that John loves Mary.

[17] John believes that Beijing is the capital of China.

可用内涵算子来表明这两句不存在互为推导的关系：

[18] B（a，$^{\wedge}p_1$）

[19] B（a，$^{\wedge}p_2$）

从式中可见，$^{\wedge}p1$ 和 $^{\wedge}p2$ 两者的内涵义不同，因此这两个式子不能等值代换。我们还可进一步将此类模态逻辑标注为：

[20] Ψ（a，$^{\wedge}p_m$）

[21] Ψ（a，$^{\wedge}p_n$）

尽管在外延逻辑中 m = n，但在上两式中 m 和 n 都在内涵算子的辖域之内，因此它们的内涵意义不同，因此不能代换。换句话说，m = n 并不在所有的可能世界里都为真。

2. 帕普的公理系统

帕普（Pap 1921—1959）曾提出一个信念逻辑的公理系统，主要包括 4 条公理：

[22]（B(a，p)$\wedge$B(a，p$\to$q)）$\to$B（a，q）

[23] B(a，$\sim$p)$\to$$\sim$B(a，p)

[24] B(a，p$\wedge$q)$\to$B(a，p)

[25] B(a，p$\wedge$q)$\to$B(a，q)

根据上述公理可以获得如下定理：

[26]（B(a，p)$\wedge$B(a，$\sim$p$\vee$q)）$\to$B(a，q)

[27]（B(a，$\sim$p)$\wedge$B(a，p$\vee$q)）$\to$B(a，q)

[28]（B(a，p$\wedge$q)）$\to$（B(a，p)$\wedge$B(a，q)

另外，帕普还提出了两条规则：

[29] $\forall_x \square (B(x，p) \rightarrow B(x，q)) \rightarrow \square (p \rightarrow q)$

[30] $\sim \exists_x \forall p \square (B(x，p) \rightarrow p)$

第一条规则意为：对于所有的个体x，必然地B(x，p)→B(x，q)，那么它就是p严格蕴涵q的充分条件。它就等值于：

[31] $\forall_x \square (B(x，p) \rightarrow B(x，q)) \rightarrow (p \rightarrow q)$ 　　　因为 $\square (p \rightarrow q) \rightarrow (p \rightarrow q)$

该式还可根据假言易位写作：

[32] $\sim (p \rightarrow q) \rightarrow \sim \forall_x \square (B(x，p) \rightarrow B(x，q)$

[33] $\sim (p \rightarrow q) \rightarrow \exists_x \diamond (B(x，p) \wedge \sim B(x，q)$

第二条规则意为：没有人是全能的，即不存在这样的个体x，使得对任何命题p，当B（x，p）时，必然有p。它就等价于：

[34] $\forall_x \exists_p \diamond (B(x，p) \wedge \sim p)$

该式断定了不存在全能的人，因此又叫作"反神化公设"。

三、断定逻辑

上文[8]为"断定逻辑"的基本公式，若为不确定的断定者，则可用变项x来表示，可记作：

[35] $A（a，p）$ 或 $A（x，p）$

"断定"具有"非空性、合取性、一致性、承诺性"，可分别用公式记作：

[36] $\forall_x \exists_p A（x，p）$ 该式意为：所有的断定者总要作出某种断定p，若不作断定，也就无所谓有断定者了，这就是断定的非空性。

[37] $A（x，p） \wedge A（x，q） \rightarrow A（x，(p \wedge q)）$ 该式意为：若断定者分别断定了支命题p和q，他也就同时断定了两者，这就是断定的合取性。

[38] $\sim A（x，(p \wedge \sim p)）$ 该式意为：断定者不能同时断定一对矛盾的命题，此为断定的一致性。

[39] 若$p \rightarrow q$，那么$A（x，p） \rightarrow A（x，q）$ 该式意为：若断定者断定某命题，则也断定了该命题的一切推论，此为断定的承诺性。

[36]、[37]、[38]为断定逻辑系统A1的公理，[39]为其规则，据此就可获得若干定理，如：

[40] $A（x，(p \wedge q)） \equiv A（x，p） \wedge A（x，q）$ 意为：若x断定p并q，等值于：x

断定 p 并且断定 q。

[41] A（x, p）∨ A（x, q）≡ A（x,（p∨q）） 意为：若 x 断定 p 或 q，等值于：x 断定 p 或断定 q。

[42] A（x, p）→ ～ A（x, ～ p） 意为：若 x 断定 p，那么并非 x 断定非 p。

[43] A（x, ～ p）→ ～ A（x, p） 意为：若 x 断定非 p，那么并非 x 断定 p。

[44] ～ A（x, ～（p∨q））≡（～ A（x, ～ p）∨ ～ A（x, ～ q）） 意为：并非 x 断定非（p 或 q），等值于：并非 x 断定非 p 或者并非 x 断定非 q。

[45] A（x,（p∨q））→（～ A（x, ～ p）∨ ～ A（x, ～ q）） 意为：若 x 断定 p 或者 q，那么并非 x 断定非 p 或者并非 x 断定非 q。

[46] A（x,（p→q））→（A（x, p）→ A（x, q）） 意为：若 x 断定 p 蕴涵 q，并且 x 断定 p，那么 x 断定 q。

这仅是断定逻辑的 A1 公理和定理，还有其他诸如 A2、A3、A4、A5，本书略。

四、知道逻辑

上述 [9] 所列的式子 K(a, p) 或 Kap 即为知道逻辑的基本形式，意为"a 知道 p"。这一逻辑也可基于数理逻辑的方法进行形式化运算，如有的学者通过建立公理的方法来推出相关定理，也有的学者不用公理系统进行自然推理，现据后者列出一些定理：

[47] ～（K(a, p)∧K(a, ～ p)） 该式意为：a 既知道 p，a 又知道非 p，这是不对的。

[48] ～（K(a, p)∨ ～ O(a, p)） 该式意为：a 不知道 p，或者 a 不反驳 p。

[49] ～（K(a,（p∧ ～ p））） 该式意为：a 不知道 p ∧ ～ p，与第一式基本同义。

[50] K（a,（p∧q））≡ K（a, p）∧ K（a, q） 该式意为：a 知道 p ∧ q，等值于 a 知道 p，并且 a 知道 q。

[51] K（a,p）∨K（a,q）→K（a,（p∨q）） 该式意为：若 a 知道 p，或者 a 知道 q，则 a 知道 p 或 q。

[52] K（a,（p→q））→K（(a, p)→K(a, q)） 该式意为：若 a 知道 p→q，则 a 可从知道 p 中推出 a 知道 q。

[53] K（a,（p→q））→（O(a, q)→O(a, p)） 该式意为：若 a 知道 p→q，则 a 可从反驳 q 中推出 a 反驳 p。

[54] D（a,（p∧q））→D(a, p)∨D(a, q) 该式意为：若 a 怀疑 p ∧ q，则 a 怀疑 p 或 a 怀疑 q。

[55] K（a, p）∨D（a, p）→O（a, p） 该式意为：若 a 知道 p，或者 a 怀疑 p，则 a 反驳 p。

另外还有学者将"知道"区分为"可靠地知道"与"可信地知道"，且在这两者之间建立了演算关系，本文不再赘言，参见弓肇祥（1987:295-297）。

第三节　道义逻辑

"道义逻辑（Deontic Logic）"，又叫：义务逻辑、规范逻辑，这也是一种内涵逻辑，这类研究虽说是源远流长，从亚里士多德到斯多葛，再到阿奎那、莱布尼茨、边沁（Bentham 1748—1832）等都曾述及道义逻辑。马利（Mally 1879—1944）于1926年率先构造了一个以"应该"（义务）作为初始概念的道义逻辑系统。此后也有一些学者做出了努力，直至1951年冯·赖特（von Wright 1916—2003）于1951年在论文"Deontic Logic"中提出了第一个可行的道义逻辑系统，使得这方面的研究迈出了重要的一步。他主要处理了含"应当""允许""禁止"等模态词或概念的命题之间的逻辑关系，从而成为这一领域的最重要的学者。

上文曾述及"广义模态逻辑"包含"道义逻辑"等，因为有学者认为"应该的 vs 允许的"这两个词类似于"必然的 vs 可能的"具有相似的关系，在论证中可起到同等的作用，故而主张用"□"表示"应该"，用"◇"表示"允许"，这样就可用第六章的 [73]（即 D 系统中 □p → ◇p）来表示"应该 vs 允许"之间的关系，从而可将模态逻辑应用于伦理学概念，可编制出世间推理的规则，参见 Wright（1951）。

但学者们发现，"应该 vs 允许"与"真 vs 假"不可同日而语，真假值适用于第六章 [74] 和 [75]（即 T 系统的两个式子"□p → p"和"p → ◇p"），但不适用于"道义"，因为"p 是应该的，不能推导出 p 是真的"，也不能推导出"如果 p 真，则 p 是允许的。"大多学者主张接受"狭义模态逻辑"，这样就可将"道义逻辑"视为内涵逻辑之一小类，且创立了"O、P、F"三个道义算子：O 表示"应当"，P 表示"允许"，F 表示"禁止"，前两者较常用：

[56] O_p

[57] P_p

[58] F_p

[56] 意为：p 是应当的；[57] 意为 p 是允许的。它们与"实然命题 p"之间的逻辑关系为：

[59] $O_p \rightarrow p$　　　　　[若 p 是应当的，则有 p。]

[60] $p \rightarrow P_p$　　　　　[若有 p，则 p 是允许的。]

这两个算子再与"肯定"和"否定"相结合就可形成四种道义逻辑，构成道义对当方阵图：

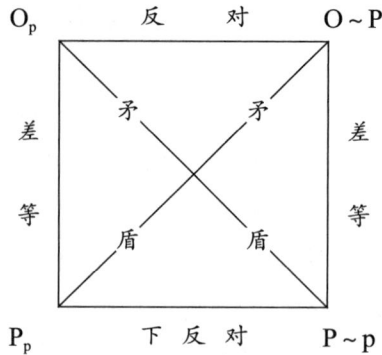

图 8.1

现据此图可解释如下，参见第一章第三节和第六章图 6.4：

在 O_p 与 $O \sim p$ 之间具有反对关系，它们不能同真，但可同假。

在 P_p 与 $P \sim p$ 之间具有下反对关系，可能同真，但不可同假。

在 O_p 与 $P \sim p$ 之间，在 $O \sim p$ 与 P_p 之间为矛盾关系，不能同真，也不同假。

在 O_p 与 P_p 之间，在 $O \sim p$ 与 $P \sim p$ 之间为差等关系，可能同真，也可同假。

根据道义命题之间的对当关系，可建立如下推理关系：

1）反对关系推理

[61] $O_p \rightarrow \sim O \sim p$

[62] $O \sim p \rightarrow \sim O_p$

2）下反对关系推理

[63] $\sim P_p \rightarrow P \sim p$

[64] $\sim P \sim p \rightarrow P_p$

3）矛盾关系推理

[65] $O_p \rightarrow \sim P \sim p$

[66] $O \sim p \rightarrow \sim P_p$

[67] $P_p \rightarrow \sim O \sim p$

[68] $P \sim p \rightarrow \sim O_p$

[69] $\sim O_p \rightarrow P \sim p$

[70] $\sim O \sim p \rightarrow P_p$

[71] $\sim P_p \rightarrow O \sim p$

[72] $\sim P \sim p \rightarrow O_p$

4）差等关系推理

[73] $O_p \rightarrow P_p$　该式意为：若 p 是应当的，则 p 是允许的。它也可根据 D 系统的第
　　　　六章 [73]"$\square p \rightarrow \diamond p$"推导而出。

[74] $O \sim p \rightarrow P \sim p$

[75] $\sim P_p \rightarrow O_p$

[76] $\sim P_p \rightarrow \sim O \sim p$

下一例句用了 someone，它既可用作"特指"，也可用作"无特指"，其歧义可通
过道义逻辑来解释：

[77] John must talk to someone.

可分别记作（设：a=John）：

[78] $O (\exists_x T_{(a, x)})$　[道义算子 O 处于存在量词前，非特指。]

[79] $\exists_x (O(T_{(a, x)}))$　[存在量词处于道义算子前，是特指用法。]

另外，还有一些更为复杂的道义逻辑演算公式：

[80] $P_p \vee P \sim p$

[81] $P_p \rightarrow P (p \vee q)$

[82] $\sim P \sim p \rightarrow P_p$

[83] $P (p \vee q) \equiv P_p \vee P_q$

[84] $O (p \wedge q) \equiv O_p \wedge O_q$

[85] $O_p \rightarrow O (p \vee q)$

[86] $\sim P_p \rightarrow O (p \rightarrow q)$

除此之外，安德森（A. R. Anderson 1925-1973）于 1956 年还研究了关于"制裁、
惩罚、禁止"等道义概念。辛迪卡（Hintikka 1929—2015）、康格尔（Kanger 1924—
1988）等还研究了道义谓词逻辑。另外，康德（Kant 1788）在《实践理性批判》中
曾指出：

如果我们该行某事，我们就可能行某事。

这句话被称为"康德原理"，它被形式化为：

[87] $O_p \rightarrow \diamond p$

很多学者还就这一命题是否能成立展开了讨论（参见周礼全 1994：278）。

第四节　时态逻辑

一、简述

经典逻辑（又叫标准逻辑）认为，主词和谓词之间的关系具有稳定性、无时间性，所论述的命题都与时间无关，它们的真假不受时间的限制，不考虑实际语句的时态变化，因此未能述及时态问题。而现代形式逻辑扩大了传统研究的范围，在现代模态逻辑中自然就会将时态问题纳入视野之中，尝试运用形式化方法来刻画和演算时间概念。

"时态逻辑"虽在古希腊和中世纪就有学者述及，但直至1950年普拉尔（Prior）应邀在牛津大学就"时态逻辑（Tense Logic，又叫：时序逻辑 Chronological Logic、变化逻辑 Change Logic）"专题举办了系列讲座，后于1955年和1957年出版专著，现代时态逻辑才算正式登堂入室。这是一个关于时态和时间性的现代形式逻辑的分支，系统研究时态命题的逻辑特性，研究包含与时间相关的动词、连接词（如时间的变化、过程）等命题之间的推理关系，建立推理的系统化形式（Rescher 1968：196）。此后，莱蒙（Lemmon）、霍华德（Howard）、斯科特（Scott）、雷谢尔（Rescher）、盖贝（Gabby）等也做出了重要成就（参见周礼全 1994：211）。

时态逻辑认为，世界是不断发展的，一直处于过程之中（参见 Whitehead 1929），同一事物在不同时间内可能会有不同的属性，它在现在、过去、将来的时态陈述中会有不同的真值，这就与克里普克提出的"可能世界"完全吻合。

所谓"可能世界"或"模态逻辑"，主要指事物在现在、过去、将来的某时刻或某时段内是否成真或可能的情况，因此"时态逻辑"就成为"可能世界语义学"或"模态逻辑"最为关心的内容。普拉尔在经典的谓词演算和命题演算的基础上，新加上几个表示时态的符号，设立几个时态公理，构造出几个不同的时态逻辑系统.

时态逻辑的语义解释更为直观和自然：若一个命题为真，可解释为：它过去一直为真，现在和将来都一直为真。这样便可用可能世界和模态逻辑来描写时态问题。这两者具有互相扩展和推动的关系，一方面时态逻辑从可能世界或模态逻辑中引进算子，据此建立了一套形式化系统；另一方面前者也有力地推动着后者的发展。

二、形式化记法

在时态逻辑中常运用如下记法：

[88] F_p　　（p 相对于一个 t 之后的时间点来说是真的，意为：将有p。）

[89] G_p　　（p 相对于所有的在 t 之后的时间点来说是真的，意为：将来总 p。）

[90] P_p　　（p 相对于一个 t 之前的时间点来说是真的，意为：过去曾有 p。）

[91] H_p　　（p 相对于所有的在 t 之前的时间点来说是真的，意为：过去总有 p。）

例如下两个自然语句：

[92] 张三明年结婚，但现在还没有房子。

[93] 所有的人曾经是小孩。

可记作：

[94] $F_p \wedge \sim q$　　　　设 p = 张三结婚；q = 张三有房。

[95] $\forall_x PC_{(x)}$　　　　设 x = man

时态逻辑中主要有以下几条公理：

[96] $G（p \rightarrow q）\rightarrow（G_p \rightarrow G_q）$

[97] $H（p \rightarrow q）\rightarrow（H_p \rightarrow H_q）$

[98] $p \rightarrow GP_p$

[99] $p \rightarrow HF_p$

在普拉尔的时态逻辑中建构了如下公理（他在时态算子后加一下标 n，表示以天为单位，本文为与上文统一，将其省去）：

[100] $F \sim p \rightarrow \sim F_p$

[101] $\sim F_p \rightarrow F \sim p$

[102] $F（p \rightarrow q）\rightarrow（F_p \rightarrow F_q）$

[103] $F_p \rightarrow p$

下列双重否定等值式也成立：

[104] $\sim \sim F_p \equiv F_p$

[105] $\sim \sim P_p \equiv P_p$

[106] $F \sim \sim p \equiv F_p$

[107] $P \sim \sim p \equiv P_p$

[108] $G_p \equiv \sim F \sim p$

[109] $H_p \equiv \sim P \sim p$

若在时态逻辑中引入模态算子，则可获得如下定理：

[110] $F_p \rightarrow \diamond p$

[111] $\Box p \rightarrow \diamond p$

[112] $F\Box p \rightarrow F_p$

[113] $P\Box p \rightarrow p$

[114] $P\Box p \rightarrow F_p$

[115] $F\Box p \rightarrow \Box p$

三、又一种记法

周斌武（1996：188-190）在《语言与现代逻辑》中还介绍了另一种时态逻辑的记法：现设带有时间t的命题可记为"p(t)"，以"0"表示现在时间，"过去"和"将来"就可分别表示为：

[116] 过去：$t < 0$

[117] 将来：$t > 0$

据此就可作出如下定义：

[118] "情况曾是" 可用P_p表示，意为：$\exists t ((t < 0) \land p_{(t)})$

[119] "情况曾总是"可用P^*_p表示，意为：$\forall t ((t < 0) \rightarrow p_{(t)})$

[120] "情况将是" 可用F_p表示，意为：$\exists t ((t > 0) \land p_{(t)})$

[121] "情况将来总是" 可用F^*_p表示，意为：$\forall t ((t > 0) \rightarrow p_{(t)})$

时态算子的命题演算关系式有（仍按据图4.1中所述逻辑联结词的顺序）：

[122] $P (p \land q) \rightarrow P_p \land P_q$

[123] $F (p \land q) \rightarrow F_p \land F_q$

[124] $P (p \lor q) \equiv P_p \lor P_q$

[125] $F (p \lor q) \equiv F_p \lor F_q$

[126] $P^* (p \rightarrow q) \rightarrow (P_p \rightarrow P_q)$

[127] $F^* (p \rightarrow q) \rightarrow (F_p \rightarrow F_q)$

[128] $(p \rightarrow q) \rightarrow (P_p \rightarrow P_q)$

[129] $(p \rightarrow q) \rightarrow (F_p \rightarrow F_q)$

[130] $P \rightarrow P^*F_p$

[131] $PF^*_p \rightarrow p$

[132] $P \rightarrow F*P_p$

[133] $FP*_p \rightarrow p$

四、G（将总有）与F（将要有）的时态命题对当方阵

在 G_p、$G \sim p$、F_p、$F \sim p$ 之间可建立时态命题对当方阵，它们具有如下图所示的真假关系，参见第一章图1.1。

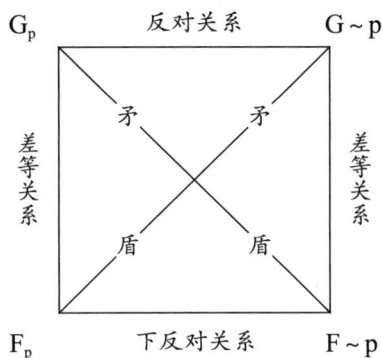

图 8.2

从上图中的对角线矛盾关系可获得下述等式：

[134] $G_p \equiv \sim F \sim p$

[135] $G \sim p \equiv \sim F_p$

[136] $F_p \equiv \sim G \sim p$

[137] $F \sim p \equiv \sim G_p$

依据对当方阵的反对关系可获得下列蕴涵式：

[138] $G_p \rightarrow \sim G \sim p$

[139] $G \sim p \rightarrow \sim G_p$

依据对当方阵的差等关系可获得下列蕴涵式：

[140] $G_p \rightarrow F_p$

[141] $G \sim p \rightarrow F \sim p$

[142] $\sim F_p \rightarrow \sim G_p$

[143] $\sim F \sim p \rightarrow \sim G \sim p$

依据对当方阵的下反对关系可获得下列蕴涵式：

[144] $\sim F_p \rightarrow F \sim p$

[145] $\sim F \sim p \rightarrow F_p$

五、H（过去总有）与 P（过去曾有）的时态命题对当方阵

在 H_p、$H \sim p$、P_p、$P \sim p$ 之间具有如下真假关系，它们构成另一个时态命题对当方阵：

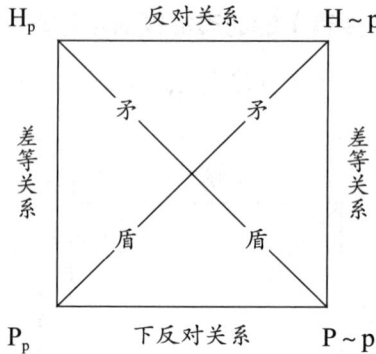

图 8.3

根据这一对当方阵可获得如下等式：

[146] $H_p \equiv \sim P \sim p$

[147] $H \sim p \equiv \sim P_p$

[148] $P_p \equiv \sim H \sim p$

[149] $P \sim p \equiv \sim H_p$

读者可仿照图 1.1 和图 6.4 写出反对关系、差等关系、下反对关系的蕴涵式。

六、道蒂的区间语义学

另外，道蒂（D. Dowty 1945— ）的"区间语义学（Interval Semantics）"认为，英语自然语句：

[150] John left today.

生成自下一含时态的语义逻辑式：

[151] $\exists_t [\, t \subseteq \text{today'} \wedge [\text{PAST}(t) \wedge \text{AT}\,(\,t, \ \text{leave'}\,(j)\,)\,]$

其现在时和将来时：

[152] John leaves today.

[153] John will leave today.

可分别记作：

[154] ∃ₜ [t ⊆ today' ∧ [PRES（t）∧ AT（t, leave'（j））]

[155] ∃ₜ [t ⊆ today' ∧ [FUT（t）∧ AT（t, leave'（j））]

这样就可把"时态"与"时间状语"结合起来分析自然语句的生成机制，是对 MG 的一个发展。另外，他还发现将英语中的 and 处理为"∧"也有不妥，如：

[156] John came and John went.

这两个动作不会同时发生，当有先有后，而用"∧"则反映不出时间上的差别。可用"AND"，令其具有时间的先后性。可记作：

[157] ∃ₜ [PAST（t）∧ AT（t, come'（j）AND go'（j））]

再如：

[158] 将来人可能会飞出太阳系。

的语义逻辑式可记作：

[159] F ◇ p

这里用"p"来表示命题"人飞出太阳系。"下一式子：

[160] □ p → G □ p

意为：如果 p 是必然的，那么 p 永远都是必然的。

七、时态逻辑的应用

有了时态逻辑，就可揭示同一自然语句所蕴涵的不同的深层逻辑结构，例如下一句有歧义（一句为真，另一句为假）：

[161] All people have been children.

可用时态逻辑加以区分（设：C=children）：

[162] ∀ₓ H C₍ₓ₎　　　[对每个人，都曾经有一个时候，那时是小孩。]

[163] H（∀ₓ C₍ₓ₎）　　[在过去，每个人都是小孩。（这显然是假话）]

可见，逻辑算子的相对位置是很重要的。

我国有一句广为人知的算命先生的谶语"父在母先亡。"这句话若用不同的标点法，基于不同的时间参照点，就会有以下六种不同的解读方法：

表 8.1

	三个不同的时间	父先死	母先死
1	作为对过去的追忆（父母都已去世）	父先于母死	父在时母已死
2	作为对现实的描写	母在，父已死	父在，母已死
3	作为对将来的预测	父先于母死	母在父之前死

若用上述时态算子便可做出明确标示和区分。算命先生正是运用了不同的算子来为自己当下的需求作出不同的应变。

除了上文所论述的几种内涵逻辑之外，还有：命令逻辑、行动逻辑、问题逻辑、拓扑逻辑、优先逻辑、量子逻辑、推测逻辑等，本书不再一一论述。

上文所论述的推理关系都具有"永真性"或"分析性真"。运用这类数理逻辑公式就可摆脱自然语言的局限性，使得传统逻辑成为一个高度形式化的学科，这就是现代形式逻辑的魅力之所在。

第九章 关系逻辑与谓词特征

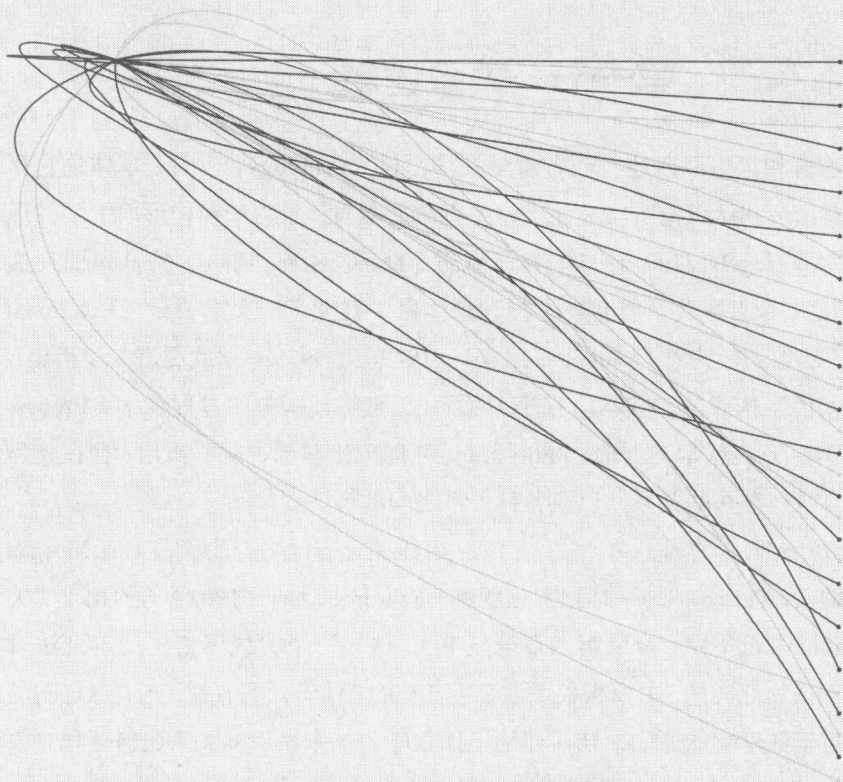

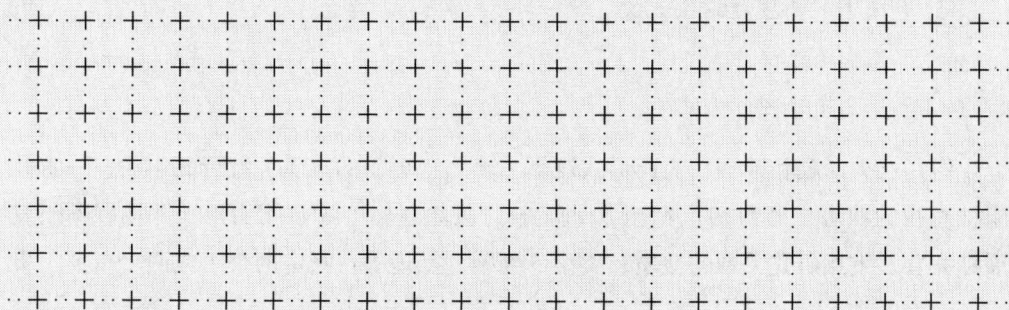

第一节　关系逻辑

正如本书前言和第一章所述，西方哲学在毕因论（Ontology，又译：本体论、存在论、是论、有论）和认识论阶段专注于追寻世界之本质，致力于建构形而上学的理论体系，黑格尔（Hegel 1770—1831）和马克思（Marx 1818—1883）反思和批判这一倾向，倡导从"辩证关系"角度来建构理论体系，确立了"关系哲学（Relational Philosophy）"的基础。怀特海（Whitehead 1861—1947）于1929年据此更进一步指出：世界不是由"实体"构成的，其本质在于"关系"，且将其视为"过程哲学（Process Philosophy，又叫：有机哲学 Organic Philosophy）"的理论基础，明确指出：存在就是关系，当明晰自身与存在的关系，以及各种关系之间的辩证性。

早在一阶逻辑诞生之前，英国、美国、德国的逻辑学家德摩根（de Morgan 1806—1871）、柏斯（Peirce 1834—1914）、施罗德（Schroder 1841—1902）等提出了"关系逻辑（Relational Logic）"（参见第二章第三节），这与那个时代黑格尔的辩证法哲学相呼应。他们认为亚氏的S-P模板仅关注S所具有的P性质，而忽视了S与S之间的关系，且基于逻辑数学化的原则，初步建构了用数学公式来表示"关系逻辑"和"关系演算（Relational Calculus）"的系统，这也有力地佐证了哲学家的"关系论"。

我们知道，"关系"概念在我们的生活中随处可见，比比皆是，它是指存在于若干事物（或对象）之间的某种联系，因此"关系命题"就是反映事物间关系的命题，如：

[1] 9 大于 7。

[2] 老王和老李是同班同学。

[3] 济南在北京和上海之间。

[4] 上海的总产值多于北京。

　　北京的总产值多于重庆。

　　上海的总产值多于重庆。

[5] 所有教授都支持这个议案。

　　王先生是教授。

　　王先生支持这个议案。

但是这类命题和推理在亚氏形式逻辑（聚焦于事物的本质）流行的年代，一直处于被忽视的状态，直到19世纪至20世纪初"关系逻辑"才初露头角，并得以不断发展和完善，重点研究关系的性质、类型、判断、推理等。断定两个（或两个以上）事

物之间关系的就叫"关系判断";若依据这类判断作为前提或结论的推理就叫"关系推理",它又可分为:

(1)纯粹关系推理:前提和结论都是关系命题,如例 [4]。

(2)混合关系推理:前提和结论中既有关系命题,也有性质命题,如例 [5]。

关系命题的形式结构包括:

(1)关系者项:即上文所说的事物或对象,是关系的承担者,如例 [1] 中的"9"和"7",例 [2] 中的"老王"和"老李"。

(2)关系项:指事物之间所存在的关系,如例 [1] 中的"大于",例 [2] 中的"同班同学",例 [3] 中是"在……之间"。

(3)量项:指关系者的数量范围,如例 [5] 中的"所有"。

关系逻辑中研究得最多的是像例 [1] 和 [2] 中只含两个关系者项的命题,本书称之为"二元关系命题",其中又包括对称、传递、自返。

第二节　谓词特征和元

一、谓词的涵义特征

自弗雷格提出语义三角理论之后，意义（Meaning）研究就包括两项内容：涵义（Sense）和所指关系（Reference），前者又包括两项内容：涵义关系（Sense Relations）和涵义特征（Sense Property），若从这个角度而言，本章所论述的谓词特征亦可称为"谓词的涵义特征"，可分别在词平面和句平面上进行研究，现图示如下：

$$\text{Meaning} \quad = \quad \underbrace{\text{Sense}}_{\text{Sense Relations}} \quad + \quad \overbrace{\text{Reference}}^{\text{Sense Property}}$$

表9.1

sense ╲ level	Sense　Relations				Sense Property
词平面	下义词 Hyponym	同义词 Synonym	反义词 Antonym	歧义词 Ambiguous Words	零/一/二/三/多元谓词 二元谓词特征（对称、传递、自返）
句平面	蕴涵句 Entailment	释义句 Paraphrase	反义句 Contradict-oriness	歧义句 Ambiguous Sentence	分析句 Analyticity 综合句 Syntheticity 矛盾句 Contradiction

句子的语义结构可用"述谓结构（Predication，PN，又译：表述结构）"来描写，它由"述元（Argument）"和"谓词（Predicate）"构成。前者在句法上起主语或宾语作用，后者表示前者的关系或特征，在句法上起谓语作用。

二、谓词的元

充当谓词的成分可为：动词、名词、形容词、介词、副词等，它们的语义特征决定了述元的数量和性质。根据谓词在一个简单句中所能带出述元的数量，可将其分为：

（1）零元谓词（No-place Predicate）；

（2）一元谓词（One-place Predicate）；

（3）二元谓词（Two-place Predicate）；

（4）三元谓词（Three-place Predicate）；

（5）多元谓词（Multiple-place Predicate）。

这就相当于法国语言学家吕西安·泰斯尼埃（L. Tesnière 1893—1954）在配价理论中的"价（Valence）"。例如：

[6]　John is a man.

仅含一个述元 John，则谓词 is a man 为一元谓词；

[7]　The book is on the table.

含两个述元 the book 和 the table，则 is on 为二元谓词。

[8]　Jinan is between Beijing and Shanghai.

含三个述元 Jinan、Beijing 和 Shanghai，则 is between 为三元谓词。

第三节 二元谓词的特征和推理

二元谓词指一个谓词可带两个述元（即主词），可记作：

[9] $R_{(x, y)}$

若将其再与两个量词∀和∃结合起来，就会有以下四种结构形式：

[10] $\forall_x \forall_y R_{(x, y)}$

[11] $\forall_x \exists_y R_{(x, y)}$

[12] $\exists_x \forall_y R_{(x, y)}$

[13] $\exists_x \exists_y R_{(x, y)}$

若再颠倒 x 和 y 的前后顺序，还可写出另外 4 个谓词演算公式，此处略。

根据二元谓词的特征，可按照逻辑关系分为以下三大类，九小类：

（1）对称性（Symmetry）、反对称性（Anti-symmetry）、非对称性（Asymmetry）；

（2）传递性（Transitivity）、反传递性（Anti-transitivity）、非传递性（Intransitivity）；

（3）自返性（Reflexivity）、反自返性（Anti-reflexivity）、非自返性（Irreflexivity）。

它们都可用谓词演算公式来作形式化处理。

一、关系的对称性

依据关系的对称性，可将二元谓词细分为以下三小类：

1. 对称性谓词

对称性谓词是指两个述元间的关系具有对称关系，可记作：

[14] $R_{(x, y)} = R_{(y, x)}$（设 R=relation；x 和 y 为两个个体变项）

例如：

[15] If x is married to y, then y is married to x.

因此 marry 具有对称性特点，可用语义公式记作：

[16] $\forall_{xy}（M_{(x, y)} \rightarrow M_{(y, x)}）$（设：M = marry）

该式读作：

[17] For all x and y, if x is married to y, then it necessarily follows that y is married to x.

又例：be next to 也具有对称性，因为

[18]　if x is next to y, then y is next to x.

自然语言（包括英语和汉语等）中表示下列意义的词语都具有对称性关系"等于、雷同、同学、战友、同事、伙伴、相似、相邻、接壤、彼此"等。

2. 反对称性谓词

若x与y之间具有关系R，但y与x之间一定没有这种关系，如：

[19]　重庆人口比上海多。

这就叫"反对称关系"，因为我们从中可知，上海的人口一定不比重庆的多，即颠倒两个关系者项之后的命题一定不成立。这种关系可用蕴涵式记作：

[20]　$\forall_{xy} \sim (R_{(x, y)} \rightarrow \sim R_{(y, x)})$

在表示"比……多"一类的比较级中，它们都具有反对称性。

3. 非对称性谓词

若x与y有关系R，但y与x不一定有关系R，也不一定没有关系R，这种关系R就具有非对称性，如英语中的love，因为

[21]　If x loves y

不一定

[22]　y loves x

因此，二元谓词love具有非对称性。这种非对称性可用蕴涵式记作：

[23]　$\forall_{xy} (R_{(x, y)} \rightarrow \sim R_{(y, x)})$

自然语言中表示下列意义的词语都具有非对称性关系"爱、恨、情、愁、认识、知道、相信、尊敬、礼貌、大于、小于"等。

二、关系的传递性

依据关系的传递性，可将二元谓词细分为以下三小类

1. 传递性谓词

有些二元谓词在语义上具有一种传递性关系，若x与y有关系R，y与z也有关系

R，并且 x 与 z 也有关系 R，则关系 R 具有传递性。例如英语中的介词短语 in front of 就具有这样的特征：

[24] If x is in front of y, y is in front of z, then x is in front of z.

其语义公式可记作：

[25] $\forall_{xyz}$（$R_{(x, y)} \wedge R_{(y, z)} \rightarrow R_{(x, z)}$）（设：R = relation）

该式的传递序列是根据 1-2 和 2-3，传递性推导出 1-3；它还可根据 1-2 和 1-3，传递性地推导出 2-3，即：

[26] $\forall_{xyz}$（$R_{(x, y)} \wedge R_{(x, z)} \rightarrow R_{(y, z)}$）

该式称为"欧式传递性"。

自然语言中表示"早于、迟于、大于、小于、同学、同乡、老长、年轻、高、低、多于、少于、在……之前、在……之后，在……旁边"等词语都具有此类传递性特征。

2. 反传递性谓词

若 x 与 y 有关系 R，y 与 z 有关系 R，并且 x 与 z 一定没有关系 R，则关系 R 具有反传递性，例 be father of 就具有这样的特征：

[27] John is the father of Tom. Tom is the father of George.

但我们不能据此推断出：

[28] * John is the father of George.

该式可形式化地记作：

[29] $\forall_{xyz} \sim$（$R_{(x, y)} \wedge R_{(y, z)} \rightarrow R_{(x, z)}$）

自然语言中的"父亲、儿子、孙子、舅舅、姑妈"等表示亲属关系的词语大多具有这类性质，而英语的 cousin（相当于汉语的堂、表、姨兄弟姐妹）却不具有这种关系，它们具有对称性关系，另外还有"年长 2 岁、年少 3 岁、高 5 公分、矮 4 公分"等带具体数量的比较级词语也都有此类现象。

3. 非传递性关系

若 x 与 y 有关系 R，y 与 z 有关系 R，并且 x 与 z 不一定有关系 R，则关系 R 具有反传递性，如英语中的 opposite 就具有这一特征，因为

[30] If x is opposite to y, y is opposite to z.

而不一定

[31]　x is opposite to z.

因此opposite具有非传递性。这种非传递性可用蕴涵式记作：

[32]　$\forall_{xyz}$（$R_{(x,y)} \wedge R_{(y,z)} \rightarrow \sim R_{(x,z)}$）

再例"尊敬"一类的词语也具有这一性质，因为若x尊敬y，y尊敬z，而z不一定就尊敬z。

在自然语言中具有不对称性关系的词语还有"朋友、认识、战胜、打败、父子、母女"，特别是那些表示情感的词语，如"爱、恨、情、愁"等也具有这类特征。

三、谓词的自返性

依据关系的自返性，可将二元谓词进一步分为自返性和非自返性。

1. 自返性谓词

自返性谓词指有些二元谓词所带的两个述元之间具有一种"向回反射"的关系，就像句中用了反身代词一样，谓词所表意义又返回到作主语的述元自身，例如equal、identical, resemble等就具有这样的特征，其语义公式可记作：

[33]　$\forall_x R_{(x,x)}$　　　　　　　（设：R = relation）

它表示：对所有x来说，x与自身之间有R关系。例如：

[34]　John shaved himself.　（约翰给自己刮胡子。）

自然语言中下列词语都具有自返性关系，"等于、同一、相似"等；另外，很多只要可将动作返回到自身的二元谓词，都可归属于此类，例如：

[35]　他打了自己两耳光。

[36]　他把自己反锁在房间里。

[37]　他自己对自己说。

[38]　他大骂自己一通。

[39]　他给自己理发。

……

2. 非自返性谓词

若命题中的两个关系项之间没有这种"返回"关系,则称之为"非自返性谓词",如:taller(较高)、different(不同)等,例如:

[40] * x is taller than x.

是自相矛盾的。这种不具有自返性质的语义关系可记作:

[41] $\forall_x \sim R_{(x, x)}$

自然语言中具有非自返性关系的词语有"欣赏、战胜、大于、小于"等。

从上面所举汉语例子来看,很多词语具有多种关系,如"大于""多于"具有非自返性、非对称性、传递性关系。

四、关系推理

根据上述对命题关系所述及的性质进行推理就叫"关系推理",它又可具体分为:对称关系推理、传递关系推理、自返关系推理,现以第一种关系推理简述如下。

基于对称关系的性质所进行的推理就叫"对称关系推理",其结构形式为:

[42] $_xR_y \rightarrow {}_yR_x$

$$\frac{_xR_y}{_yR_x}$$

其推理公式见 [25],据此我们可从自然语言中获得如下推理:

[43] "Classmate" is of symmetry relation.

Tom is Bill's classmate.

So, Bill is Tom's classmate.

余者类同,此处略。

五、二元谓词特征的另一种形式化方案

二元谓词所具有的"对称、传递、自返"关系,还可用"全等逻辑联结词($\equiv$)",通过"逻辑等价(Logical Equivalence)"的方法来形式化地标记:

[44] 对称:若 $p \equiv q$,则 $q \equiv p$

[45] 传递:若 $p \equiv q$,$q \equiv r$,则 $p \equiv r$

[46] 自返:$p \equiv p$

第十章　语义公设

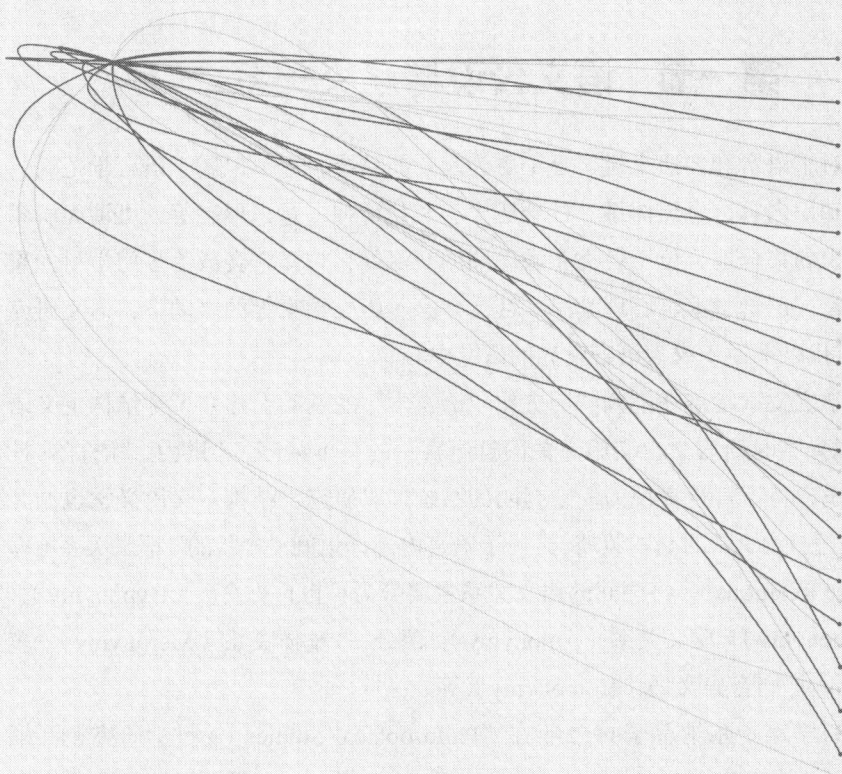

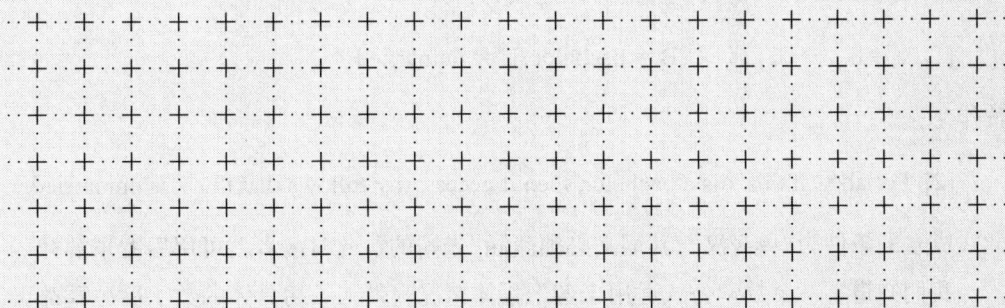

第一节　语义公设与涵义关系

语义，相对于语音和句法来说，是个更为复杂的系统，它不但属于语言学范畴，还涉及人类的知识内容、思想体系、社会历史、文化精神、意识形态等，可谓无所不包，是多种知识的集合地，位于各类矛盾思潮的交汇处，难怪它会成为多门学科的聚焦点。在哲学家、逻辑学家、心理学家、社会学家、历史学家等的推动下，语义研究自20世纪60年代以来逐步成为语言学界的研究中心。

现代语言学之父索绪尔在批判"历史比较语言学"的基础上建立了"结构主义语言学"，大力倡导共时语言学，实施"关门打语言"的基本策略，切断了"语言 vs 社会和人"的联系，将语言自身视为一个封闭的系统加以研究。结构主义语义学也循此思路，实施"关门打语义"的基本策略，聚焦于语言内部词语间"含蓄的"语义关系（即涵义关系：Sense Relations），将词间的语义关系主要分为：上下义关系（Hyponymy）、同义关系（Synonymy）、反义关系（Antonymy）、部分 — 整体关系（Meronymy）、多义词（Polysemy）、同音异义词（Homonymy）等。

美籍德裔哲学家卡尔纳普于1952年在"Philosophical Studies（《哲学研究》）"第III期上首次提出"语义公设（Meaning Postulate）"的设想，尝试用谓词演算公式来形式化地解释词汇的"涵义关系"，即词项的意义可用蕴涵关系来说明，从而达到形式化解释词汇意义的目的。

语义公设形式化地揭示了词项的概念意义（即认知意义），运用公式来体现逻辑中的涵义关系。也就是说，这种关系可通过语义公设来规定。若能列出表示两个词项之间的分析性蕴涵关系的语义公设，则前者的意义就可用后者来表示。

一、释义

所谓"释义"，就是在保证意义不变的前提下用一个词语去解释另一词语，如可将英语单词 bachelor 用谓词演算的方法定义为：

[1] $\forall_x (B_{(x)} \rightarrow U_{(x)})$（设：B = bachelor；U = unmarried）

读作：

[2] For all x, if this x is a bachelor, then it necessarily follows that this x is unmarried.

此式成立的条件为"单身汉"，其词义必须蕴涵"未婚的"，此时前者就可用后者来解释。

我们知道，一个数学公式适用于若干具体情况，带入一切具体的数字后运算都正确。卡尔纳普沿着数学公式的形式化思路，建立了具有普遍性的词语释义总公式，令人佩服！

二、同义

所谓"同义"，是指享有相同概念的不同词项之间的关系，如trash与garbage，answer与reply等，我们不妨将它们视为一种对称的上下义关系（Symmetrical Hyponymy），即如果一物是trash, 它必然是garbage, 反之亦然。

语义公设可记作：

[3] $\forall_x (A_{(x)} \rightarrow B_{(x)}) \wedge \forall_x (B_{(x)} \rightarrow A_{(x)})$

可读作：

[4] For all x, if this x is A, it is necessarily B, and for all x, if this x is B, it is necessarily A.

该式可视为"同义词总公式（The General Formula for Synonym）"。该分析思路也适用于动词，如kill的语义蕴涵为：

[5] If John killed Bill, then Bill died.

可形式化地记作：

[6] $K_{(a, b)} \rightarrow D_{(b)}$ （设K = kill；D = die；a = John；b = Bill）

根据此式可知，只要a kill b, b就肯定死了，有此释义就不会造出如下的句子来：

[7] * John killed Bill, but Bill didn't die.

我们知道，英语中：

[8] I persuaded John to go.

蕴涵

[9] John went.

否则就不能用persuade, 因此该词的语义公设可记作：

[10] $P_{(a, b)} \rightarrow G_{(b)}$ （P = persuade；G = go；a = I；b = John）

三、反义

"反义"，顾名思义，两个词语之间的意义相反，它们不可能互相蕴涵。在反义关系中，若一个对象为B，它就必然不可能是M，如某人是bachelor，它就必然不可能是married，此时B与M之间就具有反义关系。[3] 也可公式化地记作：

[11] $\forall_x (B_{(x)} \rightarrow \sim M_{(x)})$ （设：$\sim M$ = not married）

读作：

[12] For all x, if this x is a bachelor, then it necessarily follows that this x is not married.

若我们更换该式中的 B 和 $\sim M$，且使该式成立，就可用后者来反义解释前者，这就是语言中一切"反义词总公式（The General Formula for Antonym）"。

四、上下位

我们知道，语义系统具有层级性，在结构主义语义学中用"上下义关系"来加以描写。这种关系是一种包含关系，相当于逻辑学中的"属概念（上位概念）"包含"种概念（下位概念）"，处于上位的词义包含了处于下位的词义，例如：

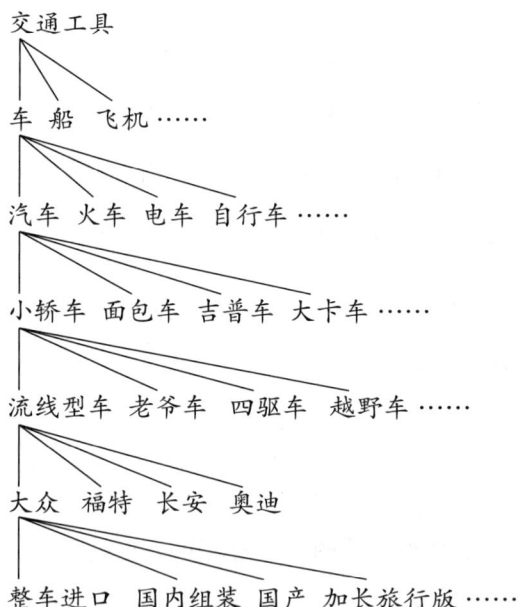

交通工具

车 船 飞机……

汽车 火车 电车 自行车……

小轿车 面包车 吉普车 大卡车……

流线型车 老爷车 四驱车 越野车……

大众 福特 长安 奥迪

整车进口 国内组装 国产 加长旅行版……

图 10.1

再如"植物—花"的上下义结构图：

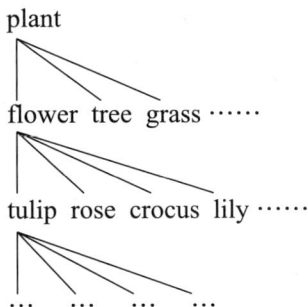

图 10.2

flower 是表示属概念（又叫上义概念）的词，它是 tulip、rose、crocus、lily 等的上义词（Superordinate，又译：上坐标词、支配词），tulip、rose 等为表示种概念的下义词（Subordinate 或 Hyponymy，又译：下坐标词、受支配词）。而且词的这种上下义关系具有多层级性的特点，如 flower 是 tulip 等的上义词，它同时又是 plant 的下义词；而且 tulip 还可分为很多种类，因此作为 flower 下义词的 tulip，它同时又是各类 tulip 的上义词。

依据概念层级性特点，运用逻辑蕴涵关系就可用谓词演算的方法来实现语义公设操作，如说：

[13] This is a tulip.

它必然是

[14] It is a flower.

因此可记作：

[15] $\forall_x (T_{(x)} \rightarrow F_{(x)})$ （设：T = tulip；F = flower；x 为个体变项）

该式读作：

[16] For all x, if this x is a tulip, then it necessarily follows that this x is a flower.

反之，则不合逻辑：

[17] * $\forall_x (F_{(x)} \rightarrow T_{(x)})$

该式不成立，因为是 flower 者不一定是 tulip。

第二节　小　结

　　哲学家们认为，语义公设是继"语义成分分析法（Componential Analysis，CA）"之后新出现的一种行之有效的词义分析方法。两者的区分在于：CA是通过分解词项的义素成分来描写词义，而语义公设是通过描写词义关系来揭示词义，两者思路不同、各有特色、也各有用途。有些词可同时用这两种方法分析，如bachelor的意义既可用CA来分解为几个独立的义素，也可用语义公设来揭示其内在的逻辑蕴涵关系。而诸如"花、牛"等意义就很难用CA分解出独立的义素，此时用语义公设就比较方便，如上文对"郁金香花"的分析，若换用CA则较为困难。而且，语义公设可表达多种词义关系和搭配关系，这显然要比CA更一目了然。

第十一章　蒙塔古语义学

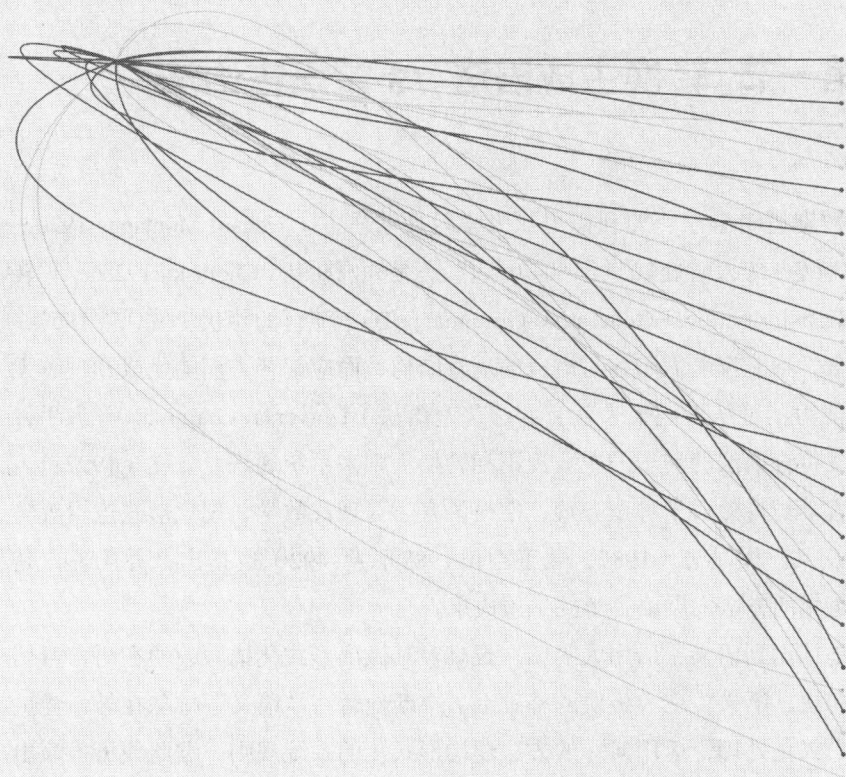

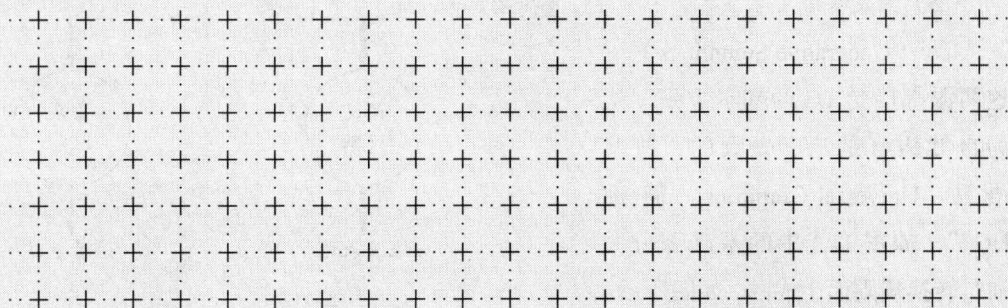

第一节 转换生成语法 vs 蒙塔古语法

一. 时代背景

美国著名数理逻辑学家、加利福尼亚大学教授蒙塔古（Richard Montague 1930—1971,师从塔尔斯基）等人时处20世纪60-70年代,正是乔姆斯基（Chomsky 1928— ）"转换生成语法（Transformational Generative Grammar，TG）流行的年代。乔氏（1957,1965）认为语言学不能仅着力于描写语言的现有结构,而应解释人们能生成和理解无限语句的天赋能力, 可从人们生来就有的"普遍语法（Universal Grammar）"入手,用一整套能生成符合语法的句子的生成规则和转换规则来系统展现。方立（1997:1）说,乔氏把语言学与自然科学等量齐观,使得语言学与现代数学、现代形式逻辑等学科进行了多重交叉。周昌忠（1987，载王雨田1987下卷:492）也指出, 乔氏理论是运用现代形式逻辑的方法发展语言学的一项成果。

乔氏深刻地认识到语义、语用太复杂,很难对其做出形式化描写,便在语言可切分出"音系、句法、语义"三大板块的基础上,果断地暂将"语义"排除在外,尝试对"句法"作形式化处理,运用演绎的方法建构形式化的系统规则,据此便可推演出自然语言中各种表达,从而开创了将自然语言纳入到形式化视野的新时代,功不可没。这既为语言学界, 同时也为形式逻辑学界、心理学界、认知科学等开辟了一个全新的研究方向,引起学界一时的轰动,被称为"乔姆斯基革命（Chomsky Revolution）"当之无愧。毫无悬念,他迈入了20世纪后期全世界最高被引用率前十位学者的行列。

他之后在诸如卡茨（Katz 1932—2002）,福多（Fodor 1935—2017）、波斯特（Postal 1936— ）等学者的批评下,始将语义纳入其视野。但TG学派内部在"句法"和"语义"的先后顺序上发生了重大分歧,从而出现了两种不同的语义理论:

（1）解释派语义学
　　（Interpretative Semantics）
（2）生成派语义学
　　（Generative Semantics）

这两派都接受TG的基本主张,认为自然语言是基于先天的"普遍语法（Universal Grammar, 简称UG）",如图11.1中的基础部分,通过转换规则而生成的,如图所示:

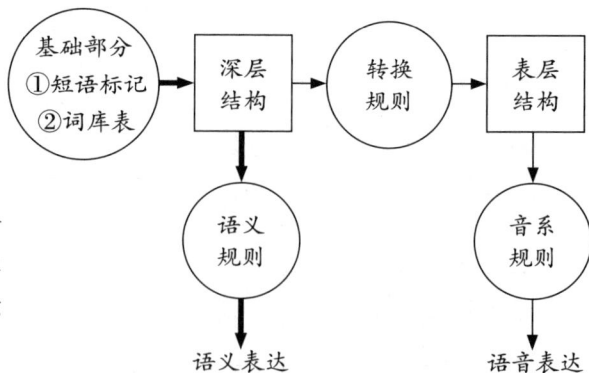

图 11.1

解释派语义学认为,句子的语义表达来源于句法表述,持"句法第一,语义第二"的立场。句法表达式先于语义表达式,语义仅是深层结构(能够解释句义的句法)中的一部分,语义表达式只与深层结构有直接联系,而与表层结构没有直接联系。

如图所示,语义规则和语义表达是置于深层结构之下的。正如图中的黑粗线所示,即从"基础部分"到"深层结构",以及"深层结构"到"语义规则",再到"语义表达"之间用黑粗线连上,可说明解释学派所持的"语义来源句法"的立场。语义规则和语义表达都是源自基础部分和深层结构的,前两者是服务于,且用于解释后者的。据此,语义学的任务就是为深层句法结构作出解释,也可根据词和句法结构的演算来揭示意义,故称"解释派语义学"。乔姆斯基、卡茨、福多、波斯特、杰肯道夫(Jackendoff 1945—)、帕蒂(Partee 1940—)等都持该观点。

生成派语义学则认为,句法表达来源于语义表达,持"语义第一,句法第二"的立场。句子结构的最小单位是语义元素,句法规则把语义元素进行合并和变位,就产生了语句中的词以及各种语序变化。因此语言中所有句子都是从语义生成而出的,然后通过"转换规则"生成表层结构,再通过"音位规则"生成语音表达。当然,如此操作的前提必须接受"转换不改变意义"的假设。

坚持"语义第一"的立场就可避免这一麻烦。据此,语言的生成过程是:首先要提供一个句子的"语义表征(Semantic Representation,亦可称其为'深层结构')",它规定了生成表层结构的条件,而句法规则仅具有解释性,其间不存在其他层面。现将这一意义观图示如下:

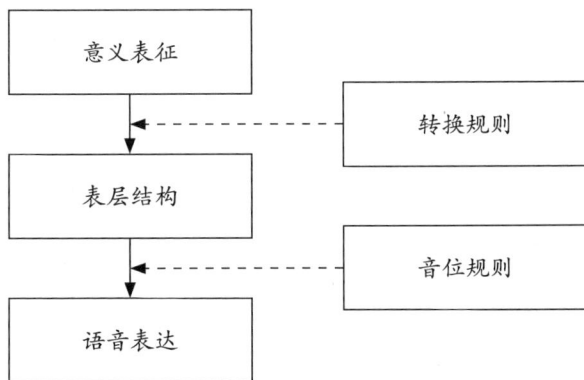

图 11.2

据此,语义部分所起的作用就不是用于解释句法的,而具有生成性,故称"生成派语义学",这种将"语义"置于首要位置的立场也为日后雷柯夫等人提出"认知语义学"铺平了道路（王寅 2007: §8）。代表人物是雷柯夫（G. Lakoff 1941—）、格鲁巴（J. S. Gruber 1940—2014）、利普卡（J. J. Lipka 1938— ）、麦考利（J. McCawley 1938—1999）、罗丝（J. R. Ross 1938— ）等。

很多学者认为，生成派语义学更符合常人的经验，人们首先在头脑中有一个意义要表达，然后再运用句法和词汇将其表达出来。因此，将句法置于语义之先有悖常理，本末倒置。生成派语义学反对在句法结构的框架下解释句义，认为人们先生成语义表达式，然后在此基础上按一定的规则转换成句法结构，例如：

[1] John kills Bill.

的句义生成过程为：

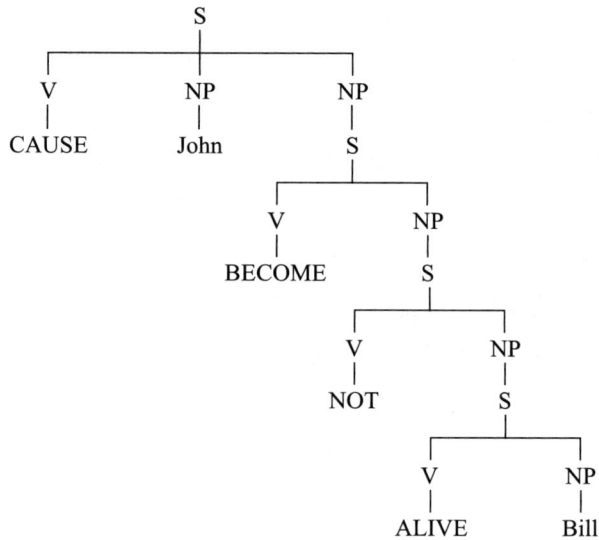

图 11.3

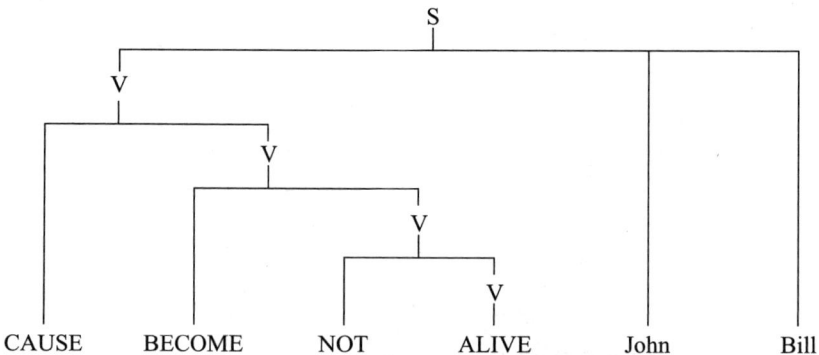

图 11.4

上图就是例 [1] 的语义表达式，然后再分别插入词项，用kill替换图中的CAUSE BECOME NOT ALIVE，然后再调整 V 和NP的位置，就可得到例 [1] 的句法结构表达式，如下图所示：

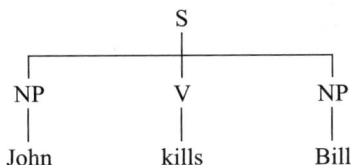

```
                    S
        ┌───────────┼───────────┐
        NP          V           NP
        │           │           │
      John        kills        Bill
```

图 11. 5

二、TG 与 MG

从上可见，解释派语义学与生成派语义学在句法和语义的先后顺序上发生了重大分歧，两派相持不下。蒙塔古（Montague 1973, 1974；Gamut 1991）在研读乔氏 TG 理论时发现这两种语义理论各自的不足，建立了"蒙塔古语法（Montague Grammar, MG）"，其核心是"通用语法（Universal Grammar）"，为自然语言和逻辑语言所共享，这样就能将自然语言处理成其内在结构与逻辑语言相同的形式系统。现代形式逻辑（主要是内涵逻辑）的成果就可扩展来解释自然语言的意义，故而学界又称MG为"蒙塔古语义学（Montague Semantics）"。这一方面开辟了逻辑研究的新方向——"自然语言逻辑"，另一方面也进一步丰富了乔氏的理论，因为乔氏始终未能提出较为满意的语义理论，蒙塔古正是抓住了这一缺陷，建构了较为完整的处理自然语言的形式语义学理论，从而也给形式语言学注入了新活力。

由于蒙塔古的老师是塔尔斯基，美国的分析哲学家戴维森（Davidson 1917—2003）所提出的"戴维森纲领（Davidson's Program）"也在尝试用塔尔斯基的真值条件论来解释自然语言的意义，他们可谓"不谋而合"，或"有谋而合"，使得现代形式逻辑转向了以分析自然语言的意义这一新方向。MG也被认为是当代语言形式化的最高发展成果，代表着当今语言学研究的数学化趋势，体现出特有的方法论，正如周斌武等（1996：5）所赞誉的，他的这一思想

> 在现代逻辑学与现代语言学有关智能的学术研究之中，引起了一场革命。他在逻辑学领域里主要的贡献可以扼要地说明如下：他发展了内涵逻辑，采用了卡尔纳普早先设想的阶次（Degree）的概念，提供一种逻辑演算。这种演算可以把语义学的现象作为自然语言的特征加以说明。而且他借助一种特殊的形式 λ-演算（λ-Calculus）能够形式地设想自然语言本身作为一种形式化的逻辑语言。

这使得蒙塔古成为当代逻辑语义学派的重要代表人物。

MG综合了上述两派语义理论，构建了一个使语义与句法一一对应的"语义—语法"体系，认为语义更基本（Montague 1970a：223），这显然是生成派语义学的观点；但又认为，语义不是直接来自句子，而是来自句法对句子所提供的分析，这显然是解释派语义学的立场。MG将乔氏在图11.1中所说的"深层结构"和"语义规则"修补为"内涵逻辑"和"转换规则"并通过这两者来推导出语义，这是对TG理论一大发展。

现将两者之间重大区分简单列表如下，不再详细论述：

表 11.1

	T G	M G
1	生成方向由上而下	由下而上
2	从抽象到具体的演绎法	虽也演绎，但亦有从部分到整体的归纳组合原则
3	核心为句法理论，以 UG 为出发点用树形图分析先天性的句法结构	核心为语义理论，用形式化方法解释自然语言的意义
4	语言内部的 CA 和语义标识，按句法树形图投射和合成	用内涵逻辑解释语义，更精确；通过外部世界的抽象模型来显示逻辑式的意义
5	解释派语义学（语义用以解释句法）	真值条件语义学，可能世界语义学，模型论语义学
6	忽略虚词、量词的语义分析	采用 λ-算子等多种逻辑手段刻画英语中虚词，用 PTQ 准确刻画量词
7	语言学属于认知心理学	语言学属于数学的分支，高度数学化，语形代数和语义代数之间具有数学的同态关系
8	凡 TG 所能形成的句子，MG 未必都能形成	凡 MG 所能形成的句子，TG 都能形成，因为 MG 仅描写了相当于 TG 中短语结构规则的内容，未涉及转换规则

第二节　通用语法

蒙塔古还综合了"理想语言学派（Ideal Language School）"和"日常语言学派（Ordinary Language School）"的观点，有机地将两者结合起来，且将落脚点置于后者，运用形式化的方法来统一处理"人工语言"和"自然语言"。他认为理想语言（即形式语言）和自然语言在本质上并没有区别，它们都可作精确的数学描述（参见表11.1中的第7点，语言为数学的一个分支，这便是MG的基本出发点），而且两者有着同样的规律。正如蒙塔古（Montague 1974:222）所说：

> 在自然语言和逻辑学家们的人工语言之间没有重要的理论差别，我确切认为，在一个自然的和数学上的精确理论之内，综合这两种语言的语形学和语义学是可能的。

据此，他提出了"通用语法"这一模式，即"蒙塔古语法"。这里的Universal Grammar显然是受到乔姆斯基的影响，但与其又有重大差异，为能方便中国同行的理解，笔者在述及乔氏TG时译为"普遍语法"，而述及蒙塔古理论时译为"通用语法"，以示区别。

要想将人工语言和自然语言置于同一个理论框架下解释，就需要在这两者之间建立一个共用的语义理论，但那时没有这种理论，也没有相应的句法理论，蒙塔古的"通用语法"就起到了这样一个功能，填补了这一裂隙，它兼有语义和句法两方面的内容，而且还认为语义更基本。这种通用语法主要依据内涵逻辑的方法，成功地构造出英语的部分语句系统，详细描写了自然语言的形式特征，将语言形式化研究推向了一个新阶段。

第三节　用内涵逻辑解释语义

正如上文所说，蒙塔古认为语言中的意义不是直接依据语言里的句子用公式来表示的，而是依据分析合法句子的语形得出的，其具体操作程序如下：先表明自然语言某片段具有与人工语言相同的规则性和组合性等特征，然后将自然语言译为人工语言，语义可通过一个内涵逻辑和一个转换规则，通过数学模型将一个内涵逻辑的表达式与出现在句子分析中的每一表达式联系起来，且借助转换规则推导出不同的表达式，再将人工语言的模型"翻译"为自然语言的模型，也就获得了语句的意义。

他认为，客观外界是由实体构成的，而实体本身具有自身特征，且实体之间也存在一定的关系，因此世界上客观地存在着一种模型，我们应当将其设计或总结出来，据此就能理解客观世界、掌握概念框架，获得语义系统。蒙塔古旨在设计出这种客观的数学模型，可藉此来表示实体的内在特性和固定关系。

这样，外部世界的真理就可描写成"满足"客观的集论模型，就可用数理逻辑式来反映外部世界的特征和关系。其中所用符号本身无意义，可通过与集论模型中成员和其间关系来实现。

自然 / 人工 → 译为 IL → 据数学模型解释语言 → 检验匹配 → 定 IL 的真条 → 意义

图 11.6

蒙塔古依据"内涵逻辑（Intensional Logic，ＩＬ）"的方法来解释语义，他先将自然语言（或人工语言）转译为内涵逻辑，如11.6左边两个方框所示，再根据能精确反映现实世界的10条数学模型来解释ＩＬ，此后再用一组程序来检验ＩＬ与模型化现实世界是否匹配，即基于九条"语义公设（Meaning Postulate，MP）"，将内涵转为外延，以此便可获得ＩＬ的真值条件，这样就能解释自然语句和人工语言的意义。可见，这是一种通过内涵逻辑来间接解释自然语言和人工语言意义的方法。语义解释的直接对象虽是内涵逻辑，它同时代表着自然语言和人工语言的表达式。

蒙塔古在内涵逻辑中采用了丘奇于1951年首创的内涵算子和外延算子："^""ᵛ"，如"^α"，读作"上阿尔法"，表示 α 的内涵，可理解为：以"可能世界"与"时间"为参照点而获得 α 所指个体集合的一个函数。与其相对应的便是外延算子"ᵛ"，如"ᵛα"，读作"下阿尔法"，在内涵表达式的基础上生成相应的外延表达式。如英语动词exist、conceive、believe-that、seek等，其主语当具有外延性，便可用"ᵛα"

来表示。

　　此外，在他的内涵逻辑中还有下列算子：相等"≡"、否定"～"、析取"∨"、蕴含"→"、存在量词"∃"、等量词"↔"、全称量词"∀"、必然模态"□"、可能模态"◇"、将来时态"W"、过去时态"H"等。此后，加林（Gallin 1975）发展了蒙塔古内涵逻辑的公理系统，且建立了蒙塔古内涵逻辑与其他内涵逻辑理论之间的联系，进一步完善了蒙塔古语法（参见周北海等《形式语义学基础》）。

　　有了内涵逻辑，便可解决"基于两个都真的前提推导不出真结论"的疑难推论问题，蒙塔古的处理方案是：基于"外延vs内涵"将名词和不及物动词各分为两小类：

　　（1）外延普通名词；

　　（2）内涵普通名词；

　　（3）外延不及物动词；

　　（4）内涵不及物动词。

　　且认为外延类的普通名词和不及物动词可依据规则将所包含的个体概念解释成常值函数，能划归为指代个体集合的表达式；而内涵类的普通名词和不及物动词不具有这一特征，不能处理为常值函数，也不能划归为指代个体集合的表达式。如：

　　[2]　The temperature is ninety.

　　[3]　The temperature rises.

　　[4]　Ninety rises.

之所以根据前两个条件推不出后面的结论，是因为 temperature 是一个内涵普通名词，它不像外延类专名那样具有确定而又具体的指称对象，而是指某一具体地区在不同世界时段所具有不同温度读数的分布情况，它不是指具体的读数本身。在第一例中虽然用了"is"，但它在此处不表示"等同"关系，而表示了"数值判断"关系。他还尝试用内涵逻辑公式来揭示其间的不可推导性（参见 Montague 1970b；邹崇理 1995：79）。

　　同样，当动词分为"外延动词vs内涵动词"之后，就可分别设计出不同的公式，以揭示这两者之间的差异（详见Montague 1973；邹崇理 1995：80）。

第四节　数理逻辑法

蒙塔古认为语法不是心理学而是数学的一个分支，可用数理逻辑演算的方法来处理自然语言中的句法和语义问题，"逻辑"可作为研究自然语言的恰当工具。蒙塔古结合自然语言和逻辑研究，侧重"语义分析"，因此该理论的主要成就在语义学方面，所以又称为"蒙塔古语义学"，包括三大基础：

（1）真值条件语义学；
（2）可能世界语义学；
（3）模型论语义学。

一、真值条件语义学

语言表达和思想内容都具有"世界指向性"，哲学家们自然想出要依据现实世界的真实情况来确定语句的真假值，这就是"外延论"。与其相关的术语还有"真值、指称、境况"等，一阶逻辑就是基于此建立起来的。塔尔斯基于20世纪30年代首先确定了语言分层理论，区分出"对象语言（Object Language）vs元语言（Metalanguage）"，且在此基础上提出了形式逻辑系统中"真句子"的定义，从而创建了"真值条件语义学（Truth Conditional Semantics）"，即以真值条件为基础来解释句义，了解一个陈述性语句的意义就是要知晓能使该句成真的实际条件，因此语句的意义也就等于该句赖以成真的一组充分必要条件，这显然属于外延逻辑，但它却是研究内涵逻辑的必要条件。

二、可能世界语义学

我们知道，莱布尼茨早就谈论过"可能世界"问题，卡尔纳普曾提出"外延内涵法"，构思出了一种分析形式语言的语义的新方法，在考察"谓词、个体词、语句"的外延时，也定义其内涵，即同时兼顾到了弗雷格所论述的"涵义（Sense）"和"指称义（Reference）"这两者。如个体的外延是它指称的个体对象，其内涵是它所表达的个体概念；句子的外延是它的真值，其内涵是它所表达的命题。我们可用卡尔纳普形式化分析 bachelor 一词的公式直觉地解释如下：

[5] $\forall_x (B_{(x)} \rightarrow U_{(x)})$ 　　　　（B=bachelor，U=unmarried）

$\forall_x$ 是从外延角度来说的"对于所有的 x"，它确定了其后括号中所揭示的内涵义在外部世界中的所指范围；而括号内则是这个词的内涵，它等值于"未婚"。这个式子就是卡尔纳普将"外延"与"内涵"相结合的最佳实例，将其称为"外延内涵法"十分贴切。他还在这一思路的统摄下提出了"外延语境""内涵语境""内涵同构""状态描写"等概念。学界认为他的"状态描写"已十分接近克里普克的"可能世界语义学"。

克里普克于1972年正式提出了内涵逻辑的主体内容"可能世界语义学（Possible World Semantics）"，主要研究语句意义除在现实世界成真之外，还可分析语句在所有可能世界中都能成真的条件。其语义规则为：依据可能世界中的情况来确定每一句法规则所生成的句子及各成分的语义值，通过语义值与可能世界中情况是否相符来判断语句是真是假，这样就将视野从现实世界的外延扩展到所有可能世界的内涵，可能世界就可作为确定语句真值的参照点。也就是说，"成真"不仅可指"现实世界"，也可指"可能世界"，前者仅是后者中的一种情形。若在一切可能世界中都成真，则为"必然真的语句"；仅在一个可能世界成真的语句为"可能真的语句"。

可能世界语义学使得逻辑语义学的研究范围超出现实世界的视野，亦已成为内涵逻辑的主要内容，这也是一个直接触发蒙塔古提出"通用语法"的主要动因。

三、模型论语义学

蒙塔古沿其思路于20世纪60—70年代将"人工语言"和"自然语言"统合起来，置于同一个"通用语法"的框架中加以研究，在两者之间建立了通用的"语义—语法"体系。先将自然语言转换成人工语言，再转译为"内涵逻辑"，然后通过亦已建立的现实世界数学模型，以其为基准来检验内涵逻辑的匹配情况和真值条件。于是，就可通过建立这两种语言的意义与世界数学模型是否匹配来解释语义，这又为语义外延论提供了一条新思路。

蒙塔古语义学主要运用这三种语义学理论来描述自然语句的语义，把自然语言同客观外部世界联系起来考察意义，对自然语言进行高度数学化处理，用集合和函数等数学概念来解释模态算子的语义，建立了句法与语义同构的原则。

第五节　PTQ 系统

蒙塔古（Montague 1970b）于1970年宣读了论文 "The Proper Treatment of Quantification in Ordinary English"，在现代形式逻辑中常简称 "PTQ 系统"。他在文中提出了一个分析部分英语句子语义系统的方法，充分体现了蒙塔古语法的基本思路和研究策略，尝试整合 "真值条件语义学、模型论语义学、可能世界语义学" 这三个语义理论，较为系统地处理部分英语自然语句的语义，在学界引起了较大的反响，开创了一条描写自然语言意义的新思路。

我们知道，自弗雷格于19世纪末20世纪初就提出 "范畴语法（Categorial Grammar）" 的构想，后经波兰逻辑学家列斯尼夫斯基（Leśniewski 1886—1939）、爱丘凯威茨（Ajduciewcz 1890—1963）和以色列裔美籍的巴尔—希勒尔（Bar-Hillel 1915—1975）等逐步完善，用最少的两个范畴（名词和句子），按一定的规则递归性推导出其余的语法范畴，并分析它们的句法分布，依据数理逻辑的方法来处理自然语言句法范畴之间的转化。蒙塔古发现，范畴语法所描述的 "范畴生成和转换" 与 "逻辑类型论的生成和运算" 极为相似，这样可将这两者紧密联系起来，可为自然语言的意义描写找到了一条新路径。他基于范畴语法，尝试通过一部词典和语形组合规则生成英语句子，再建构出内涵逻辑的句法学和语义学，然后运用一套翻译规则将英语句子转换成内涵逻辑式，便可间接获得英语句子的语义解释（参见邹崇理 1995：70）。PTQ 系统视英语中所有名词词组为量化性词组，如名词前常用诸如a、the、every等限定词（Determiner），它们实际上体现了量词的语义特点（但蒙塔古对其论述有限，这就导致 "广义量词理论" 的出场）。

PTQ系统采用比较直观的语形句法规则来生成英语句子，尝试用词典中9类句法范畴（不及物动词、及物动词、专名、普名、副词、介词等），它们都可用基本的集合表达式来表示，它们构成了英语表达系统的基础。在此之上就可推导出五大类17条复合表达式，即17条句法规则，17条语义规则，这样就能刻画出部分日常英语句子系统。与我们常见的语法或语义规则描写不同，每条规则都以数理逻辑的方式加以表达。

正如上文所述，PTQ系统在解释语义时主要采用间接的方法，先将英语的自然语句翻译成较为自然的内涵逻辑式，然后根据语义模型来获得语义。内涵逻辑的模型论定义解释共有10条，也都用形式化加以表达（详见Montague 1970，1974；邹崇理 1993：6，1995：59；蒋严 1998：407-409）。如：

[6] A woman talks.

可记作：

[7] $\exists_x$ [woman'$_{(x)}$ ∧ talk'$_{(x)}$]　（'表示集合中的成员）

然后运用 PTQ 系统内的内涵逻辑的模型论定义，可在有穷步骤内求出任何内涵逻辑公式的真值条件，从而就可获得这一自然语句的意义。

PTQ 系统还可准确刻画量词意义，而 TG 语法却忽视了这一现象，如在 TG 语法中上一例句与

[8] Every woman talks.

的句法结构相同，但蕴涵着不同的内涵逻辑，它可记作：

[9] $\forall_x$ [woman'$_{(x)}$ → talk'$_{(x)}$]

这样，用 ∃ 和 ∀ 则可加以区分。

PTQ 也可反映动词时态的语义特征，如：

[10] John left.　　　　　　　$\exists_t$ [PAST$_{(t)}$ ∧ AT（t, leave'(j)）]

[11] John leaves.　　　　　　$\exists_t$ [PRES$_{(t)}$ ∧ AT（t, leave'(j)）]

[12] John will leave.　　　　$\exists_t$ [FUT$_{(t)}$ ∧ AT（t, leave'(j)）]

第一句的真值条件为：存在一个在现在时间以前的时点，在那时"j"所指个体属于"leave'"所指的集合。其余两句情况相似。

据此还可解释虚拟语气的反事实语句，如：

[13] If I had gone, I would have found happiness.

可形式化为：

[14] P（□ ~ p ∧ ◇ (p → Fq)）

式中 p 代表 I go，q 代表 I find happiness，P 是过去时态算子，F 将来时态算子，□ 和 ◇ 分别为表示真实世界和可能世界的两个模态算子。整个公式可直观地理解为：在过去某时，事实上我没去，并在以这个时刻为准来确定的另一可能世界中，若此刻我去了，则在此刻之后的某时刻我感到愉快。

第六节 自然语言逻辑

说"语言"与"逻辑"的关系唇齿相依,恰如其分,从Logos一词兼有"语言"和"思维"二义可知,早期的逻辑学家兼哲学家,也是语言学家。这正应了R. H. Robin(1967：103)所说的那句名言：

> Philosophy, in its widest sense, had been the cradle of linguistics.（哲学，在宽泛意义上来说，曾是语言学的摇篮。）

再从形式逻辑学所关注的"概念、命题、判断、推理、论证"等来看，它们也完全对应于语言的不同层次：概念对应于语言中的词或词组；简单命题对应于语言中的简单陈述句；判断对应于中的单句或复句；推理对应于语言中的复句或句群；论证对应于语言中的句群、段落、篇章。这也足以证明传统形式逻辑的初始立足点为何要落脚于自然语言，因为形式逻辑旨在寻找自然语句背后的逻辑形式，为其建立一个理论体系，并以其为基础来解释语言表达中的逻辑错误。因此学界也把这个时期的逻辑学称为"传统的自然语言逻辑"。

西方在19世纪末20世纪初所形成的语言论转向，其初衷在于运用准确无误的现代数理逻辑来分析自然语言表达中的某些逻辑问题，以期能解决哲学中形而上学之误，为哲学研究寻求新出路。乔姆斯基在科学主义、逻辑实证主义大潮的影响下，一改结构主义（含描写主义）者研究语言的老思路，倡导将形式分析的方法引入到自然语言研究之中，尝试以数理演算的形式来建立适用于世界各国自然语言的普遍语法，以其来揭示句法形式与逻辑形式之间的内在联系。

我们知道,形式逻辑抛弃语句的具体内容,专注于思维的结构形式（参见第一章）；乔姆斯基谨循其道，在早期的转换生成语言理论中也将语义切除出去，聚焦于句法的形式化，用数理逻辑的方法来分析自然语言背后的深层逻辑结构。这场号称语言学界的乔姆斯基革命，既使得语言学与逻辑学相结合的老传统再度焕发青春，以崭新的面貌出现于世人眼前，从而开启了形式语言学的新时代；同时也使逻辑学界认识到仅关注逻辑的数学化研究之不足，将其转引向关注自然语言的老方向，使得"自然语言逻辑"经过螺旋式上升之后，再次成为逻辑学所关注的领域。

正是在这个意义上，蒙塔古语法具有了重大的理论价值，它不仅是继戴维森（Davidson 1917—2003）之后的一项具有突破性的尝试，而且还为形式逻辑学家开辟了崭新的方向，使得逻辑学走上了以自然语言为研究对象的新方向。

我们知道，塔尔斯基所创立的"逻辑语义学（Logical Semantics）"主要用于解释形式语言的语义，他常说的那句名言：

[15] "Snow is white" is true if and only if snow is white.

带引号的部分不是自然语言中的语句（只是为了表述方便），指的是"形式语言"，可用"$W_{(s)}$"来表示[①]，其中的 W 为谓词，意为 white，s 为个体词，表示 snow，该式意为：所填入的 s 具有 W 属性，这才能使 W 成为饱和的表述（即命题），"$W_{(s)}$"的语义可解释为：使得 $W_{(s)}$ 成真的条件（或一组最基本的条件），即 if and only if snow is white。塔尔斯基在前人研究的基础上，对逻辑语义学做出了系统性、规范性、形式化的论述，认为逻辑语义学的完整结构应包括四个方面的内容：

（1）形成规则：具体规定形式语言如何形成；
（2）指称规则：言明各个符号所指称的对象；
（3）真值规则：能使得语句具有真值的规则；
（4）变程规则：解释逻辑联结词的真值规定。

$W_{(s)}$ 是按照第三章所论述的谓词演算规则而形成的；其中的 W 和 s 的具体指称参见上文；其真值可表达为"若一元谓词 W 后所接个体常项 s 所形成的简单命题是真的，当且仅当，个体常项 s 所指的个体具有谓词 W 所指的性质，即可使 $W_{(s)}$ 成真的条件"；通过 $W_{(s)}$ 这个简单命题 p 可推导出由六个逻辑连接词（含否定算子）组成的复合命题为真的其他状态（可能世界），如 $p \lor \sim p$ 为真等。

戴维森（1967）尝试将塔尔斯基用于解释形式语言中语义的真值条件论，用来解释自然语句中的意义，这是一项了不起的思路，因而被学界尊称为"Davidson's Program（戴维森纲领）"。蒙塔古继而将"自然语言"和"人工语言"统一在同一个"通用语法"的框架中，用现代形式逻辑的方法来较为全面地分析自然语言的语义。这一研究思路虽说是滥觞于戴维森，但为其做出巨大贡献的当算蒙塔古，因此，从严格意义上来说，MG 首开了研究自然语言逻辑的先河。

[①] 在谓词逻辑中，常用 a、b、c 表示常项（专名），用 x、y、z 表示变项。此处的 snow 似乎介于这两者之间，为便于叙述，权且用 s 表示 snow。

周北海在2016年10月16日在四川外国语大学题为"语言学与逻辑学漫谈"的讲座中说，西方逻辑学对自然语言的研究可分为如下四个时期：

（1）混沌期：即传统逻辑学时期，逻辑的研究比较大地受到语言的影响，语言和逻辑研究的界限有时并不十分清楚，如修辞学也被视为逻辑学的内容。

（2）批评期：1900左右—1940s，数理逻辑确立和传播的时期，批判自然语言不严格、模糊、有歧义，主张放弃自然语言，建立人工语言，如各种符号语言、形式语言。

（3）推广期：1950s—1970s，蒙塔古语法理论确立和流行时期，将形式方法推广到自然语言研究之中，主张以形式语言为中心，从形式语言出发看自然语言。

（4）正本期：1970s，后蒙塔古时期，以自然语言为本的时期，一个理论如果不能满意地解释自然语言现象，只能说明这个理论本身不足，而不像早期那样说自然语言不好。

周教授将西方逻辑学的第四期称为"正本期"，从"正本"二字足以说明逻辑学在对待语自然语言的态度在不断发生变化，最终回到了将自然语言视为正本的立场。这是对语哲理想学派的一种否定，也与语哲日常学派的观点基本吻合，认为自然语言本身是合理的，它的背后隐藏着逻辑规律，隐藏着人类无穷的奥秘，语言哲学家和形式逻辑学家应当重点研究自然语言中的逻辑，从而将现代形式逻辑导向了自然语言的新方向。范本瑟姆（Van Benthem 1986）发表了论文"A Linguistic Turn：New Directions in Logic（《语言学转向——逻辑研究中的新方向》）"，明确指出了当今逻辑研究的新方向，亦已开始转到了自然语言方向。周礼全在为邹崇理（2000）所作的序言中指出：

> 自然语言逻辑是20世纪70年代以来在现代逻辑基础上发展起来的新学科，是当今逻辑领域中极具生命力的重要分支。

邹崇理（2000：x）也认为，自然语言逻辑是当今现代形式逻辑中一个极具生命力和发展前途的新学科门类。在逻辑学的"后蒙塔古时期"出现了下列一些新理论：

（1）广义量词理论　　　　　（Generalized Quantifier Theory）
（2）话语表征理论　　　　　（Discourse Representative Theory）
（3）动态语义学　　　　　　（Dynamic Semantics）

（4）动态蒙塔古语法　　　（Dynamic Montague Grammar）

（5）境况语义学　　　　　（Situational Semantics）

（6）类型-逻辑语法　　　　（Type-Logical Grammar）

（7）自然语言的加标演绎系统理论

　　　　　　　　　　　　（Labelled Deductive Systems for Natural Language）

等。我国学者也有这一方向的尝试者，就笔者所知的有：

（1）韦世林（1994）　　　《汉语——逻辑相应相异研究》

（2）蒋严、潘海华（1998）《形式语义学引论》

（3）蔡曙山（1999）　　　《言语行为和语用逻辑》

（4）邹崇理（2000）　　　《自然语言逻辑研究》

可见，自然语言逻辑与语言学互为边缘，值得我们语言学界的同行关注。

　　根据本书对现代形式逻辑的简述可知，研究自然语言逻辑的基本思路即为：通过一套算法（翻译程序）对自然语言推理作形式化处理，构造适用于自然语言特点的语句系统及其语义模型，以能在"自然语言"与"逻辑语言"之间架起一座互通的桥梁。这一新型学科既有逻辑学的特征，又有语言学的特征。说其具有逻辑学的特征，在于它将自然语言视为一个类似于逻辑形式系统那样的语句系统，可用真值条件模型语义学来分析其意义，进而可构造出一个烙有自然语句风格印记的形式演绎系统；说其具有语言学的特征，在于它的研究对象限定于自然语言的句法结构和语义特征，关注自然语言中的名词短语的量化意义、限定词的辖域问题、动词的时间特征、代词指代名词的照应关系，等等（参见邹崇理 2000：xiii）。

　　上文所论述的广义模态逻辑研究了语言中的"必然、可能、知道、认识、必须、应该、曾经、将要"等词语，但它也像数理逻辑中关注自然语言中诸如"并且、或者、假如、并非"等连接词那样，仅只聚焦研究个别特定的词语，未能对自然语言的意义展开较为全面的分析，也未能解释从自然语言到逻辑语言的抽象过程和变换规则。而且，不论是经典形式逻辑还是现代数理逻辑，在从自然语言的有关词语中抽象出逻辑涵义，建构起形式演绎系统之后，就中断了与自然语言联系，仅停留于形而上，而疏于形而下。这些不足之处正是MG所希冀填补的空白。

　　不管怎么说，自然语言逻辑明显烙上了"边缘学科（Interdisciplinary Subject）"

的印记，在语言学和逻辑学这两个学科的碰撞下，极易产生新的火花。这对于现代计算机发挥"人机对话"的功能具有重大意义。詹森（Janssen 1980）提出了仿照MG的计算机分析程序；蓝兹波根（Landsbergen 1981）基于MG为计算机生成自然语言构造了一套句法生成器的普遍算法结构；英都基亚（Indurkhya 1980s）根据MG的句法与语义对应原则建立了一个计算机分析程序；波兰的雷柴克哲卡（Leszczky）还尝试基于MG来运用计算机处理波兰语（参见邹崇理 2000:47）。可见，蒙塔古的MG为自然语言处理，人机对话发挥了重要作用。

第十二章　现代形式逻辑的利与弊

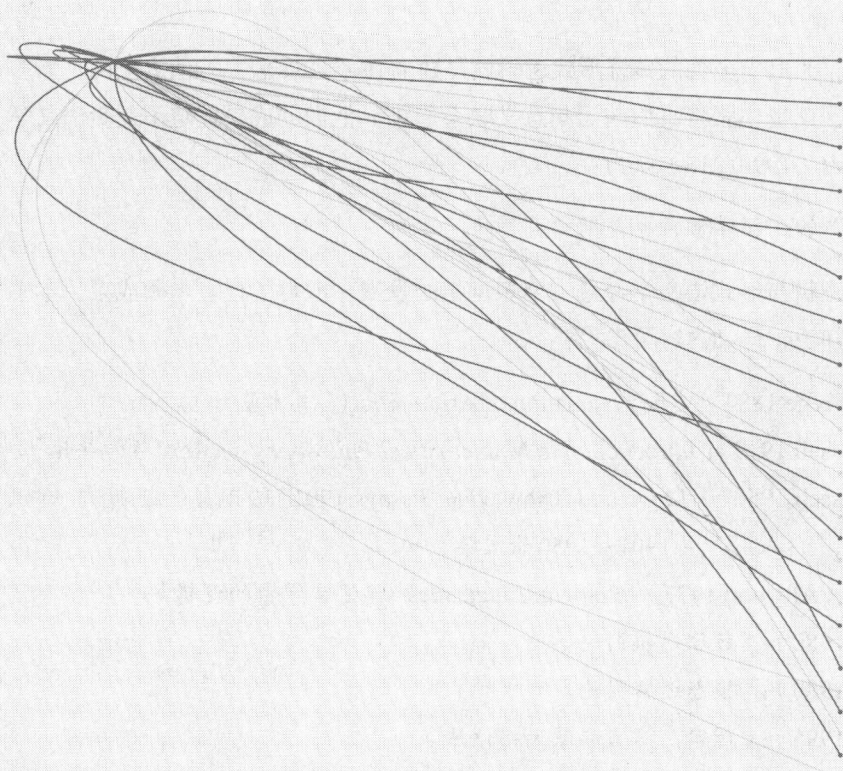

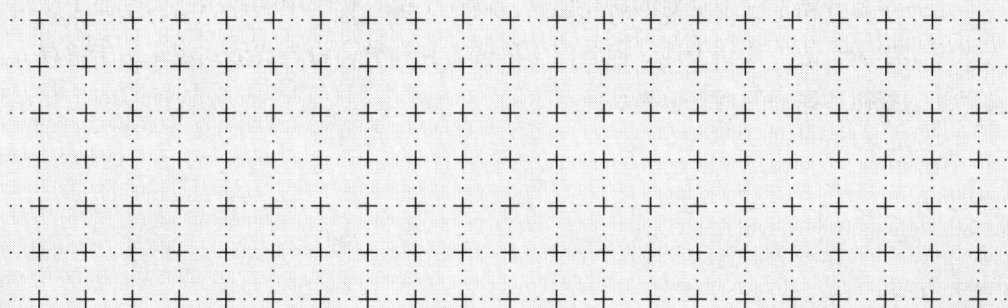

　　我们知道，亚里士多德的传统形式逻辑就是建立在"真 vs 假"二值之上的，斯多葛学派的语义理论也主张将真假与语句意义联系起来。他们的成果奠定了逻辑语义学的基础。蔡曙山（1999：216）认为：

　　研究"真"的逻辑学常常也是很"美"的。

　　现代形式逻辑与形式语义学经过一个多世纪的发展，取得了很多丰硕成果，本书仅介绍其入门知识，详细内容可参见：

弗雷格（Frege 1884）：*The Foundation of Arithmetic*（《算术基础》）

罗素（Russell 1919）：*Introduction to Mathematical Philosophy*（《数理哲学导论》）

罗素（Russell 1950）：*Logic and Knowledge: Essays* 1901–1950.（《逻辑与知识（1901—1950论文集》）

奥尔伍德（Allwood 1977）：*Logic in Linguistics*（《语言学中的逻辑》）

王宪钧（1982）：《数理逻辑引论》

周礼全（1986）：《模态逻辑引论》

邹崇理（1995）：《逻辑、语言和蒙太格语法》

周北海（1999）：《模态逻辑导论》

蔡曙山（1999）：《言语行为和语用逻辑》

邹崇理（2000）：《自然语言逻辑研究》

陈波（2005）：《逻辑哲学》

等。有关乔姆斯基如何运用现代形式逻辑来演绎句法（中后期也包括语义），参见 Chomsky（1957，1965）、王寅（2014：第十章），以及其他相关著作。

　　难怪一代代数理逻辑学家基于"真假值"，发现了各类公式，坚持不懈地建构各类系统，在纯数学演算的框架下创立了各种形式的逻辑演算系统。他们为之而倾心，乃至奋斗终身，这种研究确实有其独特的魅力。

　　这些学者开创了一条全新的研究思路，创建了语言哲学中的理想语言学派（又叫人工语言学派）的一片新天地。但各门学科皆有利和弊，将现代形式逻辑用于解释人类思维的规律和词语的意义也是如此。

第一节　优　点

正如笔者在前言中所指出的：思维能力是为人之初，决定着人的智慧，形式逻辑学所研究的思维形式和法则，对于人类形成思想，发展智慧，获得新知，建构自我具有举足轻重的作用，因而该学科被很多著名学者乃至联合国教科文组织视为"基础学科"，对于每位学者来说，无论是从事理科研究的，还是从事文科研究的，都是须臾不可或缺的工具。不管现代科学技术如何进步，媒介通讯如何先进和发达，在地球村上永远不可能没有逻辑学的地位；不管后现代社会将人群碎片化地分割成多么零散的群体，共同的逻辑形式和规律必然会将他们凝聚在一起。全世界讲数千种不同语言的地球人之所以能相互理解，永远不会陷入巴别塔的窘境，也是由于全人类享有共通的逻辑思维。

一、有助于更好地解决哲学问题，清晰地表达思想

无论是演绎逻辑，从一般原则推导出有关个别的、特殊的事物或现象的结论；还是归纳逻辑，从个别的、特殊的事物或现象概括出一般原则，若能将它们进行形式化处理，则可帮助我们更好地解决哲学问题，清晰地认识客观规律，准确地掌握新信息。罗素对数理逻辑大加赞赏，认为这种新逻辑

> 给哲学带来的进步，正像伽利略给物理学带来的进步一样，它终于使我们看到，哪些问题有可能解决，哪些问题必须抛弃，因为这些问题是人类能力所不能解决的。而对于看来有可能解决的问题，新逻辑提供了一种方法。

他并且认为：

> 逻辑是哲学的本质。
>
> 只要是真正的哲学问题，都可以归结为逻辑问题。

卡尔纳普也持相同的观点：

> 哲学只是从逻辑的观点讨论科学。哲学是科学的逻辑，即是对科学概念、命题、证明、理论的逻辑分析。

用具有模糊性的自然语言来准确阐述哲学思想，确实有点勉为其难，也就是我们常说的"用错了工具"，而数理逻辑正可在这一点上弥补自然语言之不足，有利于准确表达思想，避免歧义和误解。

著名的语言哲学家维特根斯坦1922所出版的书名就叫《逻辑哲学论》，即运用数理逻辑的方法来研究哲学，因此，若能将演绎和归纳这两种逻辑中的推理过程用公式化的形式表示出来，则可使得很多哲学命题一目了然，大大有助于我们认识事物的客观规律。同时这也是清晰表达的基础，在说话和写文章时便能做到准确精当，条理清

楚，避免逻辑混乱，语无伦次。

笔者在扉页上所摘引的肖尔兹两句语录，可很好地证明现代数理逻辑的价值。

二、有助于消解自然语言的歧义

语言哲学家在反思自然语言不精确的基础上，产生了借用数理逻辑来描写语义的构思。正如上文所说，因为形式化表达式就像数学公式那样准确无误，没有歧义，而且发现差错之后也很容易检验。

认知语言学和体认语言学坚持"相似性（Iconicity）"原则，认为一个形式对应于一个意义，也就是说，只要形式不同了，意义也就不同，这也是语言的经济原则所使然。乔姆斯基所倡导的 TG 理论曾认为"转换不改变意义"，但实际情况并非如此，例如：

[1] Everyone in this room speaks two languages.

可记作：

[2] $\forall_x \exists_y S_{(x, y)}$　　　（设：y ＝ two languages）

但当此句转换为被动语态

[3] Two languages are spoken by everyone in this room.

时，其意义就发生了变化，这种变化可从它们的谓词演算公式中看出：

[4] $\exists_y \forall_x S_{(x, y)}$

全称量词和存在量词的位置发生了颠倒，它们的辖域发生了变化，因而语义也就不同了，可见"转换不改变句义"是难以成立的[①]，其他例子参见本书有关章节的论述。

学好形式逻辑，掌握推理规律，有助于我们发现分歧和错误。正如莱布尼茨所说，只要我们各自拿出纸和笔来演算一下，像做数学演算一样来澄清思想，就可轻松地发现错在何处了，不至于各执一词，争论不休。

三、科学系统地解释语义

客观主义哲学家认为，语义是客观世界在人们心智中的一种真实反映。由于全人类在很大程度上都享有一个共同或相似的客观世界，因而逻辑和语义也在很大程度上具有"普遍性（Universalism）"，这也是不同民族得以相互理解，不同语言得以相互翻译的基础。目前的词典还只能用本族语、外族语，或两者结合来解释词条的意义和特征，尚没有研制出一种为操不同语言的全世界人们所共有的通用式"语义词典（Semantic Dictionary）"。

---

① 周北海指出：主动句与被动句之间的转换不会改变量词关系，也不会改变因量词带来意义的变化，但会改变语句重点、信息焦点等信息，它们在一阶逻辑语言中表达不出来。

"语义成分"和"语义公设"的形式化分析方案为语言学家(特别是词典编纂学家)带来了一股清新思路,很多学者尝试根据这一原理期盼能设计出一种全新的"语义词典",用一套符号化公式来表示各个词条的定义,包括语义特征、语义关系及述谓意义,这套"元语言(Metalanguage)"符号系统可用来代替沿用了多年的词义解释方法,如可将 woman 记作:

[5] $_x$WOMAN:One-place → FEMALE$_x$ → ADULT$_x$ → HUMAN$_x$

似乎可达到这一目的。

四、为计算机翻译铺平道路

20世纪的人工智能、人机对话得到了较大发展,很多学者还设计了许多程序,尝试用计算机替代人工翻译,这亦已成为当今计算语言学研究的一项主要内容。若能按照上文所述的"语义成分"或"语义公设"方案编好程序,则可对自然语言中很多词条的语义作出准确描写,且转换为相应的精确公式,便可为计算机所掌握,机器翻译可望实现。

人类有朝一日真能运用一套理想的形式符号来精确表达语义,就能让计算机听懂人的话语,清除人机对话中的障碍,人类的现代化进程一定又会出现一个新的飞跃,那真是一件美好不过的事情!

五、为 TG 理论出场提供了理论基础

正是由于20世纪前半叶盛行逻辑实证论和形式化理论,这也使得语言学界很多学者深受鼓舞,特别是乔姆斯基(Chomsky 1957, 1965)率先对语言中的句法进行了形式化处理,这影响了全世界近半个世纪的语言学研究方向。

同时,语言哲学家所提出的"同一个自然句法结构可能蕴含几个不同的逻辑结构"的观点,显然直接影响到乔姆斯基提出"表层结构(Surface Structure)"和"深层结构(Deep Structure)"这两个术语,且顺着这一思路建立起 TG 理论。他还认为,一个语句的深层结构决定其语义解释、语义位于底层的句法结构。生成语义学派认为"深层结构=语义表征",后来主张用"逻辑形式"来指称深层结构,这显然与形式逻辑的知识密切相关。

学界普遍认为,不应贬低形式逻辑在人类认识中的地位和作用,它历史悠久,内容丰富,随着人类的进步得以不断发展,成为一门相对独立的理论,与辩证逻辑相互"支持",同时研究着思维的不同方面,正日益广泛地应用于各个领域。大多学者反对把形式逻辑看作是"最简单的""低级的""初步的"东西,还有学者将其视为唯一的逻辑科学(参见周昌忠 1987:503, 500),正如上文所言,它应是各行各业人士的"基础性"知识。

第二节 问 题

陈嘉映（2007：导论15）采用了一分为二的立场，概括总结了数理逻辑的优缺点：

> 数学的最大特点在于进行长程推论而不失真，因此，科学可以借数学语言通达感官远远不及的世界而仍保持真实。但反过来，数学对理解充满感性的日常世界只有很少的、间接的帮助。

有利就有弊，本章所论述的种种形式化语义学公式是否真的能准确描写语言的意义，这一直是人们争论的焦点。

一、客观主义哲学的胎里疾

我们知道，现代形式逻辑和形式语义学的哲学基础是"客观主义哲学（Objectivist Philosophy）"，认为外部世界背后存在一个永恒不变的客观真理，哲学的任务就在于探究这一宇宙的根本原理（即毕因、本质、本源、本体、逻各斯、理性、道、绝对真理等），将其挖掘出来即可指导一切，这就是在西方哲学研究中流行了2000多年的"形而上学（Metaphysics）"。为能求得"客观真知""绝对真理（黑格尔在其《精神现象学》中称其为绝对理念、绝对精神）"，就必须遵循"笛卡尔范式（Cartesian Paradigm）"，排除人的主观因素，消除人的价值污染，将人们心智中的意义视为客观世界的镜像反映（参见王寅2007a：38），这样才能对其作形式化处理。

而"非客观主义哲学（Non-objectivist Philosophy）"，包括若干后现代哲学理论，特别是"体验哲学（Embodied Philosophy）"认为，客观主义的形而上学立场从根本上来说就是错误的，因为人们在认识世界和语言表达的过程中必然要打上人的主观烙印，人本因素在哲学研究和语义分析的过程中是不可避免的。

上述分歧在社会科学研究中就形成了"科学主义（Scientism）vs 人文主义（Humanism）"之争。我们必须看到语言中的人本性，很难靠一些通过归纳或演绎论证所取得的科学规范来概括全部语言事实，解决全部语言问题。维特根斯坦于1929年重返剑桥大学，就反思了自己前期提出的科学主义之失误，于1933—1934年间向弟子口授的讲稿（1958，涂纪亮译2012：34）中就说到：

> 如果我们把语言说成是一种按照精确计算使用的符号系统，那么我们就能在自然科学和数学中发现我们在心中所想到的那种东西。我们通常的语言用法仅仅在极其罕见的情况下才符合于这个精确标准。

美国后现代哲学家代表人物罗蒂（Rorty 1967:16）尖锐批评了理想语言学派：

... no sentence in the Ideal Language will be materially equivalent to an unreconstructed sentence in ordinary use, ... an admission that the only function which Ideal Language might serve is clarification, rather than replacement. For if such material equivalences are not available, then the Ideal Language can, at best, be what Goodman calls a "map" of the familiar terrain of ordinary discourse, rather than a passport into a new Lebenswelt in which philosophical problems are unknown.（……在理想语言中，没有一个语句可实质性等价于日常使用中未经改写的语句，……这就承认了：理想语言可能具有的唯一功能就是澄清，而不是代替。因为，假若不能获得实质性等价，那么理想语言最多只能是一张如古德曼所称的关于熟悉日常话语地形的"地图"，而不是进入一个新的生活世界的通行证，在此世界中不知道哲学问题为何物。）

世界著名的认知语言学家莱考夫（Lakoff 1987:459）更是一针见血地指出：

It simply isn't, and it does not even come close.（这一方法根本行不通，甚至连边也沾不上。）

他与约翰逊（Lakoff & Johnson 1999:468）明确批判了弗雷格所倡导的数理逻辑之胎里疾，他们说：

The philosophy of language got off to a bad start with Frege and with the poststructuralist movements. The entire programs of both analytic and poststructuralist philosophy left out, and are fundamentally inconsistent with, everything that second-generation cognitive science has discovered about the mind, meaning and language. Frege's overly narrow view of psychology led him to believe that the psychological was merely subjective and idiosyncratic and could never lead to anything public and universal. Frege's rabid antipsychologistic bent led him to deny any role in meaning for any aspect of the body or imagination. Frege missed the possibility that the body could ground meaning in an intersubjective way and that imaginative mechanisms like metaphor could preserve inference and thus be central to reason.（语言哲学从弗雷格和后结构主义运动就起了个坏头，分析哲学和后结构主义哲学的整个纲领没有考虑到第二代认知科学关于心智、意义和语言方面的所有发现，并与之根本不相容。

弗雷格关于心理学的过度狭隘的观点使得他相信心理的东西仅具有主观性和个体癖好性，永远不可能引出任何公众性和普遍性。弗雷格偏激的反心理学倾向驱使他否认身体和想象力在任何一方面都对意义产生作用。弗雷格未看到身体能以互动的方式成为意义之基础的可能性，也忽视了下一可能性：像隐喻一类的想象性机制能够保留在推理中，因此是推理的中心要素。）

怀特海主要持经验观，强调五官感知经历，如醒着和睡着的经历，焦急和休闲时的经历，有意识和次意识时的经历，醉酒和清醒时的经历等（Whitehead 1933:226；McDaniel 2008:71），这与基于传统分析方法的理想语言学派所持的"语言与世界同构"的经验观不完全相同，因此怀氏后来与罗素等发生了重大分歧。

怀氏还认为：经验不能都被还原为语言，命题不可能都通过语言表达出来，正如迈克丹尼尔（McDaniel 2008:70）所述，怀氏同意"人类所经历的世界不可避免地要通过语言符号来解释"。但他也认为，人们有时所经历的东西不能都被还原为语言符号，还有很多形式的思想是难以言表的，如孩子哭（命题为：饿了）、乘法表、滑稽动作、宗教思想（有价值，但不真）、广告（诱发情感，如穿漂亮衣服的模特）、艺术（音乐、绘画）等。因此，在哲学中除了语言之外，还包括许多其他内容。这类经验本身无所谓精确不精确，它们不需要用形式化的公式来描写，也不可能用形式化的公式表述清楚，这当算是对语哲理想学派的一种反思和发展。正如怀特海（Whitehead 1929:xiv）在《过程与实在》一书序言的最后写道：

> There remains the final reflection, how shallow, puny and imperfect are efforts to sound the depths in the nature of things. In philosophical discussion the merest hint of dogmatic certainty as to finality of statement is an exhibition of folly.（最后需要指出的是，努力深究事物的本质是多么的肤浅和微小！在哲学研究中，任何微弱的暗示，武断地确认这是最终的陈述，都是一种愚蠢的展现。）

我们知道，自然科学是研究物质现象的，强调客观事实似乎无可非议，而社会科学是研究个人思维、精神世界、社会现象，采用研究客观事物的方法研究社会、人等人文因素，排斥人的主观性，自然就有点文不对题，用错了工具。

语言的复杂性使纯形式化研究在面对具体问题时遇到很多难题，此时人本主义方法可以提供"解释性"手段来弥补其不足，虽然在某些学者眼中被视为是"非科学化"的，但它却是行之有效、不可或缺的。

二、一阶逻辑的短处

经典逻辑学家认为，一阶逻辑相对于自然语言，自有不足之处，甚至还很多，但它是数学的逻辑，相对于数学而言，该做到的都做到了，所以没有什么缺陷。只有一阶逻辑才可被证明是完全的和一致的（complete and consistent），所以一阶逻辑才算得上是靠得住的逻辑理论。而新派形式逻辑学家却对其不以为然（蒋严、潘海华 1998：13）。用一阶逻辑来处理自然语言，明显存在以下一些不足：

（1）只处理两个量词（全称量词∀、存在量词∃），而不能处理 most / many 等。

（2）无法处理自然语言中层级性问题。

（3）仅局限于五个联结词，还有诸如 but、because、since、therefore 等尚未研究。如 A because B 就不能通过真值表推导出其真假值，即使 A 和 B 都为真，也不能保证 A because B 为真，因为 A 还可能取决于除 B 之外的若干其他原因。

（4）谓词可包括：名词、动词、形容词等，而它们在自然语言中情况有较大差异。另外，普通名词还有很多种类，它们都未能在一阶逻辑中反映出来。

（5）仅局限于陈述性命题句，还有疑问句、命令句、感叹句都被排除在外了。虽有人尝试用内涵逻辑来处理，但还很不成熟。

（6）高度数学化的表达式使句法生成能力太强，以至于会出现不可接受的句子。

（7）用"可能世界"来表示信念句显得不足，有没有"不可能世界"？隐喻表达又该如何形式化？

（8）不能量化谓词，如：

[6] 来了两次。

等。若将量化概念扩展到谓词，便须建立二阶逻辑，如著名的莱布尼茨相等率便属于二阶逻辑：

[7] $\forall_{xy} (\forall\Phi (\Phi_{(x)} \equiv \Phi_{(y)}) \rightarrow x = y$

式中 x、y 为个体变项；Φ 为谓词变项。个体变项不仅被量化，而且谓词也被量化。整个式子意为：对于所有个体变项 x 和 y 来说，若 x 具有的一切属性 y 都具有，那么 x 等于 y。罗素的名言"拿破仑具有一个伟大将军的一切特性"可用二阶逻辑表示为：

[8] $\forall_{\Phi} (\forall_y (G_{(y)} \rightarrow \Phi_{(y)}) \rightarrow \Phi_{(n)}$

式中，n 是个体常项，表示"拿破仑"；G 是谓词常项，表示"伟大将军"；y 是个体变项；Φ 是谓词变项，表示"特性"。

（9）一阶逻辑只表示指称性的实体，如：

[9] John is healthy.

可形式化为：

[10] $H_{(a)}$ 或 $HEALTHY_{(a)}$

但不能对"非指称性实体"作出表述，即无法处理非个体，即上文所说的"概念"，在自然语言中我们可以说：

[11] Jogging is healthy.

但一阶谓词演算却不能对其形式化，不可写作：

[12] * $H_{(jogging)}$

因为 jogging 本身是"概念词"，只作谓词，不是个体词。换句话说，"一阶逻辑"刻画的是个体对象，可直接表示个体的具体属性，这样就能与外部世界直接相连。

这也足以可见自然语言无法区分"一阶逻辑"和"二阶逻辑"的问题，它们都同用一个"主系表"句型，自然语言可能隐藏着不同的逻辑关系。而二阶逻辑就可表述这类抽象实体。可先将"概念词"转换成带个体的谓词演算形式，使其具象化，即将抽象概念先带上个体项，再将其套入谓词演算之中，如例 [11] 的逻辑结构可运用F（$F_{(x)}$）的计法写成：

[13] $H（J_{(x)}）$　　　　　设 J = jogging, H = health

这就是为何称其为"二阶逻辑"的原因。三阶逻辑的原理与其相同。又例：

[14] 王五诚实。

[15] 诚实是一种美德。

[16] 美德是一种品格。

例[14] 是一阶语言，例[15] 是二阶语言，而在此基础之上的例[16] 就是三阶语言。它们可分别形式化为：

[17]　一阶逻辑：$C_{(a)}$　　　　　　　　（式中C=诚实，a=王五）

[18]　二阶逻辑：$M(C_{(a)})$　　　　　　　（式中M=美德）

[19]　三阶逻辑：$P（M(C_{(a)})）$　　　　（式中P=品格）

可见高阶逻辑可用于表述个体的集合，个体的 n 元的集合，集合的集合（set of

sets），概念的概念，并可对内涵作外延化处理，即将抽象概念转换为个体所具有的属性，用一阶逻辑将其表达出来，然后再向上推演。高阶逻辑还可把量词（如 most, many, some...）加于谓词变项上，也可将其置于主项位置进行描述，这就实现了"对思维本身的思维"，但高阶逻辑仍旧摆脱不了下述难题。

三、难以反映语义的复杂性和动态性

人类思维错综复杂，自然语言所表达的意义千变万化，很多认知科学家认为，世界上没有什么比人类思维更为复杂的东西了，这不无道理，人类思维以其"复杂性、想象性、多变性、动态性"而著称。例如 and 除了"和"之外，还有诸如"接着、那么、于是、只要……就会"等义，此时真值表中的"合取演算"就显得太简单了，如：

[20]　Utter one word, and you are a dead man.　（只要你再多说一句话，就会死。）

[21]　She married and had a child.　　　　　　（她先结婚，然后有了孩子。）

[22]　She had a child and married.　　　　　　（她先有孩子，然后才结婚。）

这三个例句都不是简单的"合取"问题，真值表在此不适用。

根据合取的交换律可知，a+b 就等于 b+a，但例 [21] 和 [22] 的词序颠倒之后，含意就完全不同了。因此，试想要用一套静态性、规律性的公式表达复杂和多变的思维和语义，将其用公式完全框住，这无异于天方夜谭。

我们认为，用形式化的方法来解释人类的思维和语义，从方法论角度来说就是谬误的，或充其量而言，仅能解决冰山之一小角的问题。用削足适履、以偏概全的方法来研究复杂流变的语义，自然会使活生生的语言失去多样性、丰富性和想象性，将鲜活的自然语言变为僵硬的、单义的、机械的符号，这永远不会是我们所期望的结果。正如普特南所批判的，卡茨和福多设想每个词语最终都可以获得一个分析性的定义，而这是我们每个人都有充分理由不相信的东西（陈嘉映 2003：298）。马克思主义语言哲学家莱塞赫勒（Lecercle 2006：4）也一针见血地指出了形式主义者的要害：

… a language is also a history, a culture, a conception of the world — not a dictionary and a grammar.（语言也是历史、文化、世界的概念，而不是一部词典加一本语法书。）

即使某些语言中的部分词语或语法可局部实现形式化，但也仅是沧海一粟，语言所反映的历史、文化、世界的概念，根本不能用形式化的方法来描述。

这就是迈克丹尼尔（McDaniel 2008:5）所批判的"完善词典谬论（the Fallacy of Perfect dictionary）"，错误地认为我们对世界的理解可被还原为能从词典中获得的定义，其错在于：

(1) 忘却了世界中每个实体都是"创新综合体（creative synthesis）"，它具有无限的联系。而词典中的定义仅是从具体中抽象出来的，那么多的"具体"不可能被穷尽性地抽象出来。

(2) 词典中的定义是一个"历时过程"，它也会随着时间的变化而变化。

(3) 怀特海认为，抽象思想（怀氏称之为命题）不能被还原为语言表达。

(4) 词语本身是不精确的，离不开具体的语境。

(5) 隐喻（非事实性陈述）会比事实描述更有效、更生动，更便于理解，比抽空了（rarefied form）的抽象形式更好。

(6) 有些思想可用除语言之外的更好形式（如艺术）加以表述。

再从言语行为角度来说，数理逻辑将语言的逻辑意义等同于"真值（Truth）"，这充其量也只能限于"言有所述的行为（Locutionary Act，又译：发话行为）"，根本反映不出言语交际中较为普遍存在的"言有所为的行为（Illocutionary Act，又译：行事行为）"和"言之后果的行为（Perlocutionary Act，又译：取效行为）"。也就是说，用数理逻辑来描写语言，最多也只是完成了三种言语行为中之最初始的一种"说出"行为，而抛弃了最为重要的另两种行为，这似乎并未抓住事物的本质。

四、语义公式本身的局限性

形式语义学除了上述理论基础的问题之外，本身还面临着若干自身难以解决的实际问题。

1. 层级问题

形式化在语言的不同层面运用很不平衡，如在"语音层面"就较为成功，学者们已建立了较为可靠的区别性特征音位表；在句法层面上也有一定的解释力，如对句法采用层级性切分的方法，对部分语言现象尚算可行。而在语义层面，尽管很多学者作出了种种尝试，提出种种方案来，但都存在很大缺陷。在语用层面，虽有学者尝试对其进行形式化处理，但其难度可想而知，因为语境的变化实在是千变万化，词义用法也难以预测，又怎么能对它们作出形式化的统一描写呢！

2. 范围问题

"语义成分""语义公设"等已被提出达半个多世纪之久了，可是，用形式化方法来解释词条意义的词典至今尚未问世，这不禁引起人们对形式化研究思路的质疑。

一方面从理论设想到实际编纂确实有一段漫长的路要走，其间存在很大的差距。但另一方面人们不得不怀疑这条路是否走得通？人们一直在质问究竟能从人类语言中离析出多少对语义成分？到底能用卡尔纳普的蕴涵式解释多少词项的意义？不同的人，不同的民族似乎也难以形成一个统一的看法。倘若分析出的语义成分一多，蕴涵式的解释力就会十分有限，恐怕也就失去了这类逻辑公式的意义了。

通过文献阅读，我们发现对词条所做的形式化处理，大多局限于某类词语上，特别是对"亲属术语（Kinship Term）"和"孤男寡女"的分析，诸如bachelor、spinster等，人们似乎不亦乐乎，再将其作扩大化处理，就会出现很多难题。

实践也证明，要对全人类语言中全部词汇作出形式化描写，似乎是不可能的，也不需要非走此路！

3. 精确性问题

形式化的特点是语义描写的精确性，可是很多学者发现，若干形式化公式并不能做到这一点。正如后期维特根斯坦所认识到的，现代形式逻辑依旧不能区分出日常语言中本来不同的语法构造（参见韩林合 2010:486）。同是一个 $F_{(x)}$，它可能会代表若干个"某实体x具有性质F"的自然语句，即表面相同的语法形式，可能会掩藏着若干不同的语义内容，这比起亚氏的"S-P模板"又能有多大进步呢？

语言中有些词语虽可勉强作形式化处理，但也难以揭示出丰富的语义内涵，要能达到细致入微的程度，更是难上加难！这也使得很多学者对其望而止步，不得不打退堂鼓。例如，形式主义者一般将"mother"描写为"female parent"，但解释不了该词在日常语言中所表达的若干丰富意义：

[23] He acts both as a father and a mother.

[24] Failure is the mother of success.

[25] Fundamentalists are sometimes horrified when the Virgin Mary is referred to as the Mother of God.

[26] 有娘养没娘教的。

[27] 他雇了个"钟点妈妈"。

上述各例句中的mother或"娘、妈妈"都不能用"female mother"作出合理解释，

雷柯夫（Lakoff 1987:74-76）对此有深刻论述（参见王寅 2007a）。阿伦（Allan 1986:
353）也发表了同样的看法：语义公式不明确、不严格、不清楚。

更何况，语言中还有很多隐喻，占三分之二或更多，形式化方法对其更是一筹莫
展，因为隐喻原初都是"假话"，例如：

[28] He is a pig.

在逻辑实证主义者眼里，"人"只能是"人"，永远不可能是"猪"，这句话永远
没有真值。可人们都知道，这句话是有意义的。现代形式逻辑又该如何对其作形式化
分析呢？如果说隐喻不能用形式化公式来表示，这就意味着语言中有三分之二或更多
表达不能如此处理，这样的形式语义学还有多大意义呢？

4. 细致性问题

第四章的表 4.1 最下一行列出了逻辑联结词在汉语中部分常用对应的连接词语，
但逻辑学中的"合取（联言）命题"和"条件（假言）命题"含义则比较宽泛：前者
可表示"并列、承接、转折、递进"等语义关系；后者可表示"条件、因果、推理、
假设、时序"等语义关系，详见（陈波 2002:90）。这也是命题演算的一个缺陷，不能
精确地揭示自然语言中各种细微的语义关系，从中亦可见形式逻辑，倘若完全脱离了
具体的内容或语义，常会捉襟见肘。这又出现了一个新的悖论（Paradox），形式逻辑
一方面要摆脱具体语义或内容，以能求得抽象的形式表达式；另一方面，脱离了具体
语境或内容的表达则会产生种种缺陷。是耶，非耶？ to be 或 not to be？形式逻辑学
界不得不面对这一尴尬的局面。

5. 形式统一问题

各路学者所用语义的形式化方法不尽相同，如同出一门的卡茨（Katz 1972:358）
与杰肯道夫（Jackendoff 1972:4）对 open 的形式化描写也大相径庭。更有甚者，卡茨
本人几次对 chase 的语义标式的形式也有很多不同之处。

到目前为止，很多形式主义学者提出了若干不同的形式化方案，除了语义成分分
析法、谓词演算、命题演算、语义公设等之外，近来还出现了"篇章表述理论（Text
Representation Theory）""文本更新语义学（File Change Semantics）""境况语义学
（Situational Semantics）""动态谓词逻辑（Dynamic Predicate Logic）"等，可谓花样
不断翻新，这是好事，但也有很多弊端。相同的出发点，但引出了差异甚大的表达形
式，缺乏统一性，这也颇为学界所苦恼。

6. 复杂句问题

对较短的命题或语句作形式化处理似乎还好办一点，倘若句子一长，句义一复杂，再加上语言中既有真实句，也有虚拟句；既有陈述句，也有疑问句、祈使句、感叹句；既有并列句还有复合句，英语中更有许多叠床架屋式的表达方式，有时一页就仅有一个句子，处理这些不同和复杂语句的语义公式必然会既长又乱，令人不易理解，也难保计算机就一定能"准确理解"。

所以，很多学者认为形式语义学作为理论家的设想，做点"纸上谈兵"式的演算练习尚可，但要将这类"洋码码"加以推广，用以解决实际问题，又谈何容易！

7. 普遍性问题

现代形式逻辑和形式语义学的一个目标意在实现"全球通用"，以能加速解决全球5 000多种语言之间的互译问题。但是，目前大多学者一般认为，形式语义学对于描写具有"形合法"特征的西方拼音文字尚只能解释部分现象，更不用说用其来处理具有"意合法"的汉语了。用上述学者提出的形式化方案来分析汉语，语言学家们一般持否定态度。

更何况，我国中学和大学教育中普遍存在文、理科分家的现象，大多数文科学生对理科不太感兴趣，难以静下心来认真学习原本属于理科的"谓词演算"和"命题演算"之类的知识了，更不用说复杂的内涵逻辑了，让他们来研究和建构新的形式化公式，似乎不太现实。这就是说，在我国语言学界要推广和研发现代形式逻辑和形式语义学，解决汉语形式化问题，前景不容乐观！

第三节 小 结

现代形式逻辑从语哲理想学派所倡导的数理逻辑问世以来，已有百余年的历史，一代代逻辑学家和数学家专注于研究逻辑的形式和规律，尝试用数学化的公式来阐释其间的法则，较好地揭示了人类思维的基本结构和演算过程，确立了各种有效推理的可靠路径。正是由于他们的努力，形式逻辑已日益发展壮大为一个庞大的理论体系，亦已成为人类知识宝库中的一个须臾不可或缺的基础，为越来越多的各路学者所关注和享用。尽管形式化研究还存在诸多难题，但是它毕竟是普通逻辑学和形式语义学的一项最基本内容，也是语哲理想学派的原始出发点，对于学习语言哲学和语言学的同行来说，必须对其有所了解，再也不能充耳不闻，置之不理了。只有很好地认识到它的研究思路和学术价值，才能将我们所从事的各项事业做得更好。詹森和雷德克（Janssen & Redeker 1999:8）认为：形式主义与功能主义之间的对立正在逐步和解。这就是说，两学派的结合可望为形式逻辑和语义研究开创一条新途径。

笔者最后需要提醒各位读者的是，对于我国学习文科的同行来说，首先需要克服心理障碍，消解畏难情绪，树立自信精神，因为我们都有雄厚的数学和几何基础知识。剩下的就是：静下心来稍加琢磨，就会很容易地知晓这些数理公式的含义，它们既直观、简洁，也清楚、明了，不得不令人敬佩形式逻辑学家的理智和才气，它们在形式逻辑这个可能世界中畅想遨游，自有一番乐趣，也收获着一份成果，我们若能跟随他们在这个世界也畅游一番，定会有另样感受，不枉学术人生走一趟。

正如笔者在前言所述，形式逻辑其实并不难，它相对于我们中学所学的数学、几何等理科知识来说，算是简单多了。正如罗素（Russell 1919，晏成书译 1982:192）所说：

作者希望他不畏避掌握符号所需的劳力，这番劳力，事实上，比可能设想的要小得多。

我们当取"战略上藐视，战术上重视"的立场，这才是一种务实求是的态度。

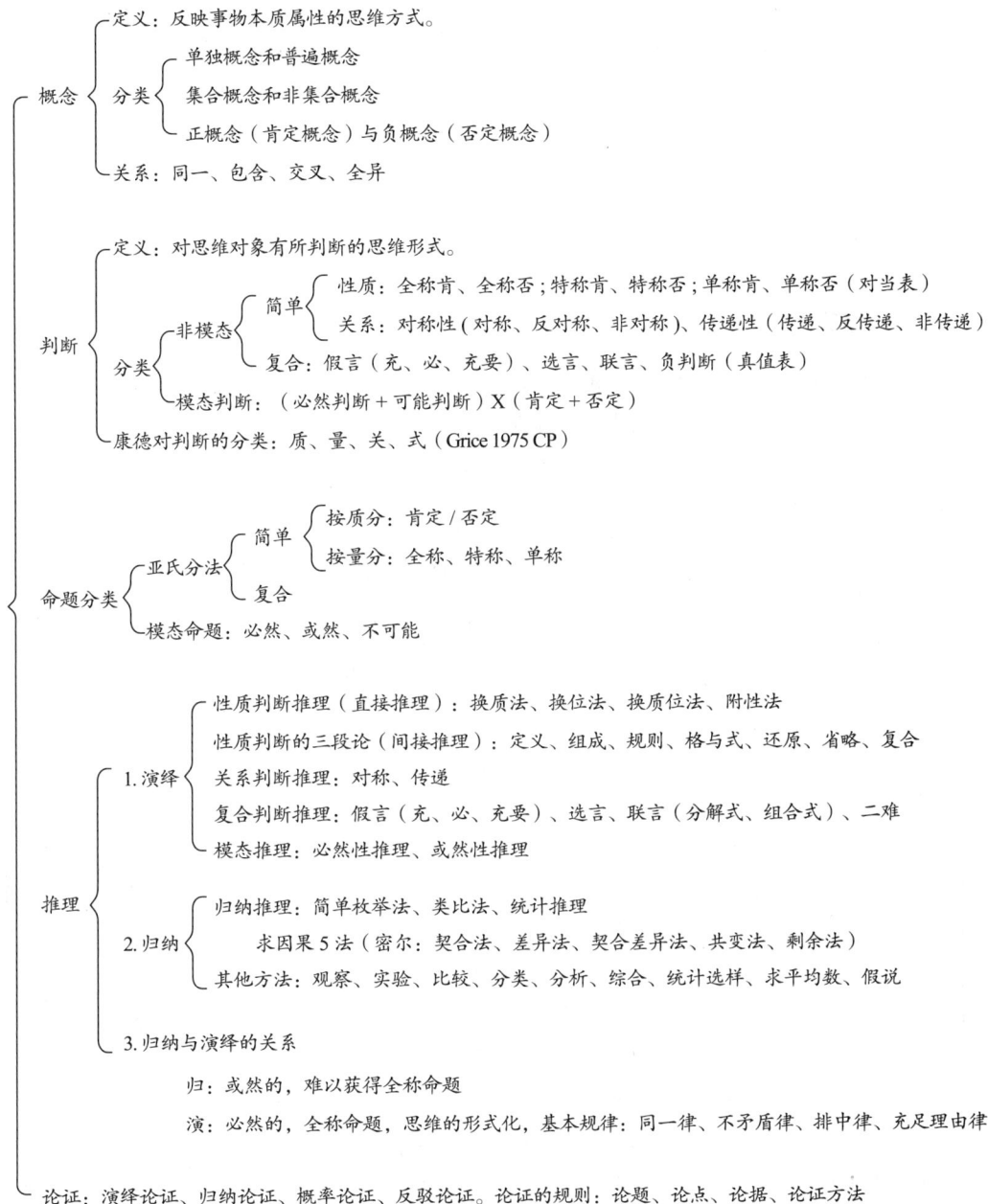

附录

附录1 普通逻辑学提纲

逻辑学

概念
- 定义：反映事物本质属性的思维方式。
- 分类
  - 单独概念和普遍概念
  - 集合概念和非集合概念
  - 正概念（肯定概念）与负概念（否定概念）
- 关系：同一、包含、交叉、全异

判断
- 定义：对思维对象有所判断的思维形式。
- 分类
  - 非模态
    - 简单
      - 性质：全称肯、全称否；特称肯、特称否；单称肯、单称否（对当表）
      - 关系：对称性（对称、反对称、非对称）、传递性（传递、反传递、非传递）
    - 复合：假言（充、必、充要）、选言、联言、负判断（真值表）
  - 模态判断：（必然判断＋可能判断）X（肯定＋否定）
- 康德对判断的分类：质、量、关、式（Grice 1975 CP）

命题分类
- 亚氏分法
  - 简单
    - 按质分：肯定/否定
    - 按量分：全称、特称、单称
  - 复合
- 模态命题：必然、或然、不可能

推理
- 1.演绎
  - 性质判断推理（直接推理）：换质法、换位法、换质位法、附性法
  - 性质判断的三段论（间接推理）：定义、组成、规则、格与式、还原、省略、复合
  - 关系判断推理：对称、传递
  - 复合判断推理：假言（充、必、充要）、选言、联言（分解式、组合式）、二难
  - 模态推理：必然性推理、或然性推理
- 2.归纳
  - 归纳推理：简单枚举法、类比法、统计推理
    - 求因果5法（密尔：契合法、差异法、契合差异法、共变法、剩余法）
  - 其他方法：观察、实验、比较、分类、分析、综合、统计选样、求平均数、假说
- 3.归纳与演绎的关系
  - 归：或然的，难以获得全称命题
  - 演：必然的，全称命题，思维的形式化，基本规律：同一律、不矛盾律、排中律、充足理由律

论证：演绎论证、归纳论证、概率论证、反驳论证。论证的规则：论题、论点、论据、论证方法

附录 2 数理统计在当代语言测试中的应用（原载《山东外语教学》1987 年第 4 期）

昔日的考试，一考罢了，最多也只是排个名次，求个平均分，并未对它加以科学的分析和总结。近年来，许多语言学家系统地研究了语言测试理论，并将数理统计这门学科运用到语言测试之中，用其来分析和研究学生分数的分布情况，发现规律，制定公式，尝试以具体的数据来衡量和判断测试结果的可靠性、有效性、区分性等。他们同时也不断地丰富和充实各种测试方法，这样便可制定出一套较为客观的、准确的、科学的、统一的标准，以便更为可靠地度量出学生的实际水平。

本文拟简略介绍数理统计在当代语言测试中的应用。

一、描写统计学

描写统计学（Descriptive Statistics）可用来客观而又科学地统计、分析、解释学生考试的分数，用准确的数据来说明他们所得考分的分布情况和试题的优劣，现介绍五点：

1. 顺序和顺序百分比（Rank and Rank Percentile）

即按分数高低分档，排出顺序，求出某一档分数中人数百分比，如下表：

表1 排序及其百分比（表中的百分比是累加百分比）

Score	Percentile	Score	Percentile
660		500	50%
640	99%	480	39%
620	96%	460	28%
600	93%	440	19%
580	88%	420	12%
560	81%	380	4%
540	73%	360	2%
520	62%		

有了该表，就可帮助我们找出分数线来选拔学生。如要招 7% 的学生，分数线可定在 600 分上，如要招 12% 的学生，分数线可定在 580 分上。

2. 中央趋向（Central Tendancy）

指最中间的三个数据，即平均分（Average，用$\bar{x}$表示）、中值（Median）、最频值（Mode）。平均分即各考生分数之和除以学生数，即

$$x = \sum / n \qquad （\sum 为考分之和，n为学生数）$$

中值指最中间的那个数，它将分数分成两半。表1中的中值为520分。最频值是指某一出现频率最高的分数值，表1中的最频值为520（占12%）。

这三个数虽能解释学生考分的分布情况，但尚不准确。

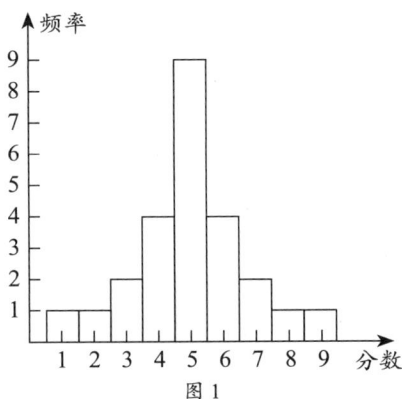

图1

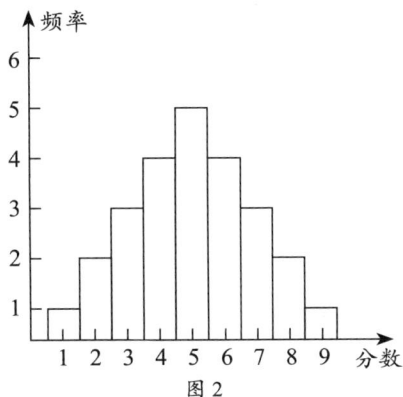

图2

图1和图2是两种分数分布，但有同一中央趋向数据，$x = 5$，Median = 5，Mode = 5，这就需要引进另一解释分数分布的概念：标准方差。

3. 标准方差（Standard Deviation，SD）

是用来表示考生分数与平均分 之间的一个平均差距。用SD来表示分数分布规律是十分可靠的。现就SD的求得演算如下：

表2

学生	分数 X	平均分 $\bar{X}$	$X - \bar{X}$	$(X - \bar{X})^2$
N1	3	7	-4	16
2	4	7	-3	9
3	7	7	0	0
4	8	7	1	1
5	8	7	1	1
6	9	7	2	4
7	10	7	3	9
	$\sum_1 = 49$	7	$\sum_2 = 0$	$\sum_3 = 40$

$x - \bar{x}$是求每个学生与平均分之间的差距，$(x - \bar{x})^2$是将这一差距平方后，扩大差距，更易看出区分，且去掉了负数。

$$SD = \sqrt{\frac{\sum (x - \bar{x})^2}{N-1}} = \sqrt{\frac{\sum_3}{N-1}} = \sqrt{\frac{40}{6}} = 2.58$$

则考生分数分布的标准方差为 2.58

标准方差可用来解释学生考试成绩，有助于辨别试题的好坏，同时也是以后很多公式中常用的一个基本数据，如求可靠性、标准测试误差、标准分换算公式等都要用到SD。

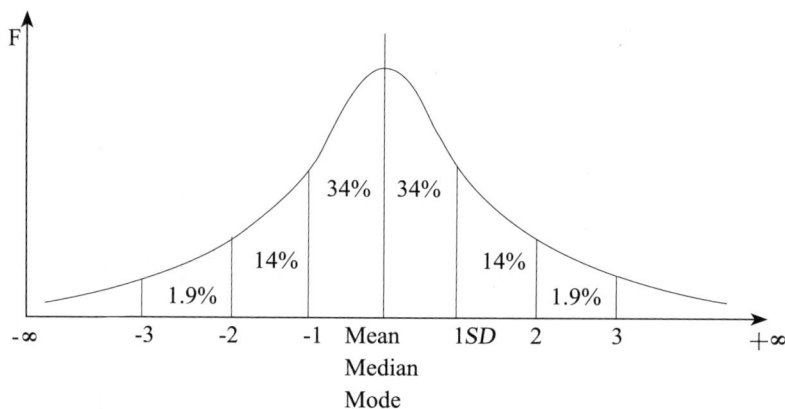

图 3

4. 正态分布曲线（Normal Distribution Curve）

在自然现象和社会现象中，大量的随机变量都服从正态分布，如生男生女，测零件长度误差及其使用寿命等。如测量大量的学生（200人以上至几万人）的分数，平均成绩的应为大多数$\int_{-1sd}^{+1sd} = 0.68$，考得很好的或考得很差的人数应较少，但不等于零，故曲线两端不接触底线。

这个正态分布曲线是推算出的最理想的曲线，考题分数分布越是接近这一曲线，则试题越客观越好。据此，我们便可求出$\bar{x}$和SD，就能科学地度量学生的实际水平。如一个学生的成绩为$\bar{x} + 1SD$，查图3可知，他就比84%的学生考得好，比16%的学生考得差。如果他的考分是$\bar{x} + 2SD$，则比98%的学生考得好，比2%的考得差。表2中的$SD = 2.58$，则$\bar{x} + 1SD = 7 + 2.58 = 9.58$（分），即只有16%的人超过此分，也就是7个人当中只有一个人超过该分。当然，若参加考试的人数足够地多，试题越好，就越会符合这个分数分布曲线。

那么SD究竟是大好呢，还是小好呢？在普通的数理统计中，要求SD越小越好。

例如一批电灯泡，平均寿命为 1 000 小时，若 $SD = 300$，则可能有些灯泡寿命为 1 300 小时，有些为 700 小时，则这批灯泡质量不好。若 $SD = 50$，则意味着有些灯泡寿命为 1 050 小时，有些为 950 小时，则这批灯泡比上批灯泡质量好。在企业管理及其他工程运用中，人们都期望 SD 越小越好，而在语言测试中则要求 SD 越大越好，如图 4 所示：SD 越小，正态分布图形就越尖；SD 越大，正态分布图形越平。

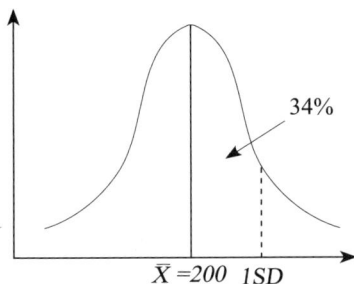 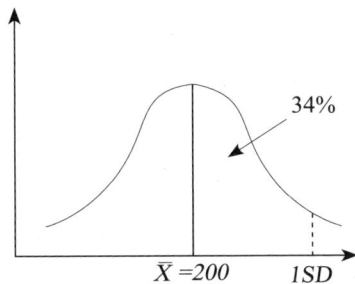

图 4（1）　　　　　　　　　　图 4（2）

设图 4（1）$SD = 10$，则从 $\bar{x}$ 到 $\bar{x} + 1SD$ 之间的人数为 34%，即 200 到 210 分之间的人数为 34%，则许多学生挤在这一范围之中，不易区分开好学生和差学生，差 1、2 分很难说明谁好谁差。设图 4（2）$SD = 50$，则从 200 到 250 分之间有 34% 的学生，则学生的分数能拉开距离，便于区分出好学生和差学生。

本文开头曾谈及不同试卷考出的分数是不能直接比较的，但通过 SD 和正态分布曲线就可在不同试卷之间建立联系，例如：

TOEFL 某次测试 $\bar{x} = 500$，$SD = 70$，某考生成绩为 570 分，则比全世界参加 TOEFL 考试的学生中 84% 的考得好，比 16% 的考得差。如果该生考国内 EPT 试卷 $\bar{x} = 65$，$SD = 15$，如考 80 分，就比 84% 的考得好，比 16% 的差，也就是说考 EPT 的 80 分就相当于考 TOEFL 的 570 分，这样就可十分科学地建立起两种试卷之间的比较了，因此笼统地说某人考了多少分，是否及格，是不科学的。

正态分布曲线还可用来说明考试的难易（见图 5）。若两次考试求得的考生分数分布如图 5 的左图，说明题目太难，大部分学生考了低分；右图说明题目太容易，大部分学生考了高分。这两种试卷都有修改之必要。

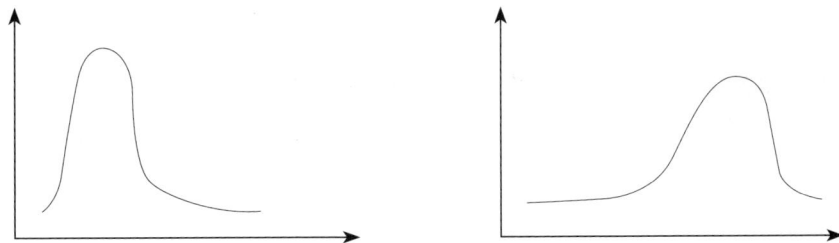

图 5

5. 相关系数（Correlation Coefficient）

用来表示两组数据间关系的一种系数，其值在 +1 与 -1 之间。我们可用相关系数来表示两次考试结果间的关系。譬如某班学生考数学和考英语这两结果间的关系，可以有以下三种情况：

（1）数学成绩好，英语成绩也好，则相关系数较大，接近或等于+1。

（2）数学成绩好，英语成绩差，则相关系数接近或等于-1。

（3）两者无什么关系，则相关系数为零。

相关系数在外语测试中可有下列用途：

1）确定某一考试项目是否可靠

近年来在考试中所采用的多项选择法填空（Multiple Choice，简称MC），有人认为猜测成分较大，怀疑其可靠性。但我们可将MC与其他认为可靠的考试形式，如翻译、改错、作文和口试等进行相关系数分析。如果考这些形式得分高的学生，考MC得分也高；考这些形式得分低的学生，考MC得分也低，则它们的相关系数较高，便可证明MC是可靠的。在 Hong Kong Certification Education 的测试中，MC与一些考试形式间的相关系数如下：

MC与写全文小结：	0.58
MC与简略改写：	0.60
MC与口试：	0.65
MC与作文：	0.71
MC与传统理解测试：	0.75
MC与完形练习：	0.82

这些数据则十分科学而又充分地说明MC是一种可靠的考试形式。

2）求出某一试卷与另一标准有效试卷之比

TOEFL是世界公认的标准有效试卷，我国模拟的EPT试卷，其可靠性究竟如何也可通过类似方法求出他们间的相关系数。结果证明其相关系数是令人满意的，因而我国EPT测试也是可靠的。

3）利用相关系数可帮助我们求出试卷的可靠性

相关系数的求法：如图8中列有八个学生，考数学和考英语成绩的相关系数求法演算如下，公式：

$$r = \frac{N * \sum_{xy} - (\sum_x) * (\sum_y)}{\sqrt{[N * \sum_x{}^2 - (\sum_x)^2][N * \sum_y{}^2 - (\sum_y)^2]}}$$

该式带入图8的数据就可得：

$$r = \frac{8 \times 57 - 20 \times 20}{\sqrt{(8 \times 60 - 20^2)(8 \times 60 - 20^2)}} = 0.7$$

另外两种求相关系数的方法和公式：

（1）积动差相关系数（Pearson Product Moment Correlation Coefficient）

表3

学生	x（Math）	y（Eng）	x^2	y^2	xy
A	1	1	1	1	1
B	1	2	1	4	2
C	2	3	4	9	6
D	3	4	9	16	12
E	4	4	16	16	16
F	4	3	16	9	12
G	3	2	9	4	6
H	2	1	4	1	2
N=8	$\sum_x = 20$	$\sum_y = 20$	$\sum_x^2 = 60$	$\sum_y^2 = 60$	$\sum_{xy} = 57$

表4

Item 题号	p 该题做对学生百分比	p 做错学生百分比	pq
1	0.84	0.16	0.13
2	0.61	0.39	0.24
3	0.43	0.57	0.25
4	0.64	0.36	0.23
5	0.74	0.26	0.19
6	0.59	0.41	0.24
7	0.50	0.50	0.25
8	0.45	0.55	0.25

表4中p表示某题目做对学生的百分比，q表示做错学生的百分比，从p与q乘积上亦可以看出题目的优劣。较为理想的题目是50%的学生做对，50%的学生做错，

此时pq值最大，为0.25。如果pq值太小，即要么做对的学生百分比太大（题目太易），要么做错的学生百分比太大（题目太难），显然这都不是好题目。

pq值也可以用于Kuder Richardson公式中求试卷可靠性：

$$Reliability = \frac{K}{K-1}\left(1-\frac{\sum pq}{SD^2}\right) \quad （式中 K 为题目数量）$$

设 $SD = 13.97$，$K = 75$，$\sum p = 16.58$

则 $reliability = \frac{75}{75-1}\left(1-\frac{16.58}{(13.97)^2}\right) = 0.927$

（2）名次差距相关系数（Spearman Rank Difference Correlation Coefficient），即老师给学生所排名次与学生实际考分名次之间的相关系数，以此亦可看出试题的可靠性。

表5

学生	Teachers Ranking	Test Ranking	di	di^2
A	2	2	0	0
B	1	3	-2	4
C	6	6	0	0
D	8	7	1	1
E	7	8	-1	1
F	5	5	0	0
G	4	4	0	0
H	3	1	2	4
				$\sum_{di}^{2} = 10$

名次差距相关系数公式为：

$$r = 1 - \frac{6\sum_{di}^{2}}{N(N^2-1)} = 1 - \frac{6 \times 10}{8(8^2-1)} = 0.88$$

二、推理统计学

描写统计学是用一套数据来解释学生分数分布情况，试题优劣，而推理统计学（Inferential Statistics）则是解释这些数据在大规模测试中的实用性。

由于种种原因，如阅卷人的情绪、精力、环境、偏好等，在阅卷中前后分数必然会有误差。这种误差是允许的，但越小越好。一个考生的实际语言水平用一确切分数加以表示本身就并不太准确，而应有一范围，但我们给分必须给个具体的确切分数，那么这个分数与考生的实际水平之间的误差究竟有多大呢？当然就应有个范围，但不得太大。这个标准误差（Standard Errors of Measurement）的计算公式为：

SE=SD$\sqrt{1-r}$　　　（r为可靠性）

现设 SD =13.97，r = 0.927，将这两个数据代入公式可得：

SE = 13.97$\sqrt{1-0.927}$ = 3.77

如果考生的原始分（Raw Score）为60分，则说明该生的实际水平在63.77之间，即56.3 — 63.7之间。

（一）标准分

前面提过的某两个考生在两次不同的考试中所得的分数是不能直接加以比较的，但若分别求出它们的平均分（$\bar{x}$）和SD，再换算成标准分（Standard Score），我们便可对他们的成绩加以比较了。现设同类两组七个学生的考分如下：

Test A 10 36 38 40 42 41 70
Test B 10 12 11 10 66 68 70

这两次考试的 $\bar{x}$ 都是40分，但SD不同，SDA = 17.5，SDB = 28.04（参见表2演算方法），因而两个70分的含义也是不同的，若要加以比较，必须把它们化成同一个 $\bar{x}$ 和 SD，然后再求出标准分。求标准分的公式是：

Standard score = $20\dfrac{x-\bar{x}}{SD}$ = 100

Test A 中的70分化成标准分 = $20\times\dfrac{70-40}{17.5}+100$ = 131（分）

Test A 中的70分化成标准分 = $20\times\dfrac{70-40}{28.01}+100$ = 121（分）

由此可见，在Test A中考70分的学生比Test B中考70分的学生水平要高。

用标准分可使我们将不同测试的结果换算成统一标准后便可比较。如简单地将几次测试后的分数相加来排列名次进行比较，有时往往不合理，并不能如实地反映出学生的实际水平。

（二）试卷优劣的标准

衡量学生实际水平的测试必须准确无误，才能正确测得学生的实际水平。因而优秀试卷必须具有较好的有效性、可靠性和区分性。

1. 有效性

有效性（Validity）指是否测试了该测试的内容，达到了原定目的，如要考学生语法掌握得如何，试卷若能反映出主要的语法要点，就具备了较好的有效性，就好像用尺量布是有效的，用温度计量则是无效的。若原想考语法，却出了一套考词汇的卷子，就无效了。美国有一次大学入学考试考学生的写作能力，题目为：

Is Photograph an Art or Science? Discuss.

这题目应该说是无效的，因为它首先要求懂摄影，才有可写作之可能，用这一题目是不能测出学生的写作能力的，就好像犯了用温度计量布一样的错误。

有效性又可分以下四种：

1）表面有效性（Face Validity）

试卷看上去像一份好试卷，卷面上所用文字对考生来说不应是深奥莫测的。为某国设计的试卷，搬到另一个国家去就会丧失表面有效性，如卷面上包含：

chopsticks, abacus, Xiafang cadres, Great Cultural Revolution, capitalist roader
等词，在中国是有效的，搬到其他国家就不行了。

2）内容有效性（Content Validity）

试卷要能正确和充分地反映出所需要测试的内容，反映出语言测试的目的，体现出需测试语言要素的成分，如要测试发音，就应围绕发音方面的内容出题。

一些考试形式对某些考试目的是有效的，因为它能有效地测试到某些该测的内容。如MC形式可用以测试词汇、语法、阅读理解等内容，而不能测试朗读（如音调、重读）、写作等内容。口语会话又往往受谈话主题的限制，因而不易测出语法结构和词汇的掌握程度。

3）经验有效性（Empirical Validity）

它又可分为两种：

(1) 预示有效性（Predictive Validity），指测试能预示出考生未来使用语言的能力，其计算方法就是：把某次测试的结果同后来语言实际能力相比较，或同教师后来对学生的鉴定相比较而得出相关系数。例如：学生入学后外语摸底测试，这一成绩可与学生两年后的过关测试相比较，如在摸底测试中考得好的，在两年后的过关考试中也考得好，或者在前者差，在后者也差，其相关系数较高，则说明入学摸底测试具有较高的预示有效性；反之，如在前者考得好，在后者反而差，则预示有效性较差。

(2) 共时有效性（Concurrent Validity），可把某次测试同另一次时间相近的有效测试相比较，若相关系数较高，则该测试具有较高的共时有效性，反之则差。

4）理论有效性（Construct Validity）

测试是否体现了某一有效外语学习理论的原则。一套测试也像教学一样，总是以一定的语言理论为基础。若您选用的语言理论认为：语言以结构语法为基础，系统的语言技能是通过句型的反复操练而获得的，在测试中就应考句型、语法等知识，这就具有理论有效性，如在测试中强调用词和语言交际环境，就失去了理论根据。

不同类型的测试，侧重于不同的有效性，所以试卷须有表面有效性，且还应弄清楚自己出的一套测卷是什么目的，属于何类测试。如属成就测试，就需偏重内容有效性，如是水平测试，就应偏重预示有效性，素质测试应重理论有效性和预示有效性，诊断测试又应重内容有效性和预示有效性。参见表6。

表6

	表面有效性	内容有效性	预示有效性	理论有效性
成就测试	√	√		
水平测试	√		√	
素质测试	√		√	√
诊断测试	√	√	√	

2. 可靠性

可靠性（Reliability）是指学生成绩是否稳定，考试结果是否可靠。如果数次考试时学生分数忽高忽低，便说明这些考试缺少可靠性，下面分三点介绍：

1）可靠性和有效性的关系

有效性是指丈量工具是否用得正确，为达到某一目的必须设计出合适的试卷，用准"工具"。可靠性是指尺子上的刻度是否统一可靠，几把尺量出的结果是否一致，同样考试成绩是否真正反映出了学生的实际水平，几次考试的分数是否稳定可靠。因此必须首先可靠了，才能说明问题，然后再考虑有效性；但可靠了不一定有效，即测试出的结果可能与前几次的测试分数相近，而测试内容不一定选得恰到好处，十分有效。

2）计算可靠性的几种方法

(1) 一式两测法（Test-retest with the Same Test），同一套试题对同一组学生进行两次测试，然后按上述公式求出两次考试结果的相关系数。这种相关系数称为"稳定系数（Coefficient of Stability）"。

(2) 交替形式法（Alternate-forms Method），使用类型完全相同（具体题目不同）的两套测卷，对同组学生进行测试，找出两次测试结果的相关系数。这种相关系数叫"等效系数（Coefficient of Equivalence）"。

(3) 分半法（Split-half Method），测试只进行一次，把单数题目与双数题目分开记分，算出两种分数的相关系数，这种相关系数叫"内部稳定系数（Coefficient of Internal Consistency）"。

(4) Kuder Richardson公式。（详见 P. 212）

3）怎样才能获得较高的可靠性

(1) 外部条件：诸如考官必须首先可靠，评分应当尽量客观，统一掌握时间等。

(2) 内部条件：尽量使试卷本身的可靠性要高，为此可增加测试项目，要考的题目先预考试用过。考分应符合或尽量符合正态分布曲线，有较大的 SD。

3. 区分性

区分性（Discrimination）是指试题能否区分出好学生和差学生。测试也是一种比较，没有比较也就看不出区分，如果考分都相近，则说明考卷缺乏区分性。SD 越大，则学生的分数越加铺得宽，撒得开，则区分性越大。

优秀的试题应是好的学生做对了，差的学生做错了，据此设计出了试题区分性的公式：

$$D = \frac{\text{高分学生的 27\% 答对数} - \text{低分学生的 27\% 答对数}}{27\%}$$

此公式是用以求每一试题的区分性的。先将学生的分数从高到低按顺序排列起来，然后取高分部分 27% 的学生和低分部分 27% 的学生加以计算。例如（以 100 名考生为例）第 1 题，高分部分 27% 的学生（即 27 人）中有 18 人做对了该题，低分部分 27% 的学生（即 27 人）中有 4 人做对了该题，则该题的区分性为：

$$D = \frac{18 - 4}{27} = 0.52$$

可将区分性分为四个等级：

第一级（无 discriminator）　0.00 ~ 0.19

第二级（1个 discriminator）0.20 ~ 0.39

第三级（2个 discriminator）0.40 ~ 0.59

第四级（3个 discriminator）0.60 以上

具有第一级（0.00 ~ 0.19）区分性的试题为劣题，下次测试中应去掉或加以修改再用（这种数据说明低分学生中的做对数较多），第二级较好，第三级很好，第四级为优秀题目。

将各小题的区分性相加，求出平均值，则为全份试卷的区分性。

测试是检查教学，掌握进度，选拔人才的至关重要的一环，它必须能准确反映学生的成绩，因此试卷本身就必须科学、合理，即应有较好的有效性、可靠性和区分性。考后，应运用数理统计的一些方法进行科学分析和总结，求出数据，不断积累，逐步扩充试题库，使得测试逐步走向数据化、科学化，发挥更大作用。

附录3 论证与论文写作

学位论文撰写纲要
—— 兼谈认知对比语言学

摘要：本文首先重温中学语文老师的教导：政论文必备两大要素——论点和论据，并据此列述了研究生论文不足的几种类型，提出"论点新、论据足"的创新性写作纲要。论点新，新就新在"与时俱进"上，当掌握国内外语言学前沿理论（如认知语言学、体认语言学和后现代哲学），反思索氏和乔氏客观主义语言学之弱点，突出"人本主义"研究方法；论据足，就足在要学会运用万维网络建立封闭语料，以"基于用法的模型"为出发点，分析语言的实际用法，以能有效避免研究中的主观性，使得成果更具科学性和说服力。笔者还基于此提出了建立"认知对比语言学"的初步想法，运用前沿的认知语言学理论进行英汉对比研究。本文还以苗萌的研究为例解释了上述思路。

关键词：论文写作；认知对比语言学；论点新；论据足；人本主义

一、学位论文必须有论点和论据

我们在上中学时，语文老师就曾反复告诫我们，政论文必须有两大要素：

（1）论点（Argument，Topic Sentence）

（2）论据（Argumentation，Supporting Sentences）

所谓论点，即全文的主要观点，所要说明的核心问题；论据则是用以说明论点的根据，常用事实或例子来证明论点的正确性和可靠性，以能使人信服，从而可实现政论文的写作目的。令人不解的是，我们很多研究生同学在撰写学位论文时，却时常忘却了我们中学老师的教导，在安排这两大要素时出现种种不足。

1. 就论点而言，常出现以下三种不良情况：

（1）有些学位论文没有论点，或论点不明，交代不清，强调不够，让人看后不知道该论文究竟想做什么，为什么要进行此项研究。因而在答辩时，老师问他该文的论点是什么时，他常啰啰嗦嗦说不清楚，因为在他心中就未确立过一个明确的研究目的。

（2）有些研究生同学选题不妥：要么过大，捡了个非一文一书所能完成的论点，如以"中西文化对比研究"为题的论文，仅凭几十页或百十页文章是不可能完成的工作，这就如同一个瘦小之人戴了一个硕大的帽子。还有的选题过时，研究不在前沿，如时至今日还有人在尝试用语义成分分析法（CA）分析汉字结构；还有的纯属"炒冷饭"，有"嚼别人嚼过的馒头"的现象。

（3）更为奇怪的是，有些学位论文论证了一些不需要论证的观点，它们已是人人皆知的明白道理，无须再花时间和力气去论证它了，如"英语水平高的人写作能力就强""多写就能提高写作水平"，这类题目似乎不用论证。试问此类论文做出来之后又能具有什么价值呢，无非仅为戴个学位帽子而已。

2. 就论据而言，也有以下两种不良情况：

（1）有些学位论文仅罗列了一些观点，猛然一看，好像他读了不少的书，未用事实或例子加以论证，即缺乏论据，此文何来的说服力。而且更为不妥的是，所列述的若干观点还处于一个零散状态，单纯列举，更像一个读书笔记或流水账，不能穿成一条线，它们又何以能成为一篇连贯的学位论文？

（2）有些学位论文虽有论点，但论据严重不足，随便举上几个例子便不了了之，却不知人们还可随手举出很多反例。也就是说，在收集例子时，喜欢的就入选为己所用，不合口味的就弃之一旁，这种做法随意性太强，大大降低了政论文的说服力。

3. 就论点和论据之间的关系而言，也有以下两种不良倾向：

（1）有些同学文不对题，原初确定的论点，在写作中不知不觉被弃之一旁，又重开炉灶，说了一大通另外的事情。如明明要论证"语用等效"，但却说到另外一件事情上去了。

（2）论点与论据脱节，即所用例子不能用来很好地支撑论点，或是论文第三章在反思前人成果的基础上提出了自己的新观点，但到了第四或第五章，却把这一观点丢在一旁，提供了些与论点无关或关系不很紧密的论据，终使论文落得一个后语不搭前言下场。

二、学位论文基本类型

上文是基于政论文两大要素"论点和论据"而做的分析，本节将就论文写作类型做一大致剖析。纵观改革开放以后的外国语言文学方向的学位论文，大致有以下五种思路：

1. 综述型

就某一课题加以历史性回顾，在追根求源上也下了不少工夫，费了不少时间，也阅读了不少相关资料，再按照时间年代将其排列起来。在20世纪80–90年代不少研究生同学曾以此思路完成了学位论文，如就"语篇分析""隐喻研究"等的发展史写出的论文。这类论文的最大问题在于：以引进和介绍为主线，收集和罗列了各类不少国外新信息，但有点类似于流水账。整篇论文读过之后，找不到明显的"论点"，未能以一个"总论"将相关信息巧妙地串起来。文中虽有些个人点评，但相对来说分量较小，犹如蜻蜓点水，一带而过。若以"创新"这一严格准绳来看，这还不能算作一篇过硬的学位论文。

2. 感想型

就某一观点，或一段语录或一本书，发表一些读后感，有点像西方教堂中牧师布道一般，念上《圣经》中一段话，然后就大加发挥，阐发出种种内心之感，洋洋洒洒数万言，有时倒也能给别人一点感动！这类文章的缺陷在于：论点和论据常杂糅在一起，有时也分不清哪个观点是别人的，哪个观点是自己的。若是作为一篇普通的文章尚可（这类写作思路至今还为某些学科所青睐），因为我们还是需要有人为某书写个读后感的，其中有些论述却也能"感悟"出一点深远的道理。倘若此类论文谈不出什么深刻的新思维，层次再不分明，语句流于俗套，作为一个严格的学位论文来说，似乎离"创新"还是有点差距的，论文结构也不很符合要求。

3. 应用型

这类论文常规套路为：套用国外现成的理论（如功能学派、TG语法、认知语言学等现成观点），然后换用汉语的例子。这类写作最大的不足在于：理论上没有创新。所谓研究生，首先应当在理论上有所突破。有学者认为方法上的革新也是一种创新，这不是一点道理没有，好歹还在坚守一点"创新"的立场。但问题是这些方法往往也是"舶来品"。还有学者认为，作为一名研究生，能弄懂外国人的理论就很不容易了，不必去创新，这一标准实在是太低了！

还有人认为，用现成理论来解释某一别人没解释过的例子，这也是一种"新"啊，岂不知此观点却有"误国"之嫌。钱冠连先生（2004b，2007）多年前就指出，外语界的研究生"为什么总要为老外去忙乎"，"中国外语界聪明人那么多，怎么大多数人就是把聪明不用在创新上？把聪明放在跟在洋人后面解释而不进行创造性劳动，是对聪明最大、最冤枉、最悲剧性的浪费。"若总是一味地用汉语的例子去证明外国人的理论，我国何时能有自己的语言学理论？总是跟在外国理论后面走，大有拾人牙慧之嫌，我们应当在学习和理解的基础上，提出些我们自己的观点，当坚持"继承与发展，引进兼创新"的方针，此乃正道！

4. 统计型

用数理统计的科学方法来分析有关数据，这比"说空话"或"仅用自己喜欢的例句"，确实要可靠得多。自从我国改革开放以后，国外学者将统计学、概率论等用于文科研究的方法传入中国，确实使人大有耳目一新的感觉，大大改进了我国文科研究的单一局面，使得我们在论证中又多了一种行之有效的分析方法，如笔者曾于1980年夏参加了教育部在烟台举办的数理统计和测试理论的培训班，为时数月，实有"令人耳目一新"的感觉。但万万不可"错把方法当理论"（引号中为钱冠连先生之语）。用精确的数据来说明有关文科现象，有其可取之处，但也有较大的局限性。

我们知道，20世纪的西方社科界一直围绕"科学主义（Scientism）"和"人文主义（Humanism）"展开了一场激烈的争论。所谓"科学主义"，即倡导用数理和统计的方法来统一解释自然科学和社会科学，乔姆斯基的TG理论便是这一思潮的产物。人本主义却大反其道而行之，反对用公式化程序来解读语言表达、人类思维、社会发展的规律，大力倡导以人为本的非客理论（此属非客观主义哲学理论），反对客观主义哲学观（王寅 2007a:53-56）。但这并不意味着我们要完全抛弃数理统计的方法，应让统计法为理论创新服务。

文首所提到的几种不良现象，如论文无论点，或选择了无须论证的论点，过分强调数据统计（听说还有个别人编造数据）的论证方法，而忘却了确立有效论点，这就犯了钱先生所说的"错把方法当理论"的毛病，为数据而数据，似有"误导国内语言学研究方向"之嫌。

5. 创新型

在论点上一定要有理论创新，在论据上要运用封闭语料提供充足的数据，这才无愧于研究生的称号，详见下文。但笔者也曾反复强调，这仅是诸多学位论文写作方法中之一种，为笔者一家之言，一孔之见，绝不是唯一。此法虽已践行了十几年（笔者指导的硕士生和博士生的论文都可在网络上查得到，包括我弟子所指导的研究生），但一直未见诸文字，实因学界高手无数，胡子不长时少谈什么经验与心得，免得贻笑大方。但时至今日，受《语言教育》期刊主编隋荣谊教授和副主编王卉博士的多次盛情相约，才静下心来将其整理成文字，予以正式发表。或许因为岁数大了，觉得可以"卖点老"了，在交接班之际不妨谈点个人指导体会，但总的原则未变：仅供各路方家参考之用！

三、创新性论文提纲

毫无疑问,外国语言文学方向的学位论文也属"政论文",必须包括"论点"和"论据"这两大要素。就创新性论文而言,这两个要素当进一步表述为:"论点要新","论据要足"。

1. 论点新

高校研究生,是以专业研究要不断创新为培养目标的,这也与我国当前的国策"与时俱进"完全吻合。认知语言学和体认语言学处于当前国内外语言学理论之前沿,若能沿此方向继续向前发展,自然就可将自己置于国内外学术前沿,以能保证我们的学生站在老师的肩膀上不断向上攀登。加强"创新意识、素质教育",强调的就是这层意思。

要做到论点新,就必须在继承前人理论的基础上,做到有所发展,要有自己的创新点。笔者的拙书《认知语言学》就是尝试按此思路写作而成,如书中为认知语言学所作的权宜性定义;提出"现实-认知-语言"的核心原则;从莱考夫的ICM到笔者的ECM;中西隐喻理论对比研究;语音隐喻;隐喻的五位一体认知机制;语用像似性原则;像似性的理论与实践;认知语言学与语篇分析;认知语言学与翻译研究等,作为研究生更当如此。笔者认为,研究生同学在立论上哪怕有一点点的进展,也是值得鼓励的。否则论文充其量只能算作应用性文章。

现笔者就"如何立论"提出如下建议:

(1)熟知所选题目基本或尽全的现状;

(2)努力找出其中的理论缺陷与不足;

(3)为解决不足建立自己的理论框架。

研究生(特别是博士生)的学位论文一定要有自己的理论框架。我们有些年轻学者认为,自己尚年轻,能提出什么理论框架,其实在这一点上不必自卑。要能提出自己的理论框架并不很难,首先要精心念书,常言道"吃饱了总归能撑出点东西来",只要念足了要念的书(硕士50本,博士200本)便可下笔如有神。

理论创新主要有以下两种方法:

(1)提出原创性全新理论。20世纪语言学界的三场革命便具有这一性质:索绪尔的结构主义革命、乔姆斯基的TG革命、Lakoff等的CL革命,它们在批判前人理论之不足的基础上提出了全新的理论框架。这对于一般学者来说具有较大的难度,另外还涉及天时、地利、人和等因素。

(2)整合他人有关理论,合成一个新观点。我国学者都很熟悉马克思主义的基本内容，但疏于将马克思的研究方法应用到语言学研究之中，这不可不谓之一大遗憾。我们知道，马克思把费尔巴哈的唯物主义和黑格尔的辩证法有机结合起来，吸取了他们理论中的有效养分，排除其不合理成分，形成了他的唯物辩证法，这一研究方法对于我们具有重要的指导意义。广东外语外贸大学的钱冠连教授（2002）将生命全息律、宇宙全息律、系统论三门学科结合起来建构了"语言全息律"，来系统论述语言的性质和语言理论。他（2004a）还率先将"美学"与"语言学"紧密结合起来，首创"美学语言学"这一新兴的语言学科，得到国内外学者的一致好评。四川外国语大学的廖巧云教授把Grice的"合作原则（Cooperative Principle）"，Sperber & Wilson的"关联理论（Relevance Theory）"和Verschueren的"顺应论（Adaptation Theory）"有机地整合为CRA，扬三种理论之长，避它们之短，使得语用学理论更具全面性和解释力。笔者认为，他们的成果正是对马克思研究方法在语言学界的一次具体应用，值得国人关注和效仿。

各种理论都有各自的长处，也有自己的短处，只要选择合适的理论进行互补，便可视为一种马克思式的创新。

2. 论据足

有了"新论点"，接着就要论证它。不少人（包括笔者）写论文时常喜欢随便举些例子，当然这不是不可以，但随便举的例子能有多大说服力，别人也很容易举出很多反例，这样的论证显然缺乏说服力。

为弥补这一不足，国内外很多学者都尝试使用"封闭语料"作例证，虽不是无懈可击，但相对于随便举例来说毕竟要可靠得多。凭语言事实说话，总比随意举例要可靠一些，这就是认知语言学所大力倡导的"基于用法的模型（Usage-based Model）"（王天翼 2010）。因此，作为学位论文，最好能用封闭语料，这十几年来笔者所指导的硕士生和博士生的学位论文，都是沿此思路写出来的。而且很多学生发现，有了语料，就有了说不完的话，而且还可发现若干意想不到的现象和规律。同时，很多有关数据都是国内外语言学界所缺乏的，如：

（1）汉语中共有多少量词（925，冯碧英 2008）；

（2）汉语共有多少明喻词（80），共有多少明喻习语（969，王寅 2010）；

（3）英语中共有多少明喻习语（586，王寅 2007b）；

（4）英语和汉语各有多少人体器官量词（21/24，周永平 2008）；

（5）英语中共有多少双宾动词（843，其中接介词短语的有744，双名5个，两者兼之94，崔文灿 2009）；

（6）英语和汉语各有多少词具有一词两反义（267/335，陈娇 2009）；

（7）广告中共用多少仿拟成语（404，沈志和 2008）；

（8）汉语中烹调类动词有多少（51，唐国宇 2008）

等，正是由于我们和研究生依靠语料库，填补了学界的一些空白数据，或更新了学界的已知信息。

　目前国内外用得较多的英语语料库有：

（1）英国的 BNC（the British National Corpus）；

（2）美国的 COCA（the Corpus of Contemporary American English）

汉语常用大型语料库有：

（1）国家语委语料库；

（2）北京大学汉语语言研究中心语料库

它们都可在网络上下载，或直接使用。

　下表是国内各高校、科研单位近年来建立的语料库一览表，现列述部分如下以飨读者：

表 1　国内语料库建设一览表

语料库名称及大小	建设单位
中国学习者语料库 CLEC（100 万）	广东外语外贸大学、上海交通大学
大学英语学习者口语语料库 COLSEC (5 万)	上海交通大学
香港科技大学学习者语料库 HKUST Learner Corpus	香港科技大学
中国英语专业语料库 CEME (148 万)	南京大学
中国英语学习者口语语料库 SECCL (100 万)	南京大学
国际外语学习者英语口语语料库中国部分 LINSEI-China (10 万)	华南师范大学
硕士写作语料库 MWC (12 万)	华中科技大学
汉英平行语料库 PCCE	北京外国语大学
南大—国关平行语料库	南京大学
英汉文学作品语料库；冯友兰《中国哲学史》汉英对照语料库　李约瑟 (Joself Needham)《中国科学技术史》英汉对照语料库	外语教学与研究出版社

语料库名称及大小	建设单位
计算机专业的双语语料库	国家语言文字工作委员会语言文字应用研究所
柏拉图 (Plato) 哲学名著《理想国》的双语语料库	
英汉双语语料库 (15 万对)	中国科学院软件研究所
英汉双语语料库	中国科学院自动化研究所
英汉双语语料库 (100 万)，网上英汉语段电子词典及网上电子英汉搭配词典 (1 000 万)	东北大学
英汉双语语料库 (40~50 万句子对)	哈尔滨工业大学
双语语料库 (5 万多对)	北京大学计算语言学研究所
对比语料库 LIVAC(Linguistic variety in Chinese communities)	香港城市理工大学
平衡语料库 (Sinica Corpus)；树图语料库 (Sinica Treebank)	中国台湾"中研院"
军事英语语料库 (Corpus of Military Texts)	解放军外语学院
新视野大学英语教材语料库	上海交通大学
现代汉语语料库 (1983 年 , 2 000 万字)	北京航空航天大学
中学语文教材语料库 (1983 年 , 106 万字)	北京师范大学
现代汉语词频统计语料库 (1983 年 ,182 万字)	北京语言学院
国家级大型汉语均衡语料库 (2 000 万字)	国家语言文字工作委员会
《人民日报》语料库 (2 700 万字)	北大计算机语言学研究所
大型中文语料库 (5 亿字 , 10 分库)	北京语言文化大学
现代汉语语料库 (1 亿字)	清华大学
汉语新闻语料库 (1988 年 , 250 万字)	山西大学
标准语料库 (2000 年 , 70 万字)	
生语料库 (3 000 万字);《作家文摘》的标注语料库 (100 万字)	上海师范大学
现代自然口语语料库	中国社会科学院语言所
旅游咨询口语对话语料库和旅馆预订口语对话语料库	中国科学院自动化所

四、创新性论文举例

笔者曾在2005年《现代外语》第一期上发表了"事件域认知模型（Event-domain Cognitive Model，简称ECM）"一文，主要针对Langacker，Talmy，Lakoff，Panther & Thornberg以及Schank & Abelson等认知语言学家提出的理论模型之不足（分析层面单一，过分强调动态，侧重句法构造）提出的修补方案，兼顾了线性和层级性，适用于动态和静态场景，可解释概念结构、词汇构成和句法成因，同时还能解释语义和语用层面的诸多现象，如：缺省交际、脚本理论、时段分析、间接言语行为、事体命名、词性转换、词义变化、同词反义等现象，简图如下，详见王寅（2007a：240）。

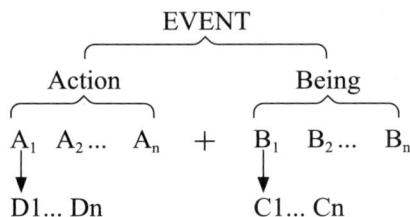

$$\text{EVENT}$$

Action + Being

$A_1 \quad A_2 \dots \quad A_n \quad + \quad B_1 \quad B_2 \dots \quad B_n$

$\downarrow \qquad\qquad\qquad\qquad \downarrow$

$D1 \dots Dn \qquad\qquad C1 \dots Cn$

图1 事件域认知模型

不期国内很多研究生同学乐于以ECM为理论框架撰写学位论文,如苗萌同学就曾运用"事件域认知模型"和"概念隐喻"对比分析了2006年世界杯足球赛（德国队对哥斯达黎加队，法国队对意大利队）的中英文现场直播（CCTV5）即时解说词，它可较为直接地反映人类思维的真相。她的研究思路基本如下：

首先，她不能完全套用笔者的ECM，否则充其量也只能是一篇应用型论文，这会大大降低论文的标准，必须在理论上有所发展。她将ECM与莱考夫等的概念隐喻理论结合起来，建立了自己的理论框架。这样就可依据ECM中的行为（Action）和事体（Being）来分类相关表述，如足球赛中的行为类包括：发球、传球、带球、射门、进攻、防卫、犯规、越位、扑球、换人等;事体类包括：教练、队员、裁判员、左前锋、右前锋、中锋、后卫、球门员、替补队员、啦啦队、观众等。然后将描写它们的隐喻性表达分门别类地加以对比列述。

她还花了三个多月的时间将这两场解说词全部转写为书面文字，以此为基础建立了一个封闭的英汉语料进行对比，专题研究解说词中的全部隐喻表达，经统计发现：英语解说词中的隐喻性表达共计有615条,汉语解说词中的隐喻性表达共计有581条。

有了这一语料库，就可有的放矢，分门别类地加以调查和统计，而不是凭空想象，随口一说，可用实际语料和数据统计来分析汉民族和英民族在解说足球赛时所用到的隐喻性表达。苗萌同学通过实际语料分析，共提炼出解说足球赛中的隐喻表达所涉及的五类始源域，并按使用频率依次排列如下：

（1）战争

（2）舞台/娱乐/聚会

（3）法庭审判

（4）物品/人

（5）吃

现以表小结如下：

表2 2006年世界杯足球赛英汉解说词中隐喻性表达统计

目标域	始源域	英文隐喻表达		中文隐喻表达	
		数 量	所占比例(%)数量/615	数量	所占比例(%)数量/581
比赛	战争	437	75.215 1	461	74.959 3
	舞台/娱乐/聚会	65	11.187 6	87	14.146 3
	法庭审判	44	7.573 1	31	5.040 7
	吃			3	0.487 8
	其他	19	3.270 2	5	0.813 0
人	物品	16	2.753 8	28	4.552 8

可见，"战争隐喻"在此语料库全部隐喻性表达中所占比例遥遥领先，约占四分之三。从这一比例中亦可见，每当人们谈论起世界杯足球赛，包括各类其他体育竞赛时，充满着对抗性，主要是为了争高下，抢名次，以战胜为目的，为"荣誉"而赛。

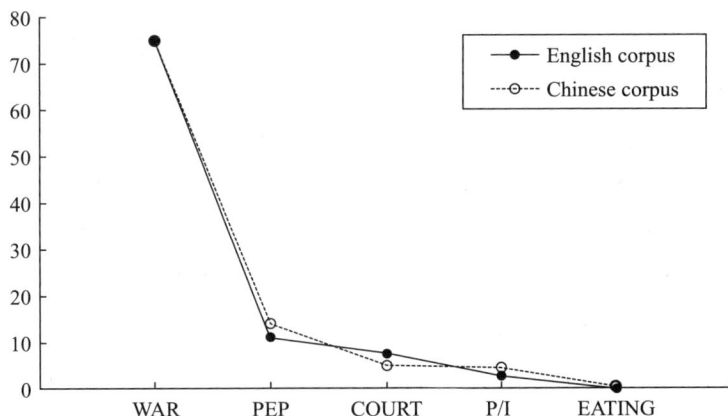

图2 英汉两民族就理解足球赛时所用隐喻性表达对照图

上图将英汉两民族就足球赛所用隐喻情况用图表绘制于同一图中，以便能更清楚地看出两者之间的同和异。

苗萌的论文主要贡献有：

（1）首次将ECM和概念隐喻理论紧密结合起来，以其为理论框架来穷尽性调查、分析和统计世界杯足球赛英汉解说词中的隐喻性表达。通过对比英汉两语料库，她发现在体育比赛解说词中，抽象层次上的概念隐喻是普遍存在的，具有体验性、普遍性、突显性和俗成性等特征；而且五类隐喻表达大致相同。但在较为具体层次上的隐喻表达由于人类"识解（Construe，Construal）"之不同而有所差异。即英汉两语言中的这种差异，可通过识解方式做出合理解释，如汉语可说"吃红牌、吃了两张黄牌"等，而英语表达未见用eat的此类隐喻表达，这说明汉语中的"吃"具有更广泛的隐喻性用法。

（2）语料调查的结果还修补了Kövecses（2002）和Deignan（2001）的研究成果，他们曾认为，概念隐喻的始源域分别有13和12种之多，但本研究发现这一结论尚有可修补之处。她基于语料库还发现了如下常用始源域：战争、表演/娱乐/聚会、法庭审判等三类。

五、认知对比语言学

我们知道，"比较语言学（Comparative Linguistics）"已约有200多年的历史，重在发现语言之间的相同之处，以建立世界语言的谱系家族。它曾是索绪尔哥白尼革命的对象（王寅 2013）。而与其相类的"对比语言学（Contrastive Linguistics）"问世才有几十年之久，重在发现不同语言之间的差异。

我国外语界自改革开放以来，以吕叔湘先生为代表的老一代学者大力倡导英汉比较和对比研究，从中找出英语和汉语表达的同和异，以能更好地集中精力学习那些差异之处，这将大大有利于提高外语水平，同时也有力地促进了英汉互译，掌握了各自语言的表达特征，便可将英语说得更像英语，汉语说得更像汉语，可有效地避免"英不英、中不中"的现象。

近几十年来，认知语言学不断推广和普及，到21世纪时，它亦已成为国内外语言学理论家族中的主流学派，这也必将会推动对比语言学向纵深发展。一方面对比语言学迫切需要新理论；另一方面从认知角度进行语言之间的对比研究，必将进一步促动认知语言学自身的深入发展。上文所举苗萌萌同学的个案研究，运用认知语言学中的ECM和概念隐喻理论，可挖掘出英汉语在解说足球赛时所用隐喻表达的同和异，可望能深入了解英汉两民族在认知球赛时的思维状况。

据此，我们便可在认知语言学的学科建设中建立一门全新的学科："认知对比语言学（Cognitive Contrastive Linguistics）"^①，即运用认知语言学的基本原理及其所大力倡导的认知方式，从全新的角度来对比英汉两语言，可望为对比语言学开创出一片新天地。

六、结语

本文主要从政论文的两大要素（论点、论据）说起，分析了国内研究生同学部分论文中之不足之处，强调"论点要新，论据要足"。

论点新，新就新在对当下主流语言学派的敏锐上，认真执行"与时俱进"的国策，坚决以此为动力鞭策自己，跟上时代之潮流，便能在语言学理论方面有所创新。我们若能站在后现代（语言）哲学研究之高度，突出人本主义精神，倡导从人本立场来重新审视语言，必有另番感受。若能站在认知语言学和体认语言学之前沿，反思传统客观主义语言学理论（主要包括索绪尔的结构主义语言学和乔姆斯基的TG学派）之不足，从人本立场来重新确立语言学理论的研究方向，必然会迎来21世纪语言学研究的新局面。

论据足，就足在学会运用网络和语料库，就某一论题建立封闭语料，便可在其间发现规律，以实际用法来说话，尽量避免研究中的主观性。我们说，在人文研究中不可能百分之百地消除主观性、个人爱好、倾向性，但若能用好语料库，用调查所得的数据来证明自己的观点，便可大大地提高研究的可靠性，使得认知语言学和体认语言学研究更具科学性。不言而喻，这就需要我们的学生迅速了解"语料库语言学（Corpus Linguistics）"，掌握数据统计的基本方法，特别是当下流行的SPSS（为Statistical Package for the Social Sciences "社会科学统计软件包"）统计分析法，这样就可使自己的论据更为充足，以能保证论点更具说服力。

上述两点，即"论点新"和"论据足"，同样适用于对比语言学方向的研究，这就是我们提出为何要建立"认知对比语言学"这一新学科的理由。我们可尝试运用全新的语言学理论框架和亦已成熟的认知方式来对比分析英汉两语言的表达特征和内在规律，必将为英汉对比研究带来全新的视角和丰硕的成果。

---

① 到目前为止，川外体认语言学团队在广泛吸收国内外科研成果的基础上，在认知语言学理论框架中亦已论述和倡导拟建的分支学科有：认知音位学、认知词汇学、认知构式语法、新认知语用学、认知语篇学、认知符号学、认知修辞学、认知翻译学、认知社会语言学、历史认知语言学、神经认知语言学、应用认知语言学等。

附录 4 术语英汉对照表

英语术语	汉译	页码
Accessibility Relation	可及关系	128
Analyticity	分析句	158
Anti-reflexivity	反自返性	160
Anti-symmetry	反对称性	160
Anti-transitivity	反传递性	160
Antonymy	反义关系	166
Argument	述元	158
Aspect	体	112
Assignment	指派	65
Asymmetry	非对称性	160
Atomic Proposition	原子命题	80
Axiom/Postulate	公理	57
Bedeutung	意谓	42
Boole Algebra	布尔代数	31
Bound Variable	约束变项	63
Calculus	演算	56
Cartesian Paradigm	笛卡尔范式	194
Categorial Grammar	范畴语法	182
Categorical	范畴	18
Categorical Judgment	直言判断	18
Categorical Proposition	直言命题	18
Change Logic	变化逻辑	148
Characteristica Universalis	万能数学	31
Chomsky Revolution	乔姆斯基革命	172
Chronological Logic	时序逻辑	148
Classical Formal Logic	经典形式逻辑	12
Close Sentence	闭语句	44
Closed Rule（Well-formed Rule）	合式规则	57

续表

英语术语	汉译	页码
Coherence	连贯	10（前言）
Cohesion	衔接	10（前言）
Componential Analysis/CA	语义成分分析法	10, 30, 170
Completeness	完全性、完备性	74, 98
Complex Proposition	复杂命题	80
Component Proposition	支命题	80
Compound Proposition	复合命题	80
Concept	概念	42, 49
Conceptual Variable	概念变项	18
Conjunction	合取词	79
Conjunction Elimination	合取取消	83
Connective	联结词	79
Connective Logic	联结词的逻辑	79
Connotational Meaning / Intensional Meaning	内涵义	109
Consistency	一致性	74, 98
Construction	构式	3（前言）
Construction Grammar	构式语法	3
Contradiction	矛盾关系	20
Contradiction	矛盾句	158
Contradictoriness	反义句	158
Contradictory	矛盾式	96
Contrary	反对关系	19
Davidson's Program	戴维森纲领	175, 185
Deduction	演绎法	3（前言）
Deep Structure	（乔氏的）深层结构	16, 40, 66, 193
Definition	定理	97
Denotational Logic / Extensional Logic	外延逻辑	105
Denotational Meaning / Extensional Meaning	外延义	109
Deontic Logic	道义逻辑	145
Deontic Modal Logic	道义模态逻辑	117

续表

英语术语	汉译	页码
Description	摹状语	58, 128
Description Theory	摹状语理论	46
Determiner	限定词	182
Dialectic Logic	辩证逻辑	5（前言）
Dialectical Materialism	辩证唯物主义	29
Dilemma	二难推理	94
Discourse Representative Theory	话语表征理论	186
Disjunction	兼容析取词	79
Disjunctive Judgment	选言判断	18
Distributed	周延	8
DRT/Discourse Representation Theory	语篇表征理论	112
Durative Verb	延续体动词	99
Dynamic Montague Grammar	动态蒙塔古语法	187
Dynamic Predicate Logic	动态谓词逻辑	202
Dynamic Semantics	动态语义学	186
Embodied Philosophy	体验哲学	194
Empiricism	经验论	15, 42
Entailment	蕴涵句	158
Epistemical Modal Logic	认识模态逻辑	117
Epistemological Turn	认识论转向	32
Epistemology	认识论	78
Equivalence	等值词	79
Even Context	偶语境	108
Exclusive Disjunction	不相容析取判断	84
Existential Quantifier	存在量词	62
Extension	外延	110
Extensional Context	外延语境	112
Extensional Semantics	外延语义学	105
Family Resemblance	家族相似性	4（前言）
FCG/ Flexible Category Grammar	灵活的范畴语法	112

英语术语	汉译	页码
File Change Semantics	文本更新语义学	202
First-order Logic	一阶逻辑	57, 76
Formal Logic	形式逻辑	4（前言）
Formalism	形式主义派	36
Free Variable	自由变项	63
Function Theory	函数理论	33
Fuzzy Logic	模糊逻辑	39
Fuzzy Sets	模糊集	39
The General Formula for Antonym	反义词总公式	168
The General Formula for Synonym	同义词总公式	104, 167
Generative Semantics	生成派语义学	172
GQT/Generalized Quantifiers Theory	广义量词理论	112
Grammatical Language	语法语言	98
Historical Materialism	历史唯物主义	29
Holism	整体论	33
Homonymy	同音异义词	166
Humanism	人文主义	194, 221
Hyponymy	上下义关系、下义词	166, 169
Hypothetical Judgment	假言判断	18
Iconicity	相似性	192
Ideal Language School	理想语言学派	177
Idealism	唯心主义	15
Illocutionary	言有所为的行为 / 行事行为	200
Implication	蕴含关系、差等关系、蕴涵、从属关系	19, 79, 85
Implicational Hierachy	蕴含等级	91
Inclusive Disjunction	相容析取判断	84
Individual Constant/ Individual Invariable	个体常项	57, 58, 61
Induction	归纳法	3（前言）
Intension	内涵	110
Intensional Context	内涵语境	112

续表

英语术语	汉译	页码
Intensional Logic	内涵逻辑	38, 107, 108, 114, 119, 178
Intensional Semantics	内涵语义学	110
Intensional Sentence	内涵语句	112
Intensor	算子	110
Interdisciplinary Subject	边缘学科	187
Internal Endpoint	内在终点	99
Interpretative Semantics	解释派语义学	172
Interval Semantics	区间语义学	152
Intransitivity	非传递性	160
Intuitionism	直觉主义派	36
Inverse Opposites	相反对立关系	125
Irreflexivity	非自返性	160
Kinship Term	亲属术语	201
Kripke Semantics	克里普克语义学	128
Labelled Deductive Systems for Natural Language	自然语言的加标演绎系统理论	187
Leibniz's Law	莱布尼茨定律	105
Linguistic Potential	语言潜势	10（前言）
Linguistic Turn	语言论转向	33, 37, 42
Locutionary Act	言有所述的行为 / 发话行为	200
Logic/Logos	逻辑	184
Logical Semantics	逻辑语义学	185
Logical Algebra	逻辑代数	31
Logical Analysis	逻辑分析法	95
Logical Atomism	逻辑原子论	78
Logical Connective/ Logical Connector	逻辑联结词	79
Logical Equivalence	逻辑等价	164
Logical Positivist Semantics	逻辑论语义观	41
Logical Quantifier	逻辑量词	62

续表

英语术语	汉译	页码
Logicism	逻辑主义	34, 54, 82
Logistic	逻辑斯蒂	37
Material Implication	实质蕴涵（词）	79, 85
Materialism	唯物主义	15
Mathematical Logic	数理逻辑	54
Meaning	意义	158
Meaning Postulate	语义公设	104, 111, 166, 178
Meronymy	部分—整体关系	166
Metalanguage	元语言	98, 180, 193
Metamathematics	元数学	7（前言）
Metaphysics	形而上学	5（前言）, 6, 194
Metatheory	元理论	7（前言）
MG/Montague Grammar	蒙塔古语法	175
Modal Logic	模态逻辑	109, 119
Modal Logic of Existence	存在模态逻辑	117
Modal Logic of Provability	可证模态逻辑	117
Modal Predicate Calculus	模态谓词演算	136
Modal Predicate Logic	模态谓词逻辑	136
Modal Propositional Calculus	模态命题演算	134
Modal Semantics	模态语义	109
Modal Verb	情态动词	119
Modality	模态	114,119
Mode	样式；最频值	119, 207
Model Theory	模型论	7（前言）, 109
Molecular Proposition	分子命题	80
Montague Semantics	蒙塔古语义学	175
Multiple-place Predicate	多元谓词	159
Multiple-valued Logic	多值逻辑	37
Narrow Modal Logic	狭义模态逻辑	117
Narrow-sensed Predicate Calculus	狭义谓词演算	76
Natural Philosophy	自然哲学	56

续表

英语术语	汉译	页码
Negation	否定词	79
Non-classical Logic	非经典逻辑	7（前言）
Non-objectivist Philosophy	非客观主义哲学	194
Non-strict Designator	非严格指称语	130
No-place Predicate	零元谓词	158
Nominalism	唯名论	15
Object	对象	42, 43, 49
Object Language	对象语言	98, 180
Objectivist Philosophy	客观主义哲学	194
Ockham's Razor	奥卡姆剪刀	15
Odd Context	奇语境	108
One-place Predicate	一元谓词	158
Ontological Commitment	毕因论承诺	105
Ontological Turn	毕因论转向	32
Ontology	毕因论、本体论	6, 15, 586, 156
Opaque Context	隐晦语境	112
Open Sentence	开语句	44, 62
Operator	算子	90
Ordinary Language School	日常语言学派	177
Organic Philosophy	有机哲学	156
Orthodox Modal Logic	正规模态逻辑	116
Paraphrase	释义句	158
Perlocutionary Act	言之后果的行为 / 取效行为	200
Polysemy	多义词	166
Possible World Semantics	可能世界语义学	111, 114, 128, 181
Possible Worlds	可能世界	111
Predicate Calculus	谓词演算	24, 57
Predicate Invariable	谓词常项	71
Predicate Variable	谓词变项	71
Predicate	谓词	59, 158
Predication	述谓结构 / 表述结构	158

英语术语	汉译	页码
Primitive Proposition	基础命题	80
Primitive Symbols	初始符号	57
Principle of Compositionality	组合原则	76
Probability Logic	概率逻辑	7（前言）
Process Philosophy	过程哲学	156
Proof Theory	证明论	7（前言）
Proper Name	专有名词／专名	58, 128
Proposition	命题	12
Propositional Calculus	命题演算	24, 57
Propositional Function	命题涵项	80
Propositional Logic	命题逻辑	79
PTQ/ the Proper Treatment of Quantification in Ordinary English	日常英语中量化的恰当处理	111, 182
Quantifier	量词	48, 62
Quantity Logic	量词逻辑	75
Quantity Theory	量词理论	75
Rationalism	唯理论	15, 42
Realism	唯实论	15
Recursive Logic	递归论	7（前言）
Reductio ad Absurdum	归谬法、反证法	96
Reference	指称义、指称关系、所指	33, 43, 58, 108, 110, 130, 158, 180
Referent	所指对象	43
Referential Opacity	指称隐晦性	112
Referential Transparency	指称透明性	112
Referring Expression	专指语	58
Reflexivity	自返性	160
Relational Algebra	关系代数	31
Relational Calculus	关系演算	31,156
Relational Logics	关系逻辑	31
Relational Philosophy	关系哲学	156
Relevance Logic	相干逻辑	106

续表

英语术语	汉译	页码
Reliability	可靠性	74, 98, 212, 215
Russell Paradox	罗素悖论	35
Scientific Logic	科学逻辑	7（前言）
Scientism	科学主义	39, 194, 221
Scope	辖域	89
Semantic Componential Analysis	语义成分分析法	10（前言）
Semantic Dictionary	语义词典	192
Semantic Field Theory	语义场理论	10（前言）
Semantic Representation	语义表征	173
Semantic Theory	语义理论	98
Semantics	语义学	98
Sense	涵义；概念	33, 109, 110, 158, 180
Sense Property	涵义特征	158
Sense Relations	涵义关系	10（前言）, 130, 158, 166
Set Theory	集合论	7（前言）
Simple Proposition	简单命题	80
Sinn	概念	42
Situation Type	情境类型	99
Square of Opposition	对当方阵	3（前言）, 15, 19
Situational Semantics	境况语义学	112, 187, 202
Statistical Logic	统计逻辑	4（前言）
Stoic	斯多葛	3（前言）
Strict Implication	严格蕴涵	87, 119
Structural Linguistics	结构主义语言学	9（前言）
Subcontrary	下反对关系	20
Subject	主语	13
Subordinate/Hyponymy	下义词	169
Superordinate	上义词	169
Surface Structure	表层结构	16, 40, 66, 193
Syllogism	三段论	3（前言）, 6, 15, 40, 71

英语术语	汉译	页码
Symbolic Unit	象征单位	3
Symmetrical Hyponymy	对称的上下义关系	167
Symmetry	对称性	160
Synonymy	同义关系	166
Syntax	句法	98
Syntheticity	综合句	158
T Schema	T-等式	104
Tarski's Schema	塔尔斯基等式	104
Tautology	重言式	96
Ten Categories	十大范畴	12
Tense Logic	时态逻辑	117, 148
Terminative Verb	终止体动词	99
Text Representation Theory	篇章表述理论	202
The Casual-Historical Theory	历史因果论	128
The Fallacy of Perfect Dictionary	完善词典谬论	200
The First Substance	第一实体	13
The Logic of Relevance	相干逻辑	106
The Paradox of Material Implication	实质蕴涵悖论	106
The Principle of Verification	证实原则	78
The Referential Theory/ the Theory of Reference	指称论	58
The School of Idealist Philosophy of Language	理想语哲学派	33
The School of Philosophy of Ordinary Language	人工语哲学派	33
The Second Substance	第二实体	13
The Table of Logical Truth Value	逻辑真值表	78
The Theory of Falsification	证伪论	4（前言）
The Theory of Internal Relations	内部关系论	50
The theory of Prototype	原型范畴理论	4（前言）
The Theory of Truth Functions	真值涵项理论	78
The Theory of Types	类型论	35
Alphabet of Human Thought	人类思想字母表	30

续表

英语术语	汉译	页码
Three-place Predicate	三元谓词	158
Three-valued Logic	三值逻辑	37
Transcendental Logic	先验逻辑	5（前言）
Transformation Rule	变形规则	57
Transformational Generative Grammar	转换生成语法	16, 89, 172
Transitivity	传递性	160
Transparent Context	透明语境	112, 127
Truth Conditional Semantics	真值条件语义学	180
The Truth Conditional Theory	真值条件论	104
The Truth Correspondence	真值对应论	104
Truth Implication	真值蕴涵	79
Turing Machine Theory	图灵机逻辑	7（前言）
Two-place Predicate	二元谓词	158
Type-Logical Grammar	类型 - 逻辑语法	187
Undistributed	不周延	8
Universal Grammar	通用语法	172, 175, 177
Universal Quantifier	全称量词	62
Universal Symbolic Language	普遍性符号语言	30
Universalism	普遍性	192
Unorthodox Modal Logic	非正规模态逻辑	117
Unsaturated	不饱和的	42
Unsaturatedness	不饱和性	42
Usage-based Model	基于用法的模型	13（前言）, 223
Valence	价	159
Venus	金星	109
Verification	证实法	95
Vienna Circle	维也纳小组	37
Way	方式	119
Well-Formed Formula (WFF)	合式公式	4

附录5 国外人名对照表

英文姓名	生卒年	译名	页码
Ackermann, W.	1896—1962	阿克曼	32, 106
Ajduciewcz, K.	1890—1963	爱丘凯威茨	182
Allwood, J.	1947—	奥尔伍德	1980
Anaxagoras	约公元前 500—前 428	阿那克萨戈拉	2
Anaximenes of Miletus	约公元前 580—前 526	阿那克西美尼	2
Anderson, A. R.	1925—1973	安德森	106, 138, 147
Aristotle	公元前 384—前 322	亚里士多德	11, 12
Bacon, F.	1561—1626	培根	3（前言）, 27
Baghramian, M.	1954—	巴赫兰密尔	17
Barcan, R. C.	1921—2012	巴肯	136
Bar-Hillel, Y.	1915—1975	巴尔 - 希勒儿	182
Barwise, J.	1942—2000	巴维斯	55, 112
Belnap, N. D.	1930—	贝尔纳	106
Bennett, J. B.	1930—	班尼特	111
Bentham, J.	1784—1932	边沁	145
Black, M.	1909—1988	布莱克	39
Board, C. D.	1887—1971	布劳德	29, 38
Boole, G.	1815—1864	布尔	29, 31
Brouwer, L. E. J.	1881—1966	布罗维	36
Bunnin, N.	1943—	布宁	14, 34, 38, 50, 54, 114
Cantor, G.	1845—1918	康托	29, 31, 32
Carnap, R.	1891—1970	卡尔纳普	26, 29, 39, 104, 110, 136
Cauchy, A. L.	1789—1857	柯西	31
Chomsky, N.	1928—	乔姆斯基	29, 37, 172, 190, 193
Cooper, R.	1934—2020	库珀	112
Cresswell, M. J.	1939—	克雷斯维尔	138
Davidson, D.	1917—2003	戴维森	104, 175, 184

续表

英文姓名	生卒年	译名	页码
De Morgan, A.	1806—1871	德摩根	23, 29, 156
Democritus of Abdera	约公元前 540—前 480	德谟克利特	2
Derrida, J.	1930—2004	德里达	10（前言）
Descartess, R.	1596—1650	笛卡尔	16, 31, 72
Dowty, D.	1945—	道蒂	112, 152
Empedokles	公元前 495—前 435	恩培多克勒	2
Engels, F.	1820—1895	恩格斯	29, 50
Euler, L.	1707—1783	欧拉	21
F.Hegel, G. W.	1770—1831	黑格尔	5（前言）, 28, 50, 156
Fodor, J. A.	1935—	福多	172
Franklin, C.	1847—1930	富兰克林	33
Frege, G.	1848—1925	弗雷格	24, 26, 29, 33, 190, 195
Gabby, D. M.	1945—	盖贝	148
Gallin, D.	1941—	加林	111, 179
Geach, P. T.	1916—2013	吉奇	112
Gruber, J. S.	1940—2014	格鲁巴	174
Halliday, M. A. K.	1925—2018	韩礼德	10（前言）
Hamilton, W.	1788—1856	汉密尔顿	23
Heraclitus of Ephesus	约公元前 540—前 480	赫拉克利特	2
Hilbert, D.	1862—1943	希尔伯特	26, 29, 32
Hintikka, J.	1925—1973	辛迪卡	147
Hobbes, T.	1588—1679	霍布斯	30
Howard, R.	1929—	霍华德	148
Hughs, G. E.	1918—1994	休斯	138
Hume, D.	1711—1776	休谟	27
Hurford, J.	1941—	赫福特	58, 59, 101
Indurkhya, B.	1959—	英都基亚	188
Jackendoff, R.	1945—	杰肯道夫	173, 202
Janssen, T.	1944—	詹森	188, 204
Jevons, W. S.	1835—1882	耶方斯	4（前言）, 23, 31

英文姓名	生卒年	译名	页码
Johnson, M.	1949—	约翰逊	195
Kamp, H.	1940—	坎普	112
Kanger, T.	1924—1988	康格尔	147
Kant, I.	1724—1804	康德	4（前言），147
Katz, G.	1932—2002	卡茨	172, 202
Keynes, J. M.	1883—1946	凯恩斯	29, 38
Kripke, S.	1940—2022	克里普克	26, 29, 38, 111, 128, 138
L. Tesnière	1893—1954	吕西安·泰斯尼埃	159
Lagrange, J. L.	1736—1813	拉格朗日	31
Lakoff, G.	1941—	雷柯夫	174, 195, 202, 222,226
Landsbergen, J.	1920—2010	蓝兹波根	188
Langacker, R.	1942—	蓝盖克	3, 226
Langford, C. H.	1895—1964	兰福德	136
Lecercle, J.	1922—	莱塞赫勒	199
Leibniz, G. W.	1646—1716	莱布尼茨	6（前言），16, 26, 29, 30
Lemmon, E. J.	1930—1966	莱蒙	148
Lenin, V. I.	1870—1924	列宁	29
Lesniewski, S.	1886—1939	列斯尼夫斯基	182
Leszczynska, D.	1980—	雷柴克哲卡	188
Lewis, C. I.	1883—1964	刘易斯	26, 29, 87, 106, 110, 114, 125
Lipka, J. J.	1938—	利普卡	174
Luckasiewicz, J.	1878—1956	卢卡希维茨	26, 29, 37, 79
Lull, R.	1232—1316	拉蒙·柳利	2（前言）
Lycan, W.	1945—	莱肯	61
Mally, E.	1879—1944	马利	145
Marx, K.	1818—1883	马克思	29, 156
McCawley, J.	1938—1999	麦考利	174
McColl, H.	1837—1909	麦柯尔	29, 32
McDaniel, J.	1948—	迈克丹尼尔	51, 52, 196, 200, 208
McGuinness, B. F.	1927—	麦吉尼斯	78

续表

英文姓名	生卒年	译名	页码
Mill, J. S.	1806—1873	密尔（穆勒）	3（前言），23, 27
Mitchell, O. H.	1851—1889	米切尔	19
Montague, R.	1930—1971	蒙塔古	29, 37, 111, 172, 175, 176, 177, 179, 182
Newton, I.	1643—1727	牛顿	16, 31
Ockham, W.	1285—1349	奥卡姆	3（前言）
Pap, A.	1921—1959	帕普	142
Parmenides	公元前 515—前 445	巴门尼德	2
Partee, B.	1940—	帕蒂	111, 173
Peano, G.	1858—1932	皮亚诺	29, 31, 32
Peirce, C. S.	1839—1914	柏斯，旧译 皮尔斯	29, 31, 61, 156
Perry, J.	1943—	佩里	112
Plato	公元前 427—前 347	柏拉图	2, 225
Popper, K.	1902—1994	波普尔	4（前言）
Post, E. L.	1897—1954	波斯特	29, 37
Postal, P. M.	1936—	波斯特	172
Prior, A. N.	1914–1969	普拉尔	148
Pythagoras of Samos	约公元前 570—前 495	毕达哥拉斯	2
Quine, W.V.O.	1908—2000	奎因	33, 105, 111
Quirk, R.	1920—2017	伦道夫·夸克	99
Redeker, G.	1955—	雷德克	204
Reichenbach, H.	1891—1953	赖辛巴赫	26, 29, 38
Rescher, N.	1928—	雷谢尔	37, 148
Rorty, R.	1931—2000	罗蒂	42, 195
Rosch, E	1938—	罗斯	4（前言）
Russell, B.	1872—1970	罗素	5, 24, 26, 29, 30, 54, 55, 59, 190, 204
Scholz, H	1884—1956	肖尔兹	6（前言），4, 11, 28, 30, 81
Schroder, E.	1841—1902	施罗德	32, 156
Scott, D.	1932—	斯科特	148
Socrates	公元前 470—前 399	苏格拉底	2, 7, 64, 71

续表

英文姓名	生卒年	译名	页码
Strawson, P. E.	1919—2006	斯特劳森	17, 45, 46
Tarski, A.	1902—1983	塔尔斯基	26, 104
Taylor, A. E.	1869—1945	泰勒	50
Taylor, J.	1944—	泰勒	3
Thales of Miletus	约公元前 624—前 547	泰勒斯	2
Theophrastus	公元前 372—前 287	泰奥弗拉斯	114
Turing, A. M.	1912—1954	图灵	38
Van Benthem, J.	1949—	范本瑟姆	186
Venn, J.	1834—1923	维恩 / 文恩	29, 31
Von Wright, G. H.	1916—2003	冯·赖特	38, 138, 141, 145
Whitehead, A. N.	1861—1947	怀特海	26, 29, 51, 54, 59, 148, 156, 196
Wittgenstein, L.	1889—1925	维特根斯坦	4（前言）, 24, 26, 29, 37, 78
Zadeh, L. A.	1921—2017	扎德	26, 29, 39

主要参考书目

Allan, K., 1986. *Linguistic Meaning.* London: Routledge& Kegan Paul Inc.

Baghramian, M., 1998. *Modern Philosophy of Language.* London: J. M. Dent & Sons.

Barwise, J. & Cooper, R., 1981. "Generalized Quantifiers and Natural Language." *Linguistics and Philosophy* 4(2): 159-219.

Barwise, J. & Feferman,S., 1985. *Model-Theoretic Logics.* New York: Springer Verlag.

Barwise, J. & Perry, J., 1983. *Situations and Attitudes.* Massachusetts: Massachusetts Institute of Technology Press.

Bennett, M., 1976. "A Variation and Extension of a Montague Fragment of English." In *Montague Grammar*, edited by Partee, B., New York: Academic Press.

Bennett, M., 1977. "A Guide to the Logic of Tense and Aspect in English." *Logique et Analyse* 20 (80):491

Brandley, F. H., 1893. *Appearance and Reality.* Cambridge, Massachusetts: Cambridge University Press.

Broad, C. D, 1930. "The Principles of Demonstrative Induction." *Mind* 39(155): 302-317.

Bunnin, N. & YU Ji-yuan. 2001. *Dictionary of Western Philosophy: English-Chinese.* 西方哲学英汉对照词典. 北京：人民出版社.

Carnap, R., 1937. *Logical Syntax of Language.* London: Routledge.

Carnap, R., 1947. *Meaning and Necessity.* Chicago: The University of Chicago Press.

Carnap, R., 1950. *The Logical Foundations of Probability.* Chicago: The University of Chicago Press.

Carnap, R., 1952. "Meaning Postulates." In *Philosophical Studies.* Chicago: The University of Chicago Press.

Carnap, R., 1957. "Old Logic and New Logic." In *Logical Positivsim,* edited by Ayer, A. J., New York: Free Press.

Chomsky, N., 1957. *Syntactic Structures.* Hague: Mouton Publishers.

Chomsky, N., 1965. *Aspects of the Theory of Syntax.* Cambridge, Massachusetts: Massachusetts Institute of Technology Press.

Church, A., 1943. "Carnap's Introduction to Semantics." *The Philosophical Review* 52.

Church, A., 1946. "A Formulation of the Logic of Sense and Denotation." *The Journal of Symbolic Logic*17 (2):133-134.

Church, A., 1951. "The Need for Abstract Entities in Semantic Analysis." Proceedings of the American Academy of Arts and Sciences (Vol. 80, No. 1). *The Journal of Symbolic Logic*17(2)：137-139.

Davidson, D., 1967. *Truth and Meaning.* Synthese 17(1967):304-323.

Deignan, A., 2001. *Collins Cobuild English Guides 7: Metaphor.* Beijing: Foreign Language Press.

Dowty, D., 1979. *Word Meaning and Montague Grammar.* Dordrecht: Reidel Publishing Company.

Franklin, S. T., 1990. *Speaking From the Depths: Alfred North Whitehead's Hermeneutical Metaphysics of Proposition, Experience, Symbolism, Language, and Religion.* Grand Rapids, Michigan: William B. Eerdmans Publishing Company.

Frege, G., 1889. *Grundgesetze der Arithmetik, Band II.* Jena: H. Pohle.

Frege, G.,1892. "On Sense and Nominatum." In *Translation from the Philosophical Writings of Gottlob Frege,* edited by Greach, P. and Black M., Oxford: Basil Blackwell.

Gallin, D., 1975. *Intensional and Higher-Order Modal Logic.* Amsterdam: North Holland.

Gamut, L. T. F., 1991. "Logic，Language，and Meaning. Vol.1. Introduction to Logic；Vol.2." In *Intensional Logic and Logical Grammar.* Chicago: The University of Chicago Press.（L. T. F. Gamut 是虚构的名字，代表一个写作群体，由两个逻辑学家、两个哲学家、一个语言学家组成：荷兰阿姆斯特丹大学哲学系和计算语言系的逻辑教授 J. F. A. F. van Benthem，哲学副教授 J. A. G. Groenendijk，哲学副教授 M. J. B. Stokhof，以及该校数学系和哲学系逻辑副教授 D. H. J. de. Jongh，此外还有荷兰乌德勒支大学的语言学教授 H. J. Verkuyl.）

Gärdenfors，P., 1999. "Some Tenets of Cognitive Semantics." In *Cognitive Semantics — Meaning and Cognition,* edited by Allwood Jens and Peter Gärdenfors. Amsterdam: John Benjamins.

Gavins, J. & Gerard Steen, 2003. *Cognitive Poetics in Practice.* London: Routledge.

Geach, P., 1972. "A Program for Syntax." In *Semantics of Natural Language,* edited by Davidson, D. and Harman, G., Dordrecht: Reidel Publishing Company.

Hurford, J. R. & B. Heasley, 1983. *Semantics: A Course Book.* London: Cambridge University Press.

Jackendoff, R., 1972. *Semantic Interpretation in Generative Grammar.* Cambridge: Massachusetts Institute of Technology Press.

Janssen, T. & Redeker, G., 1999. *Cognitive Linguistics: Foundations, Scope, and Methodology.* Berlin：Mouton de Gruyter.

Kamp, H., 1981. "A Theory of Truth and Semantic Representation." In *Formal Methods in the Study of Language,* edited by Groenendijk, J., Janssen, T. and Stokhof, M., Amsterdam: Mathematical Centre Tracts.

Keynes, J. M., 1921. *A Treatise on Probability.* London: Macmillan.

Kövecses, Zoltán, 2002. *Metaphor: A Practical Introduction.* Oxford: Oxford University Press.

Lakoff, G., 1987. *Women, Fire, and Dangerous Things: What Categories Reveal about the Mind.* Chicago: The University of Chicago Press.

Langacker, R., W., 1987. *Foundations of Cognitive Grammar vol. I: Theoretical Prerequisites.* Stanford：Stanford University Press.

Langacker, R., W., 1991. *Foundations of Cognitive Grammar vol. II: Descriptive Application.* Stanford：Stanford University Press.

Lecercle, J. J., 2006. *A Marxist Philosophy of Language.* Translated by Elliott, G., Leiden: Brill.

Lenin，F. I., 1990, 列宁全集（第 55 卷）. 北京：人民出版社 .

Lewis, C. I., 1918. *A Survey of Symbolic Logic.* Berkeley: University of California University.

McDaniel J., 2008. *What is Process? Seven Answers to Seven Questions.* Claremont: Process & Faith.

Mitchell, D., 1962. *An Introduction to Logic.* Kansas：Hutchinson University Library.

Montague, R., 1970a. "Universal Grammar." *Theoria* 36: 373–398.

Montague, R., 1970b. "The Proper Treatment of Quantification in Ordinary English." In *Proceedings of the 1970 Stanford Workshop on Grammar and Semantics,* edited by Hintikka, J., Dordrecht: Reidel Publishing Company.

Montague, R., 1974. *Formal Philosophy: Selected Papers of Richard Montague.* New Haven: Yale University Press.

Prior, A. N, 1957. *Time and Modality.* Oxford: Oxford University Press.

Prior, A. N., 1955. *Formal Logic.* Oxford: Oxford University Press.

Rescher, N., 1968. *Topics in Philosophical Logic.* Dordrecht: Reidel Publishing Company.

Rorty, R., 1967. *The Linguistic Turn: Recent Essays in Philosophical Method.* Chicago: The University of Chicago Press.

Rosch, E., & Mervis, C. B., 1975. "Family Resemblances: Studies in the Internal Structure of Categories." *Cognitive Psychology* 7(4):573-605.

Rosch, E., 1973. "On the Internal Structure of Perceptual and Semantic Categories." In *Cognitive Development and the Acquisition of Language,* edited by Moore, T. E., New York: Academic Press.

Rosch, E., 1975. "Cognitive Representations of Semantic Categories." *Journal of Experimental Psychology: General* 104(3):192–233.

Rosch, E., 1978. "Principles of Categorization." In *Cognition and Categorization,* edited by Rosch, E. & Lloyd, B., Hillsdale: Erlbaum.

Russell, B., 1903. *Principles of Mathematics.* London: Cambridge University Press.

Saussure, F., 2001. *Course in General Linguistics.* Beijing：Foreign Language Teaching and Research Press.

Scholz, H., 1961. *Concise History of Logic.* Translated by Kurt F. Leidecker, NewYork: Philosophical Library.

Tarski, A., 1931. "The Semantic Conception of Truth and the Foundations of Semantics." In *Modern Philosophy of Language,* edited by Baghramian, M., London: J. M. Dent.

Tarski, A., 1956. "The Concept of Truth in Formalized Language." In *Logic, Semantics, Mathematics* edited by Woodger, J.H., Oxford: Clarendon Press.

Taylor, J., 2002. *Cognitive Grammar.* Oxford: Oxford University Press.

Ungerer, E., Schmid, H. J., 2001. *An Introduction to Cognitive Linguistics.* Beijing: Foreign Language Teaching and Research Press.

ven Benthem, J., 1986. "A Linguistic Turn: New Directions in Logic." In *Logic, Methodology and Philosophy of Science,* edited by Marcus, B., Amsterdam: Elservier Science Publishers.

Von Wright, G. H., 1950. *The Logical Problems of Induction.* Oxford: Oxford University Press.

Von Wright, G. H., 1951. *A Treatise on Induction and Probability.* London: Routledge and K. Paul.

Von Wright, G. H., 1951. *Deontic Logic.* Mind 60(237).

Whitehead, A.N., 1933. *Adventures of Ideas.* New York: Macmillan Co.

Whitehead, A.N., Russell B., 1910. *Principia Mathematica.* London: Cambridge University Press.

奥尔伍德，2009，《语言学中的逻辑》，王维贤、李先焜、蔡希杰译，北京大学出版社。

蔡曙山，1998，《言语行为和语用逻辑》，中国社会科学出版社。

蔡曙山，1999，《言语行为和语用逻辑》，中国社会科学出版社。

陈 波，2002，《逻辑学是什么》，北京大学出版社。

陈 波，2005，《逻辑哲学》，北京大学出版社。

陈 娇，2009，《英汉语以对立词的认知对比研究——对立性图式的理论和应用》，第三届中西语言哲学国际研讨会，重庆。

陈嘉映，2003，《语言哲学》，北京大学出版社。

成中英，2011，《本体与诠释——美学、文学与艺术》，浙江大学出版社。

崔文灿，2009，《英语双宾构式的题元切换分析》，中西语言哲学国际研讨会，重庆。

恩格斯，1971，《自然辩证法》，中共中央马克思、恩格斯、列宁、斯大林著作编译局，人民出版社。

恩格斯，1997，《路德维希·费尔巴哈和德国古典哲学的终结》，中共中央马克思、恩格斯、列宁、斯大林著作编译局，人民出版社。

方 立，1997，《数理语言学》，北京语言大学出版社。

冯碧英，2008，《从体验哲学看当代汉语量词非常规搭配——基于中国当代1000篇散文名篇的认知研究》，中西语言哲学国际研讨会，重庆。

冯志伟，1999，《现代语言学流派》，陕西人民出版社。

弗雷格，2002，《算术基础》，王路译，商务印书馆。

弗雷格，2006，《概念文字——一种模仿算术语言构造的纯思维的形式语言》，王路译《弗雷格哲学论著选辑》，商务印书馆。

弗雷格，2006，《逻辑》，王路译《弗雷格哲学论著选集》，商务印书馆。

高旭光，1987，《悖论》，王雨田主编《现代逻辑科学导引》，中国人民大学出版社。

弓肇祥，1987，《认识论逻辑》，王雨田主编《现代逻辑科学导引（下）》，中国人民大学出版社。

韩林合，2007，《逻辑哲学论研究（上、下）》，商务印书馆。

韩林合，2010，《维特根斯坦<哲学研究>解读（上、下）》，商务印书馆。

杭州大学等十院校逻辑学编写组，1980，《逻辑学》，甘肃人民出版。

何向东，1985，《逻辑学概论》，重庆出版社。

黑格尔，1966，《逻辑学》，杨一之译，商务印书馆。

黑格尔，1980，《小逻辑》，贺麟译，商务印书馆。

胡耀鼎，1987，《模态逻辑》，王雨田主编《现代逻辑科学导引（上）》，中国人民大学出版社。

怀特海，2013，《过程与实在——宇宙论研究（修订版）》，杨富斌译，中国人民大学出版社。

黄　斌，2014，《语言逻辑悖论解析——考考你的智商》，中国社会科学出版社。

黄华新，2005，《描述语用学》，吉林人民出版社。

蒋　严、潘海华，1998，《形式语义学引论》，中国社会科学出版社。

金岳霖，1979，《形式逻辑》，人民出版社。

克里普克，2005，《命名与必然性》，梅文译，上海译文出版社。

奎因，1987，《从逻辑的观点看》，江天骥、宋文淦、张家龙、陈启伟译，上海译文出版社。

奎因，2005，《语词和对象》，陈启伟、朱锐、张学广译，中国人民大学出版社。

廖巧云，2005，《CRA模式：言语交际的三维阐释》，四川大学出版社。

刘利民，2009，《先秦"辩者二十一事"的语言哲学解读》，《哲学研究》第9期。

刘维林，1987，《条件化归纳逻辑》，王雨田主编《现代逻辑科学导引（下）》，中国人民大学出版社。

刘文君、万宁、张大松，1999，《逻辑浅说》，重庆出版社。

罗尔，2012，《媒介、传播、文化——一个全球性途径》，董洪川译，商务印书馆。

罗素，1963，《西方哲学史（上卷）》，何兆武、李约瑟译，商务印书馆。

罗素，1976，《西方哲学史（下卷）》，马元德译，商务印书馆。

罗素，1982，《数理哲学导论》，晏成书译，商务印书馆。

罗素，1996，《论指称》，苑莉均译《逻辑与知识1901—1950论文集》，商务印书馆。

密尔，1981，《穆勒名学》，严复译，商务印书馆。

苗　萌，2007，《事件域认知模型(ECM)在概念隐喻研究中的应用》，硕士学位论文，四川外国语大学。

莫绍揆，1980a，《数理逻辑初步》，上海人民出版社。

莫绍揆，1980b，《数理逻辑漫谈》，山东科学技术出版社。

培根，1984，《新工具》，许宝骙译，商务印书馆。

钱冠连，2002，《语言全息论》，商务印书馆。

钱冠连，2004a，《美学语言学——语言美和言语美》，高等教育出版社。

钱冠连，2004b，《以学派意识看汉语研究》，《汉语学报》第2期。

钱冠连，2007，《以学派意识看外语研究——学派问题上的心理障碍》，《中国外语》第1期。

沈家煊，2016，《名词和动词》，商务印书馆。

沈志和，2011，《汉语仿拟成语的"突显-压制"阐释——一项基于封闭语料的研究》，《广西科技师范学院学报》第3期。

斯特劳森，2004，《个体：论描述的形而上学》，江怡译，中国人民大学出版社。

泰勒，1991，《柏拉图——生平及其著作》，谢随知、苗力田、徐鹏译，山东人民出版社。

唐国宇，2009，《从体验哲学看中国菜肴的命名模式——中国八大菜系4 000条菜名的认知研究》，第三届中西语言哲学国际研讨会，重庆。

汪子嵩、张世英、任华，1972，《欧洲哲学史简编》，人民出版社。

王 路，2006，《弗雷格哲学论著选辑》，商务印书馆。

王 寅，2001，《语义理论与语言教学》，上海外语教育出版社。

王 寅，2006，《认知语法概论》，上海外语教育出版社。

王 寅，2007a，《认知语言学》，上海外语教育出版社。

王 寅，2007c，《"As X As Y构造"的认知研究——十论语言的体验性》，《解放军外国语学院学报》第4期。

王 寅，2011，《构式语法研究（上、下卷）》，上海外语教育出版社。

王 寅，2013，《索绪尔语言学哥白尼革命意义之所在(之二)》，《外语教学》第4期。

王 寅，2013，《索绪尔语言学哥白尼革命意义之所在(之一)》，《外国语文》第1期。

王 寅，2013，《维特根斯坦"前期、后期、后现代"哲学之我见（上、下）》，钱冠连编《语言哲学研究第二辑》，高等教育出版社。

王 寅，2014，《语言哲学研究——21世纪中国后语言哲学沉思录》，北京大学出版社。

王 寅、王天翼，2010，《汉语明喻成语构式的特征分析》，《语言教学与研究》第4期。

王天翼、王寅，2010，《从"意义用法论"到"基于用法的模型"》，《外语教学》第6期。

王宪钧，1982，《数理逻辑引论》，北京大学出版社。

王雨田，1987，《现代逻辑科学导引（上下册）》，中国人民大学出版社。

维特根斯坦，1996，《哲学研究》，李步楼译，商务印书馆。

维特根斯坦，2002，《逻辑哲学论》，贺绍甲译，商务印书馆。

维特根斯坦，2012，《蓝皮书和褐皮书》，涂纪亮译，北京大学出版社。

翁仲章，1987，《多值逻辑》，王雨田主编《现代逻辑科学导论（上）》，中国人民
　　大学出版社。

吴格明，2003，《逻辑与批判性思维》，语文出版社。

吴家国，2000，《普通逻辑原理》，高等教育出版社。

肖尔茨，1993，《简明逻辑学史》，张家龙、吴可译，商务印书馆。

亚里士多德，1959，《范畴篇——解释篇》，方书春译，商务印书馆。

亚里士多德，1984，《工具论》，李匡武译，广州人民出版社。

亚里士多德，1997，《形而上学》，吴寿彭译，商务印书馆。

杨宏声，2011，《本体诠释学的美学建构》， 成中英著《本体与诠释——美学、文
　　学与艺术》，浙江大学出版社。

耶方斯，1981，《名学浅说》，严复译，商务印书馆。

张东荪，1938，《思想言语与文化》，《社会学界第（10卷）》，燕京大学。

周北海，1997，《模态逻辑导论》，北京大学出版社。

周斌武、张国梁，1996，《语言与现代逻辑》，复旦大学出版社。

周昌忠，1987，《国外辩证逻辑研究》，王雨田主编《现代逻辑科学导引（下）》，
　　中国人民大学出版社。

周昌忠，1987，《逻辑方法》，王雨田主编《现代逻辑科学导引（下）》，中国人民
　　大学出版社。

周礼全，1986，《模态逻辑引论》，上海人民出版社。

周礼全，1994，《逻辑——正确思维和有效交际的理论》，人民出版社。

周永平，2008，基于语料库的汉英器官量词认知对比研究，中国英汉语比较研究会全
　　国学术研讨会，重庆。

朱水林，1987，《逻辑语义学研究》，王雨田主编《现代逻辑科学导论（上）》，中
　　国人民大学出版社。

朱煜华，198，《反事实条件句逻辑》，王雨田主编《现代逻辑科学导论（上）》，
　　中国人民大学出版社。

邹崇理，1995，《逻辑、语言和蒙太格语法》，社会科学文献出版社。

邹崇理，2000，《自然语言逻辑研究》，北京大学出版社。